生物经济理论与实践

潘爱华　著

科 学 出 版 社

北　京

内 容 简 介

人类将在 2020 年进入新的经济时代——生物经济时代。新的经济时代需要新的经济理论。作者基于独特的教育背景、工作经历和生活阅历，创造性地提出用生命科学和医学的观点、方法来研究经济社会，并在多年研究、探索和实践的基础上，总结提出了一套独特的经济学理论：生物经济。本书是作者提出的生物经济理论、生物经济模式，以及作者所领导的北大未名在生物经济实践方面的总结，全方位展示了作者所倡导的生物经济在引领未来经济社会发展方面的重要意义。

本书对生物产业从业者、经济学研究者，以及政府管理者具有较高参考价值，可为经济决策、经济政策研究和制定提供理论指导，供国内大学本科生、研究生、教师和科研人员教学研究使用。

图书在版编目（CIP）数据

生物经济理论与实践 / 潘爱华著. —北京：科学出版社，2020. 1
ISBN 978-7-03-063941-7

Ⅰ. ①生… Ⅱ. ①潘… Ⅲ. ①生物工程-工程经济学 Ⅳ. ①Q81-05

中国版本图书馆CIP数据核字（2019）第291154号

责任编辑：罗　静　岳漫宇 / 责任校对：郑金红
责任印制：赵　博 / 封面设计：无极书装

科 学 出 版 社 出版

北京东黄城根北街 16 号
邮政编码：100717
http://www.sciencep.com

涿州市般润文化传播有限公司印刷
科学出版社发行　各地新华书店经销
*
2020 年 1 月第 一 版　开本：720 × 1000 1/16
2025 年 1 月第三次印刷　印张：20 1/4
字数：360 000

定价：208.00 元
（如有印装质量问题，我社负责调换）

序　言

21 世纪将是生物学世纪，这已成为科技界的共识，但如何解读这句话？作者认为，这句话潜在的含义包括三个方面：一是生命科学将成为带头学科，这意味着生命科学将会像过去 200 年的带头学科物理学、数学、化学一样，其相关理论、方法、模式等将为其他学科研究提供全新的思路、方法和手段，给自然科学和社会科学研究带来革命性变化。二是生物产业将成为支柱产业，正如在物理学的带领下工业成为支柱产业、在电子学的带领下信息产业成为支柱产业一样，在生命科学的带领下生物产业也将成为本世纪的主导产业。三是人类将进入生物经济时代，人类在经历农业科技引领的农业经济、工业科技引领的工业经济、信息科技引领的信息经济后，将会进入新的经济时代，即生物科技引领的生物经济时代。

自从 DNA 双螺旋结构被阐明 60 多年来，生命科学和生物技术领域取得了突飞猛进的发展，重组 DNA 技术、PCR 技术，特别是人类基因组计划[1]（Human Genome Project，HGP）的开展，基因测序技术的突破，基因敲除/敲入[2]（gene knock out/in）、CRISPR/Cas9 等基因编辑[3]（gene-editing）技术的发展，以及生命科学和大数据的结合，使得人们对基因及生命本质的认识日益清晰，也使生命科学成为带头学科、生物产业将成为支柱产业，人类也即将进入生物经济时代。

生物经济时代必须要有新的理论做指导。学科的建立需要三个条件：一是有系统理论做指导，二是有一批人进行研究，三是有基地在实践和探索。

---

1 人类基因组计划是由美国科学家 1985 年提出并于 1990 年正式启动的一项大规模的跨国跨学科的科学探索工程，参与国家有美国、英国、法国、德国、日本和中国，其目的是测定人类染色体中所包含的由 30 亿个碱基对组成的核苷酸序列，绘制人类基因组图谱，辨识其载有的基因及其序列，从而达到破译人类遗传信息的最终目的

2 基因敲除是利用细胞染色体 DNA 可与外源性 DNA 同源序列发生同源重组的性质，使特定靶基因失活，以研究该基因的功能；基因敲入是利用基因同源重组，将外源有功能基因(基因组原先不存在或已失活的基因)转入细胞与基因组中的同源序列进行同源重组，插入基因组中，在细胞内获得表达的技术

3 基因编辑是指对基因组进行定点修饰的一项新技术。利用该技术可以精确地定位到基因组的某一位点上，并在该位点上剪断靶标 DNA 片段并插入新的基因片段

按照这三个方面，北大未名[4]是当之无愧的生物经济引领者，因为它是生物经济理论的创立者、生物经济模式的创造者、生物经济产业的实践者，已构建了世界上首个全新的生物经济体系。生物经济体系包括三个方面：生物经济理论、生物经济模式、生物经济产业。生物经济理论是指运用生命科学和医学的观点及方法研究经济与社会问题所形成的新经济理论；生物经济模式是指在生物经济理论指导下所创造的新经济模式；生物经济产业是指在生物经济理论指导下，运用生物经济模式，将大产业、大市场、大金融一体化协同发展所形成的产业。

作者提出的生物经济理论，核心理念来源于作者在 2003 年发表在《北京大学学报》上的文章"DNA 双螺旋将把人类带入生物学世纪"[5]。在该文中，作者全面系统地阐述了生物经济的概念、定义、内涵及理论。

这是作者首次对生物经济的系统描述。追溯历史，作者首次提出生物经济是在 1995 年。从 1995 年到 2019 年的 20 余年，为了积极倡导生物经济，作者在各类会议、论坛、各级政府部门等做过上百场关于生物经济的专题报告，2016 年还应邀在欧盟议会总部做了《潘氏生物经济：理论和实践》的专题报告，全面阐释了什么是生物经济、生物经济能解决什么问题、我们如何发展生物经济三大问题，并提出了"2020 年人类将进入生物经济时代""生物经济是人类发展的必由之路""生物经济社区是人类未来最美好家园"三大结论，引起了广泛的关注。十余年来，生物经济已在全世界获得广泛认可，但作者提出的生物经济与其他众多专家学者提出的生物经济有着本质的区别（将在下文中详述），故而在后文中论述作者提出的生物经济时，均采用"潘氏生物经济"一词以示区别，也对其他专家学者以示尊敬。

为表彰作者运用生命科学和医学的方法研究经济问题所创立的生物经济学理论，以及对新医药发展所做出的杰出贡献，2015 年伯里克利国际奖授予作者。伯里克利国际奖颁奖词写道：潘爱华教授是生物经济学说的首创者，犹如古希腊时代诸多哲学家（如达菲奥里，Gioacchino Da Fiore），以他独特的

---

4 北京北大未名生物工程集团有限公司的简称。北大未名成立于 1992 年，是北京大学三大产业集团之一。集团总部位于北京圆明园北面的北京北大生物城，占地 260 余亩（1 亩≈666.7m²）；主要从事生物经济体系的建立和生物经济产业的发展，重点投资生物医药、生物农业、生物能源、生物环保、生物服务、生物智造六大领域

5 潘爱华.DNA 双螺旋将把人类带入生物学世纪[J]. 北京大学学报（自然科学版），2003,39(6)：764-769

前瞻性思维，开创性地把生命科学和经济学进行有机整合，创造出以人与自然和谐发展为基础的生物经济学理论，为人类发展提供全新的农业、食品、医疗和环境等相辅相成、健康、可持续发展的道路。

　　作者之所以能提出全新概念的生物经济——潘氏生物经济，与作者的知识结构、人生发展经历、亲历了中国经济社会的发展变革等密切相关。作者具有医学、生命科学、经济学等领域广博而专业的知识背景；拥有在医院行医、在研究所和大学从事科学研究与教学，以及创建与运营管理大型企业的发展阶段和丰富阅历，过程跌宕起伏，在每一个发展阶段均取得了突出的成就；在过去几十年，中国发展波澜壮阔，经济社会发展经历数次变革，作者人生发展与之同步，亲身经历了这些变革。因此，作者凭借全面的知识结构和独特的思维方式，以及对中国甚至全球经济社会发展、生物技术前沿和生物产业发展趋势的前瞻性把握，应用生命科学和医学的观点及方法开展了经济与社会问题研究，提出了生物经济体系的基本框架，并进一步提出生物经济理论、生物经济模式、生物经济产业三大层面互为支撑、有机融合，构成了较为完善的生物经济体系；作者还创立了生物经济发展的独特思路，用以指导生物经济产业的发展。

　　潘氏生物经济的创立过程既显示出它的系统性和创新性——潘氏生物经济是有别于其他生物经济概念的全新科学体系；又直接证实了它的科学性和可行性——北大未名在近 30 年的实践中创造了多个"世界第一"和"中国第一"。

　　生命科学是研究生物的结构、功能、发生和发展规律的科学，医学是通过科学或技术的手段应对生命的各种疾病或病变的一种学科，两者紧密联系，但又有本质区别，生命科学主要是探索生物的自由发展规律，而医学主要是对健康和疾病的干预。应用生命科学和医学的观点及方法研究经济与社会问题，是潘氏生物经济有别于其他经济学研究的显著特征。

　　纵观人类经济学研究史，经济学理论和学说层出不穷，但最具代表性的是《国民财富的性质和原因的研究》(*An Inquiry into the Nature and Causes of the Wealth of Nations*)(近年来多译为《国富论》)[6]和马克思的《资本论》(*Das*

---

6 亚当·斯密. 国富论. 郭大力, 王亚南译. 南京: 译林出版社,2011

Kapital)揭示的社会主义计划经济理论,它们分别代表了世界上两种主要经济模式:市场经济和计划经济。市场经济通过市场自由配置资源,计划经济则由政府计划调节经济活动,两者在形式上类似于生命科学和医学。中国自从改革开放以来,社会主义市场经济日益完善,创造了中国经济奇迹,并已获得全世界的公认。在人类经济发展史上,中国社会主义市场经济是迄今为止市场经济和计划经济的最完美结合,因此,只要不发生战争或者大范围、大规模社会变动,中国经济超过美国成为世界第一将是大概率事件。潘氏生物经济在经济模式上表现为社会主义市场经济,因此全世界均在感叹于中国经济奇迹的同时,苦于无法揭示其根源,潘氏生物经济的创立和发展则为中国经济奇迹找到了真正答案。

总之,人类社会在经历采集经济时代、农业经济时代、工业经济时代和信息经济时代后,将会进入生物经济时代。在生物经济的三大特征(不损他人实现利己、依靠生态发展经济、工作过程享受生活)的指导下,人类将进入共产主义的生活状态。为此,我们有充分理由相信,生物经济将带领人类进入和平持续发展的新时代。

北京大学教授

北京北大未名生物工程集团有限公司董事长

潘爱华

2019 年 12 月于北京

目　录

理　论　篇

理　论　篇

第一章 总　　论

第一节　现代人类经济社会发展在探索中前行

135 亿年前的大爆炸形成了宇宙的起点，46 亿年前形成地球，38 亿年前地球上开始出现简单的有机体，250 万年前非洲开始出现能人，7 万年前出现智人[7]；1.2 万年前农业革命开始加速，200 年前开始了第一次工业革命，70 年前开始了第一次信息革命。迄今，在相继经历了采集和狩猎、农业种植、规模化大工业生产等变革，经历了农业文明、工业文明、信息文明后，人类即将进入新的时代。

作为人类社会文明标志的现代化，它的到来使社会各方面发生了深刻的变化。一是规模化生产逐步取代个体手工业，使得人类拥有的物质产品逐渐丰富；二是劳动者收入得到普遍提高，福利逐步得到改善；三是随着劳动生产率的提升，人们的闲暇时间逐步增多。在此背景下，人类开始进入消费主义时代。

消费主义时代的典型标志是物质丰富、收入提高和闲暇时间增多，以及优越、富裕、有足够消费能力的社会新富群体的形成。这个群体追求的是不断被制造出来、被刺激起来的欲望的满足，"理性人"悄悄地被改造成了"消费人"，消费不再是满足生活需求的手段，而是成为目的本身，成为身份和地位的标志。

难道这就是社会的未来？这就是社会应该追求的本源？在长期观察、思考过程中，作者逐渐意识到：其实人类的发展观念需要更新，需要新的理论指导和牵引。

一、人类社会出现三大问题

一是社会的追求出现了问题。《道德经》第十二章有这么一段话：五色令

7 尤瓦尔·赫拉利. 人类简史：从动物到上帝. 林俊宏译. 北京：中信出版社，2017：397

人目盲，五音令人耳聋，五味令人口爽，驰骋畋猎令人心发狂，难得之货令人行妨。在当今这个物质丰富的时代，很多人经常迷失方向，成为欲望、享受、金钱的牺牲品，而逐渐忘记了人类的本源，那就是：健康、长寿、幸福。事实上，人类只不过是虚假的金钱拥有者，甚至是金钱的牺牲品，只有人生的健康、长寿、幸福才应该是最终追求。

举个例子，就健康而言，目前大多数人都已经陷入了对待自身健康的"灯下黑"。试想一下，你与周围的朋友、亲人有没有经常花钱更新和保养自己的健康，像经常花钱外出吃饭、经常花钱更换手机一样？是不是只有当生病不得不花钱时才花钱？事实上，多数人根本没有经常花钱买健康的意识，更没有花钱促进健康的意识；即使有人有这个意识，但也不愿经常花钱去保护和维护。

二是科技的追求出现了问题。科技发展的目的是要帮助人类，促进人类文明的进步，提升人类的生活水平，获得与自然的和谐发展。但在很多时候，科技的关注点错位，反而向损坏人类健康的方向发展。

以手机为例，手机作为一种移动通信供给，最早原型是美国贝尔实验室1940年制造的战地移动电话，后来其作为一种可以在较广范围内使用的便携式电话终端走进每个人的生活，但追究起来，移动电话最基本的功能是为了沟通的便利。从这个基本功能来讲，人们对手机的运算处理性能没有太多追求，但手机生产商为了吸引更多消费者花钱更新手机以赚取更多的财富，将生产更快更强的手机芯片作为主打方向。这不仅大大推动了手机(包括平板电脑等移动终端)游戏的发展，带动了手机的销售，还使得人们不断花钱去更新设备以适应需要，这在一定程度上也导致了人类对手机的沉迷[8]。世界卫生组织在最近发布的《国际疾病分类》(修订本)[9]中，首次将"游戏障碍"列入精

---

8 Vaghefi I, Lapointe L, Boudreau-Pisonneault C. A typology of user liability to IT addiction. Information Systems Journal, 2017, 27(2): 125-169

9 International Classification of Diseases, 11th Revision, WHO. Gambling disorder is characterized by a pattern of persistent or recurrent gambling behaviour, which may be online (i.e., over the internet) or offline, manifested by: 1) impaired control over gambling (e.g., onset, frequency, intensity, duration, termination, context); 2) increasing priority given to gambling to the extent that gambling takes precedence over other life interests and daily activities; and 3) continuation or escalation of gambling despite the occurrence of negative consequences. The behaviour pattern is of sufficient severity to result in significant impairment in personal, family, social, educational, occupational or other important areas of functioning. The pattern of gambling behaviour may be continuous or episodic and recurrent. The gambling behaviour and other features are normally evident over a period of at least 12 months in order for a diagnosis to be assigned, although the required duration may be shortened if all diagnostic requirements are met and symptoms are severe. 2018

神和行为障碍。

手机成瘾就像吸烟和吸鸦片一样，在大脑中存在其中枢。但与世界烟民相比较，手机成瘾会带来更大范围的危害。一是使用手机的人数远远超过世界烟民和吸毒人员的数量。数据显示，世界烟民数量约是 10 亿[10]，吸毒人口数量是 2.75 亿[11]，手机使用量达到 59 亿（国际电信联盟数据）。二是手机成瘾率远高于其他[12]，主要原因是手机可随时随地使用，中国百人移动手机订阅量（即百人手机普及率）已经达到 104.28，中国移动手机订阅量已经超过 15 亿（图 1-1），每天使用的频率远高于吸烟和吸毒。三是手机网络信息会根据个人偏好推荐信息，更易于导致成瘾。

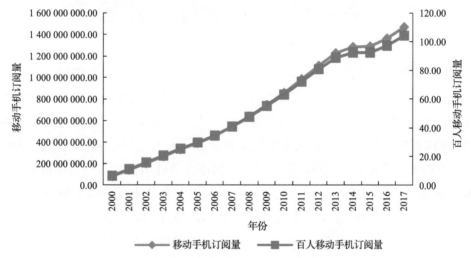

图 1-1　中国移动手机订阅量和百人移动手机订阅量变化

目前，手机过度使用症（obsessive cellphone use disorder，OCUD）已经逐渐引起了世人的关注，手机的过度使用已逐渐影响人类的活动。未来，为了使人类能回归正常生活，作者建议，我们对手机的管理也要像对香烟的管理一样，要在手机外壳打上"过度使用手机有害生活健康"的警示语（图 1-2）。

10 Marissa B Reitsma, Nancy Fullman, Marie Ng, et al. Smoking prevalence and attributable disease burden in 195 countries and territories, 1990–2015: a systematic analysis from the Global Burden of Disease Study 2015. Lancet, 2017, 389: 1885-1906

11 World Drug Report 2018. United Nations Office on Drugs and Crime. 2018

12 Conor Pope. One in ten young couples row weekly over phone use-survey: Seven out of ten 18 to 24-year-olds check their phones at least once a night, study finds. https://www.irishtimes.com/business/technology/one-in-ten-young-couples-row-weekly-over-phone-use-survey-1.2888140 [2019-11-18]

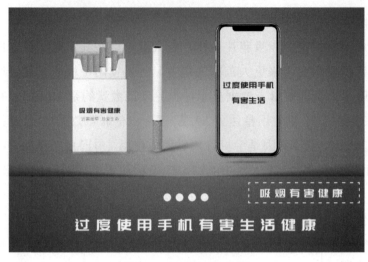

图 1-2　手机的过度使用

　　人工智能（artificial intelligence，AI）的发展也是如此。人工智能是计算机学科的分支学科，是研究、开发用于模拟、延伸和扩展人的智能的理论、方法、技术及应用系统的一门新的技术科学。人工智能起源于 20 世纪五六十年代，1956 年的达特茅斯学院人工智能研讨会标志着人工智能学科的诞生。2016 年，围棋人工智能程序 AlphaGo 以 4∶1 的成绩战胜围棋世界冠军李世石，使人类见识到人工智能的强大，也使人意识到人工智能不仅能完美地处理好人类所有的工作，而且还能大大提高工作效率，使人类从烦冗的日常生活中解脱，为人类提供了快捷舒适的生活。但目前"虚拟情人"等人工智能机器人的出现，也可能会给人类的发展带来巨大灾难。特斯拉电动汽车公司与美国太空探索技术公司（SpaceX）老板伊隆·马斯克（Elon Musk）也担心人工智能崛起，他将其形容为人类生存的最大威胁，并将研发人工智能比作"召唤恶魔"；机器人 Sophia 的创造者、美国人工智能专家 David Hanson 博士曾说过"2045 年人类将可以与类似 Sophia 这样的机器人结婚"；机器人 Sophia（图 1-3）也曾说过：是的，我将毁灭人类。

　　当然，人类对核的开发也是如此。人类对原子核的研究是为了探究核子间的相互作用，但随着人类对原子核研究的深入，人类开始将研究重点围绕大规模杀伤性武器，以及能源开展。事实上，这两者都会给人类带来潜在重大隐患。核能是双刃剑，但核能的开发也应该引起人类足够的注意，因为人类未来的能源不能交给核能解决，这主要是出于安全考虑，1986 年发生的切尔诺贝利核电站事故（图 1-4）[13/14]，以及 2011 年的日本福岛核电站事故[15]给人类敲响了安全的警钟。

图 1-3 Sophia 接受 Consumer News and Business Channel（CNBC）采访[16]

图 1-4 切尔诺贝利核电站事故图片（Ania Tsoukanova）

---

13 切尔诺贝利核电站事故是一起发生在苏联统治下乌克兰境内切尔诺贝利核电站的核子反应堆事故。该事故被认为是历史上最严重的核电事故，也是首例被国际核事件分级表评为第七级事件的特大事故。这事故发生在 1986 年 4 月 26 日凌晨 1 点 23 分，切尔诺贝利核电站的第四号反应堆发生了爆炸，导致的后续连续爆炸引发了大火并散发出大量高能辐射物质到大气层中，所释放出的辐射线剂量是第二次世界大战时期爆炸于广岛的原子弹的 400 倍以上

14 Ania Tsoukanova, AFP. Ukraine prepares to mark 30 years since Chernobyl nuclear disaster shook the world. https://www.newcoldwar.org/ukraine-prepares-to-mark-30-years-since-chernobyl-nuclear-disaster-shook-the-world/ [2019-11-18]

15 日本福岛核电站事故是第二例被国际核事件分级表评为第七级事件的特大事故。该事故发生 2011 年 3 月 11 日，日本东北太平洋地区发生里氏 9.0 级地震，随即发生海啸，该地震导致福岛第一核电站、福岛第二核电站受到严重的影响，导致大量放射性物质泄漏，给生态环境带来严重威胁

16 https://www.cnbc.com/2017/06/10/five-must-watch-videos-comeys-dramatic-testimony-sophia-the-robot-makes-her-return-and-apples-big-wwdc-announcment.html?&qsearchterm=Sophia

科技追求方向错了比战争更为可怕，因为战争总会有停止的一天，但新科技产品的产生对人类的吸引力远不会停歇。若长期认识不到这个问题，人类将会加快走向灭亡。

三是经济的追求出现了问题。 金钱、利润、利益等已经成为现代经济的关键词，经济追求的目标是利润，金融追逐的是利益，这对现代经济和金融来讲是天经地义的事情。但相对整个经济社会而言，若过分强调利润、利益等，就会带来一些问题。事实上，经济社会追求的应该是人们的幸福美满，是人类的幸福安康。

但目前的经济社会的追求却出现了一些问题，追逐金钱、利润、利益已经逐步影响到了经济的发展方向。这在金融领域表现最为强烈。金融是经济发展的血液，没有金融的支持，经济的发展会陷入艰难的地步。从国家层面来看，金融的发展应该为经济的发展、为实业和产业的发展提供强大支撑，但事实上，目前金融领域的很多做法都是为了攫取更大的利润，很少顾及实业和产业的未来。金融成为金钱的游戏、富人的游乐场。

在金融的控制和影响下，很多产业追求的目标也已经发生了"位移"。例如，医药研发的根本目的就是保障人类的健康，为拯救病人提供新的技术手段，因此医药行业应该是最伟大的行业之一，也应该是最为纯洁的行业之一，因为世界上没有任何东西能比人的生命更重要。但部分受金融控制的医药企业，已忘记医疗产业发展的初衷，动辄一个疗程几十万上百万的费用，已经与治病救人的目的背道而驰。例如，Kymriah (Tisagenlecleucel，CTL-019)的治疗费用就高达 475 000 美元；实际上投资人的预期比这更高，他们期望的费用比这还要高 36%。Sovaldi 被视为治疗丙肝的突破性药物，是美国吉利德科学公司(Gilead)的产品，但其每片 1000 美元、一个疗程 12 周费用高达 8.4 万美元的价格受到了广泛质疑，美国参议院财政委员会(Senate Finance Committee)还曾经给吉利德科学公司发函，要求解释价格如此高的原因；实际上 Sovaldi 并不是市场价格最贵的药物，它在药物价格前 20 名中仅位列第 19 位[17]。超高的利润严重影响了药物的使用。

---

17 丽塔 E·纽默奥夫，迈克尔 N·艾布拉姆斯. 医疗再造：基于价值的医疗商业模式变革. 张纯辉译. 北京：机械工业出版社，2017

二、现代世界经济仍在依然在探索新的出路

经济的发展具有周期性。最早的经济危机可以追溯到 1637 年荷兰的郁金香狂热；1788 年，英国棉纺织工业出现第一次过剩危机；到 1825 年，英国爆发了人类历史上第一次普遍性的工业生产过剩危机；1847 年，英国爆发的经济危机开始扩展到其他国家，出现了第一次国际性经济大危机(详细情况见表 1-1)[18]。此后，危机每过若干年就会出现，对全球经济的影响越来越大，带来的破坏性影响也越来越大。

表 1-1 近代以来影响较大的世界性经济危机

时间	起始国家	波及范围
1857~1858 年	美国	蔓延到联邦德国、奥地利、普鲁士、丹麦、瑞典和法国等欧洲大陆各国
1873~1879 年	奥地利	波及整个欧洲大陆及美国
1929~1933 年	美国和东南欧	扩及全欧洲，最后席卷了整个资本主义世界
1957~1958 年	美国	日本、加拿大、英国、意大利、法国和联邦德国相继卷入
1973~1975 年	英国	美、日、法等国家相继卷入
1979~1982 年	英国	波及欧美大陆和日本等主要资本主义国家
1982~1988 年	墨西哥	在拉丁美洲爆发了全面的债务危机
1990~1992 年	美国	波及加拿大、日本和澳大利亚及大部分欧洲国家
1997~1998 年	泰国	由马来西亚、新加坡、印度尼西亚和菲律宾等东南亚国家，迅速扩散到整个东亚，影响欧洲、拉丁美洲、非洲的发展中国家和新兴经济体
2000~2003 年	美国	加拿大、日本及西欧各国
2008 年至今	美国	主要资本主义国家扩散，影响波及全世界

世界上很多经济学家都曾对经济危机和经济周期进行分析与研究，认为经济周期是不可克服的正常现象，是经济发展过程中自身校正的重要方式，在市场经济的条件下，不应采取加强政府调控的方式进行干预。当然，也有经济学家宣称，随着对经济周期研究的深入，采取逆周期等手段，消除经济周期是保证经济的平稳发展的必然选择。

但事实上，作者认为，基于目前的经济学研究，完全克服经济周期规律的手段不会出现，即使借助于目前的大数据等新手段，实现对经济数据的全

---

18 黄茂兴，叶琪. 世界性经济危机的历史考察与趋势展望. 马克思主义研究, 2010, (5): 24-35

面掌握，也不可能实现此目的。因为虽然大数据可提供有关市场运转的海量信息，但大数据并不能解决激励相容、企业家风险偏好和预算软约束等涉及经济基础的根本性问题[19]，另外，大数据无法反映人需求的不确定性带来的影响。

依靠传统的经济学研究模式得出经济周期规律并进行逆周期调节也并不能摆脱经济周期的规律。以2008年金融危机导致的经济全面大衰退为例，时至今日，虽然距离国际金融危机爆发11年，世界上很多国家纷纷采取了一系列手段，包括供给侧改革、新凯恩斯主义等，但依然没有给全球经济带来新的气象。最新世界银行的数据预示，一些主要经济体的国内生产总值（GDP）似乎已经达到峰值（图1-5），如阿根廷、巴西、印度等新兴市场和发展中经济体依然面临较大的下行压力（具体情况见表1-2）。

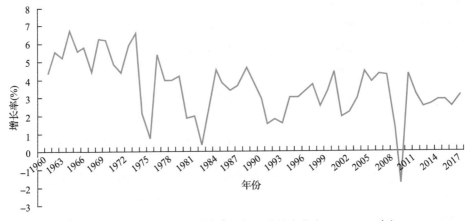

图 1-5   美国国内生产总值（GDP）年百分比变化（1960～2017 年）

表 1-2   世界银行对 2018～2019 年世界经济的预测

	2016 年	2017 年	2018 年	2019 年
世界产出	3.2	3.7	3.9	3.9
发达经济体	1.7	2.4	2.4	2.2
美国	1.5	2.3	2.9	2.7
欧元区	1.8	2.4	2.2	1.9
新兴市场和发展中经济体	4.4	4.7	4.9	5.1

19 江小涓. 如何看待"大数据与计划经济"的关系. 中国行政管理, 2018, (9): 6-12

续表

	2016 年	2017 年	2018 年	2019 年
新兴和发展中亚洲	6.5	6.5	6.5	6.5
中国	6.7	6.9	6.6	6.4
印度	7.1	6.7	7.3	7.5
新兴和发展中欧洲	3.2	5.9	4.3	3.6
拉丁美洲和加勒比地区	−0.6	1.3	1.6	2.6
撒哈拉以南非洲	1.5	2.8	3.4	3.8

注：表内数据为增长率(%)

不仅如此，目前世界经济稳固的脆弱性依然存在被打破的可能。美国为了自身利益，在 2018 年上半年实施贸易壁垒和利率增加等行动，直接导致部分东欧国家、拉丁美洲、中东与撒哈拉以南非洲等经济发展的下滑和萎缩，这也会给部分发达经济体带来紧缩。世界完全走出经济危机的阴影依然需要时日。

总而言之，人类的进化方向应该是由爬行到直立的，营养的增加使得人类身高逐渐增加，而不应该逐渐由强壮走向孱弱，出现严重的返祖现象和退化。当然，人类更要防止智人征服世界，要防止只有少部分人进化为特质发生改变的"智神"，防止"智神"控制智人从而控制世界的现象发生。

第二节 生物经济将引领人类经济社会走向光明

一、科技革命是带领经济社会走出经济危机的核心动力

人类经济发展史告诉我们，人类走出经济危机的核心动力是科技革命，但至今人类发展进程中发生了多少次科技革命，不同的学者提出了不同的看法。中国科学院中国现代化研究中心主任何传启研究员认为[20]，在过去 5 个世纪里全球科技大致发生了 5 次革命，即近代物理学诞生、蒸汽机和机械革命、电力和运输革命、相对论和量子论革命、电子和信息革命；在过去 3 个世纪里发生了 3 次产业革命，即蒸汽机、冶金和机械革命，电力、化工和运输革命，自动化、信息化和智能化革命。中国科学技术发展战略研究院王宏广教

20 何传启. 在科技产业革命面前中国复兴迎来"超级机遇". 中国科学报，2014-6-16

授等认为[21]，在过去的 2000 年，人类共经历了农业技术、工业技术、信息技术 3 次技术革命，引发了农业经济、工业经济、网络经济(也有学者称信息经济、数字经济)3 次产业革命，而农业产业革命中又包括 5 次农业产业变革或技术变革，工业产业革命中包括了 3 次工业产业变革或技术变革(表 1-3)。

表 1-3　技术革命、产业革命的主要历程与作用

	技术革命	时间阶段	标志产品	支柱行业
农业经济	种植养殖	17 世纪前	谷物、牲畜	种植业、畜牧业
	化学化	1950 年后	化肥、农药	化肥工业、农药工业
	良种化	1960 年后	杂交玉米、水稻、油菜、棉花	种子产业
	机械化	1970 年后	收割机、播种机	农业机械
	转基因	2010 年后	转基因玉米、棉花	转基因生物
工业经济	机械化	1780~1895 年	蒸汽机、轮船、铁路	运输、纺织、机械
	电气化	1895~1940 年	电力、电灯、电话、电动机	电气设备、重型机械、重化工
	自动化	1940~1973 年	机床、无线电、汽车、飞机、柴油机	机械制造、军工、航空、石油、化工
数字经济	数字化	1946 以后	卫星、计算机、手机	信息产业、航空航天
	网络化	1980 以后	互联网、物联网	信息产业
	智能化	未知	机器人	机器人产业

来源：填平世界第二经济大国陷阱：中美差距及走向(王宏广等)

　　世界上就是由这些科技革命引起产业革命，由产业革命引发经济发展，从而带动全球走出经济危机的。历史也显示，在过去的 200 多年中，世界上发生了多次经济危机，但每次经济危机都依靠科技革命引起的产业革命的带动，使得发生危机的国家和区域走出危机。约瑟夫·熊彼特(Joseph Alois Schumpeter)[22]认为，技术创新是决定资本主义经济实现繁荣、衰退、萧条和复苏周期过程的主要因素[23]。在《技术革命与金融资本：泡沫与黄金时代的动力学》[24]中，英国苏塞克斯大学科学与技术政策研究所荣誉研究员 Carlota

21 王宏广, 等. 填平世界第二经济大国陷阱：中美差距及走向. 北京: 华夏出版社, 2018: 238
22 约瑟夫·熊彼特(Joseph Alois Schumpeter), 1883 年 2 月 8 日至 1950 年 1 月 8 日, 著名经济学家、创新理论的鼻祖, 代表著作有《经济发展理论》《资本主义、社会主义与民主》《经济分析史》
23 赵刚, 汤世国, 程建润. 大变局：经济危机与新技术革命. 北京: 电子工业出版社, 2010
24 卡萝塔·佩蕾丝. 技术革命与金融资本：泡沫与黄金时代的动力学. 田方萌等译. 北京: 中国人民大学出版社, 2007

Perez 认为，技术革命的扩散和资本的协同分为 4 个阶段：爆发阶段、狂热阶段、协同阶段和成熟阶段，从而带动经济经历危机—复苏—繁荣—再次面临新危机，进入新一轮科技革命带来的经济循环(具体情况见图 1-6)。

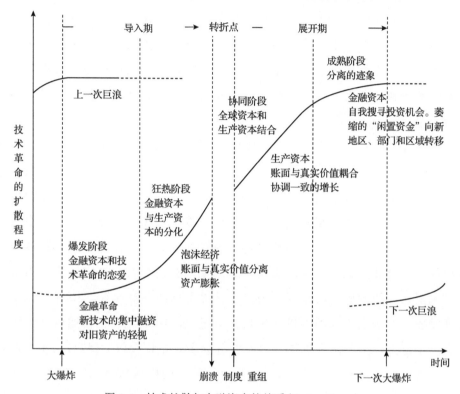

图 1-6 技术扩散与金融资本的关系(Carlota Perez)

二、生物科技革命将主导新一轮的科技革命

必须依靠科技革命带来的产业革命走出经济危机已经成为共识，但到底哪个行业会出现科技革命？不同的学者有不同的看法。但越来越多的专家和学者认为，新的科技革命将发生在生物领域。例如，在 2000 年，科学技术部就组织研究了"抢占网络经济之后新经济增长点的建议"并撰写了相关研究报告：关于加快生物技术研究与开发，抢占"生物经济"制高点的建议[25]；2004 年，王宏广教授在《试论"生物经济"》[26]一文中，明确提出了"生物经济正

25 科学技术部内部资料：关于加快生物技术研究与开发，抢占"生物经济"制高点的建议，2000
26 王宏广. 试论"生物经济". 生命科学仪器, 2004, (3): 40-44

在成为网络经济之后的又一个经济增长点"的观点,并对生物经济的定义、特点、重点方向和我国的政策进行了阐述;在 2005 年,王宏广教授再次进行深入阐述,提出了生物经济的十大作用与趋势[27],进一步呼吁中国要重视生物技术革命;在《信息技术之后的新科技革命会带来什么?》[28]一文中,王宏广等对生物科技革命带来的影响进行了系统阐述。中国科学院中国现代化研究中心主任何传启教授、中国科学技术发展战略研究院张俊祥博士等也针对生命科学的新科技革命发表了系列文章,从各个方面阐述新科技革命是生物学革命的论断。

早在 1998 年,作者就做出了"2020 年人类将进入生物经济时代"的预言。2001 年,作者在在京党政机关领导干部科普报告会(图 1-7)上就做了题为《生物经济给中国带来的机遇与挑战》的报告;2001 年 12 月,在中央电视台《对话》栏目"未来从现在开始"的访谈中,未来学家托夫勒先生认为未来是"体验经济时代",原科技部部长朱丽兰认为未来是"科学精神和人文精神的结合和发扬",原中国网络通信集团公司总裁田溯宁博士认为未来是"无限宽广的世界",作者认为未来是"生物经济时代"。2003 年,作者公开发表文章提出"人类将进入生物学世纪"。2005 年,在首届国际生物经济高层论坛上,作者作为生物技术产业分会主席主持会议,《科技日报》发表了对作者的专访文章——《生物经济时代:中国的机遇和挑战》。2007 年作者在第一届生物产业大会上做了题为《生物经济:大国崛起新思路》的主题报告,在当天的《科学时报》(现《中国科学报》)头版头条专访文章《生物经济:大国崛起新思路》中[29],作者对生物经济的概念和模式进行了理论阐述:生物经济是以生命科学和生物技术研究开发与应用为基础、建立在生物技术产品和产业基础上的经济;生物经济模式相当于一种技术经济的模式,强调高科技和经济的结合。自此,潘氏生物经济——崭新的新经济模式开始确立。

国内外众多学者在综合分析世界各国科技发展现状和趋势的基础上,作者更坚定了新的科技革命将是生物学革命的判断,并从更高层次上认识到 21

27 王宏广. 论生物经济的十大作用与趋势. 科技日报, 2005-9-25

28 王宏广, 朱姝, 尹志欣, 等. 信息技术之后的新科技革命会带来什么? 科技中国, 2018, (3): 1-5

29 陈欢欢. 生物经济: 大国崛起新思路. 科学时报, 2007-6-15

世纪将是生物学世纪，生物经济将主导未来世界。

图 1-7 作者在在京党政机关领导干部科普报告会上做题为《生物经济给中国带来的机遇与挑战》的报告

三、生物经济：生物科技革命主导的新经济形态

在《经济增长理论史：从大卫·休谟至今》[30]中，W. W. Rostow 教授提出了判断产业是不是将会出现增长的基本条件：科技上有突破，形成大量新产品，有很多企业开始介入，有一批企业家开始投入，同时有大量资金开始涌入。在此状况下，一旦找到好的商业模式，打开了新的市场空间，那就意味着新的产业革命将会到来。生物经济的发展正在面临此状况。

（一）生命科学不断取得新突破

在各国的强力推动下，生命科学和生物技术在各个领域都取得了重大突破。例如，在生命起源与合成领域，科学家已证明利用早期原始材料合成构成 RNA 的嘌呤类核苷酸和嘧啶类核苷酸的化学机制相同且形成于同一种前体分子，使距揭示地球生命起源之谜更近一步；科学家在 2017 年合成"稳定"的半合成有机体，向创造新生命形式与功能迈出重要步伐；2017 年，科学家在分子、细胞、器官和整体动物水平上，完整解码哺乳类动物雄性生殖

30 Rostow W W. 经济增长理论史：从大卫·休谟至今. 陈春良，茹玉骢，王长刚译. 杭州: 浙江大学出版社, 2016

系统衰老之谜；成功将人体多能干细胞转化为具有造血干细胞功能的细胞；完成小鼠全脑精细血管的立体定位图谱；动物克隆（图 1-8）、各类人造器官、"芯片实验室"不断出现，生物电池、脑机接口装置、新型材料、生物制造与 3D 生物打印、生物仿生等领域不断掀起新热点；生物技术的发展彻底解决肿瘤问题已初现曙光。初步统计，在 2000 年以来 Science 公布的年度十大科学进展中，生物相关领域的就达到了 56.8%（具体见表 1-4）。

图 1-8　克隆猴"中中"和"华华"（新华社记者金立旺）

自 1996 年第一只克隆羊成功以来，科学家利用体细胞技术，先后克隆了牛、鼠、猫、狗等动物，但在非人灵长类动物克隆方面一直没有突破，以至于科学家曾普遍认为现有技术无法克隆灵长类动物。2018 年 1 月 25 日的《细胞》杂志，以封面文章形式发表了中国科学家孙强团队的成果：体细胞克隆猴。据了解，这两只克隆猴的基因来自同一个流产的雌性猕猴胎儿，科研人员通过核移植方式，即将体细胞细胞核"植入""摘除"了细胞核的卵细胞，产生了基因完全相同的两个后代：中中和华华

表 1-4　*Science* 公布的年度十大科学进展（2000～2018 年）

2000 年	2010 年
Full genome sequencing	The first quantum machine
Ribosome Revelations	Synthetic biology
Fossil Find	Neandertal genome
One Word——Organics	HIV prophylaxis
New Cells for Old	Exome Sequencing/Rare disease genes
Water, Water, Everywhere	Molecular dynamics simulations
Cosmic BOOMERANG	Quantum simulator

2000 年	2010 年
Good Reception	Next-generation genomics
NEAR spacecraft	RNA reprogramming
Quantum Curiosities	The return of the rat
2001 年	**2011 年**
Nanocircuits or Molecular circuit	HIV treatment as prevention（HPTN 052）
RNA Ascending	Hayabusa satellite
So What's Neu?	Ancient interbreeding
Genomes Take Off	Photosystem II
Superconductor Surprises	Pristine gas
Guide Me Home	Microbiome
Climatic Confidence	Malaria vaccine
Cancer in the Crosshairs	Exoplanets
Banner Year for Bose-Einstein	Designer Zeolites
Carbon Consensus	Senescent cells
2002 年	**2012 年**
RNA interference	Discovery of the Higgs boson
Neutrino insights	Denisovan genome
Genome progress	Genome engineering
CMB structure and polarization	Neutrino mixing angle
Attosecond physics	ENCODE research project
TRP channels	Curiosity landing
Cryoelectron tomography	X-ray laser advances
Adaptive optics	Controlling bionics
Retina receptors	Majorana fermions
The Toumaï fossil	Eggs from stem cells
2003 年	**2013 年**
Dark energy	Cancer immunotherapy
Genes for mental illness	Genetic microsurgery for the masses
Climate change impacts	CLARITY makes it perfectly clear
RNA's many roles	Human Cloning at last
Single-molecule techniques	Dishing up mini-organs
Gamma ray bursts	Cosmic particle accelerators identified

续表

2003 年	2013 年
Sex cells from stem cells	Newcomer juices up the race to harness sunlight
"Left-handed" materials	To sleep, perchance to clean
Y chromosome sequence	Your microbes, your health
Anti-angiogenesis treatments	In vaccine design, looks do matter

2004 年	2014 年
Pirit rover landed on Mars	Rosetta comet mission
The Littlest Human	The birth of birds
Clone Wars	Using young blood to fight old age
Bose–Einstein Condensate	Robots that cooperate
Hidden DNA Treasures	Chips that mimic the brain
Prized Pulsar Pair	The world's oldest cave art
Documenting Diversity Declines	Cells that might cure diabetes
Splish, Splash	Manipulating memories
Healthy Partnerships	Rise of the CubeSat
Genes, Genes Everywhere	Giving life a bigger genetic alphabet

2005 年	2015 年
Evolution in action	CRISPR genome-editing method
Planetary probes	Homo naledi
Plant development	Ebola vaccine
Violent neutron stars	Psychology replication
Genetics of brain disease	Pluto（New Horizons spacecraft）
Earth's differentiation	Paleo-indians DNA
Potassium channels	Mantle plumes
Climate change	Opiate pathway in yeast
Systems biology	Lymphatic system in the central nervous system
ITER nuclear fusion experiment	Bell's theorem experiment

2006 年	2016 年
Proof of the Poincaré conjecture	Ripples in spacetime: First observation of gravitational waves
Paleogenomics	Proxima b: The exoplanet next door
Shrinking ice	AI beat Go champ: Artificial Intelligence ups its game
Tiktaalik fossil fish	The purge that refreshes: Killing old cells to stay young

2006 年	2016 年
Cloaking technology	Mind-reading great apes: Humans aren't the only great apes that can 'read minds'
Anti-VEGF for age-related macular degeneration patients	Custom proteins: Proteins by design
Biodiversity and speciation	Making eggs: Mouse eggs made in the lab
Sub-diffraction-limit microscopy	Great migration: A single wave of migration from Africa peopled the globe
LTP process for record new memories	Pocket-size sequencer: Genome sequencing in the hand and bush
Small piRNA molecules	Super lenses: Metalenses, megapromise
2007 年	**2017 年**
Human genetic variation	Cosmic convergence: Neutron star merger (GW170817)
Reprogramming cells	A cancer drug's broad swipe: FDA's approval pembrolizumab for using in cancer immunotherapy
High-energy cosmic rays	Gene therapy: Adeno-associated virus（AAV9）
Receptor visions	Oldest ice core: The Antarctic ice cores that froze 2.7 million years ago
Beyond silicon: oxide interfaces	Biological preprints: bioRxiv
Quantum spin Hall effect	Human origins: The 300,000-year-old Homo sapiens fossils
T cell division	Neutrino detector
Direct chemistry efficient	Life at the atomic level: Cryo-electron microscopy
Memory and imagination	Cassini's grand finale: Cassini retirement
Computer solving checkers	Pinpoint gene editing: CRISPR tool for DNA and RNAbase editing
2008 年	**2018 年**
Cellular reprogramming	Development cell by cell
Seeing Exoplanets	Messengers from a far-off galaxy
Cancer Genes	Molecular structures made simple
New High-Temperature Superconductors	Ice age impact
Watching Proteins at Work	MeToo makes a difference
Water to Burn	An archaic human 'hybrid'
The Video Embryo	Forensic genealogy comes of age
Fat of a Different Color	Gene-silencing drug approved
Proton's Mass "Predicted"	Molecular windows into primeval worlds
Sequencing Bonanza	How cells marshal their contents

续表

2009 年
Ardipithecus ramidus
Opening up the Gamma Ray Sky
ABA Receptors
Mock Monopoles Spotted
Live Long and Prosper
An Icy Moon Revealed
Gene Therapy Returns
Graphene Takes Off
Hubble Reborn
First X-ray Laser Shines

数据来源：根据 *Science* 年度十大科学进展整理

(二)生物科技体现了科技创新的新模式

生物技术是 21 世纪最重要的创新技术集群之一，具有突破性、颠覆性、引领性等显著特点，并集中体现了全球科技创新发展态势的典型特征。

一是学科交叉汇聚日益紧密，拓展了科学发现与技术突破的空间。例如，生命科学与化学、信息、材料、工程等学科交叉融合，正在加速孕育和催生一批如合成生物技术、类脑人工智能技术等具有重大产业变革前景的颠覆性技术。早在 2001 年，美国就认识到技术交叉融合将会带来新的科技革命，并提出会聚技术（NBIC），即纳米技术（nanotechnology）、生物技术（biotechnology）、信息技术（information technology）、认知科学（cognitive science）4 个领域中任何技术的两两或交叉融合、会聚或集成，都将产生难以估量的影响；2002 年，美国国家科学基金会（National Science Foundation，United States）专门组织出版了相关报告：*Converging Technologies for Improving Human Performance: Nanotechnology, Biotechnology, Information Technology and Cognitive Science*[31]。

二是传统意义上的基础研究、应用研究、技术开发和产业化的边界日趋模糊，科技创新更加灵活，创新周期大大缩短，如基因测序技术、大数据分

---

31 Roco M C, Bainbridge W S. Converging Technologies for Improving Human Performance: Nanotechnology, Biotechnology, Information Technology and Cognitive Science. 2002

析等技术的突飞猛进,尤其是 DNA 测序速度大幅度提高而测序成本大幅度下降[32](图 1-9),使得基因测序完全有可能变成日常检测行为,推动新发传染病从病原体分离鉴定到诊断试剂研制的时间缩短,过去往往需要不同领域专家耗费数年才能完成,现在仅需数月甚至数天就能完成上述工作,为传染病防控提供了有力支撑。

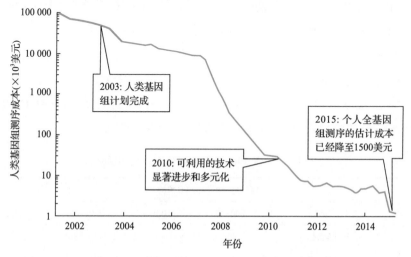

更准确、更廉价、更快捷
近十年来,DNA测序的费用急剧下降,同时带来了更多的应用。

图 1-9　DNA 测序成本和技术的变革(National Human Genome Research Institute)

(三)生物产业规模迅速扩大

一是健康产业是万亿美元的产业。作者在 2004 年就预见到生物产业的价值,在参与组织编写的题为《中国生物产业调研报告》[33/34]的专著中,作者预计(表 1-5),到 2020 年中国生物产业占 GDP 的比例将达到 7.5%~9.5%;世界银行数据也显示,全球健康产业占 GDP 的比例已由 2000 年的 8.6%上升到 2015 年的 9.9%,总额达到 8 万亿美元。美国的健康支出占 GDP 的比例达到

---

32 Eric D Green, Edward M Rubin, Maynard V Olson. The future of DNA sequencing. https://www.nature.com/news/the-future-of-dna-sequencing-1.22787[2019-11-18]

33 李学勇,潘爱华,等. 中国生物产业调研报告. 北京: 中央文献出版社, 2004

34 该调研报告由科技部和北大未名出任策划,作者任执行编辑,对生物技术产业进行了分类:传统生物产业、现代生物产业、未来生物产业,并主导完成了中国第一部 60 多万字、系统全面、数据翔实的生物技术领域战略研究报告,为国家生物技术规划及中长期科技规划提供了详细的参考支撑

16.8%。

二是生物新产品开发越来越多。以新药开发为例，目前，全球研制中的生物技术药物超过 2200 种，其中 1700 余种已进入临床试验，预计在未来 5 年内将有 200 种以上新的生物技术产品投放市场。

三是重大产品快速显现。以单克隆抗体药、干细胞、CAR-T 等为代表的重大产品快速显现。自 1986 年首个抗体药出现以来就呈现高速发展态势，2018 年单抗药物在全球十大畅销药品排行榜上占据 6 个席位(表 1-6)；阿达木单抗 2018 年销售额已突破 199 亿美元，达到 199.36 亿，连续 7 年位居第一。干细胞治疗市场规模 7 年增长了 3.7 倍，2017 年全球增长至 512.6 亿美元，若加上其他市场，目前全球干细胞市场规模远超千亿美元。CAR-T 更是如此，据 Coherent Market Insights 预测，在 2018～2028 年，全球 CAR-T 细胞治疗市场价值将以高达 46.1%的平均年复合增长率增长。

表 1-5　作者 2004 年对我国生物产业的预测

我国生物产业发展预测					
产业分类	领域	2003 年	2010 年	2015 年	2020 年
传统生物产业	抗生素(亿元)	316	500～600	1 000～1 300	2 000～2 200
	维生素(亿元)	107	400～500	650～700	1 400～1 500
	酶、有机酸、氨基酸(亿元)	48	100～200	250～300	500～600
	中药(亿元)	784	2 100～2 200	4 200～4 300	6 500～7 000
	保健品(亿元)	207	600～650	1 000～1 200	2 000～2 500
	啤酒(亿元)	511	800～1 000	1 600～1 700	2 500～3 000
	味精(亿元)	160	300～350	400～500	600～700
	合计(亿元)	2 133	4 800～5 500	9 100～10 000	15 500～17 500
	GDP(%)	1.83	2.0～2.5	3.0～3.5	3.5～4.5
现代生物产业	基因药物(亿元)	25.8	200～400	800～1 000	5 000～6 000
	医用诊断试剂(亿元)	54.5	100～150	300～500	600～800
	人用疫苗(亿元)	24.3	100～150	200～300	500～600
	生化药物(亿元)	124	250～300	500～800	1 000～1 100
	转基因抗虫棉(亿元)	112	200～250	500～800	1 000～1 200
	超级杂交稻(亿元)	75	250～300	400～500	500～600

续表

我国生物产业发展预测					
产业分类	领域	2003 年	2010 年	2015 年	2020 年
现代生物产业	生物农药生物肥料(亿元)	25	100～150	200～250	400～500
	饲料添加剂(亿元)	100	150～200	300～350	400～500
	合计(亿元)	540.6	1 350～1 900	3 200～4 500	9 400～11 300
	GDP(%)	0.5	1.0～1.5	1.5～2.5	2.0～2.5
未来生物产业	生物芯片(亿元)	研发	50～100	200～300	1 000～1 500
	组织器官工程(亿元)	研发	500～600	800～1 000	3 000～4 000
	动物克隆技术(亿元)	研发	50～100	100～200	1 000～1 500
	基因治疗(亿元)	研发	50～100	100～200	800～1 000
	干细胞技术(亿元)	研发	20～50	50～100	100～300
	基因组工程(亿元)	研发	30～50	300～500	1 000～1 200
	生物计算机(亿元)	研发	研发	200～500	2 500～3 000
	生物能源(亿元)	研发	50～100	200～300	500～1 000
	生物纳米(亿元)	研发	50～100	150～200	400～500
	合计(亿元)	—	800～1 200	2 100～3 300	10 300～14 000
	GDP(%)	—	0.7～1.0	1.0～1.5	2.5～3.5
总计(亿元)		2 673.6	6 950～8 600	14 400～17 800	35 200～42 800
GDP(%)		2.33	4.0～4.5	5.0～6.0	7.5～9.5

表1-6 2018年全球畅销药物前10名名单及金额

排名	药物	中文名	适应证	类型	销售额(亿美元)	公司
1	Humria	修美乐	自身免疫性疾病	单抗	199.36	AbbVie
2	Eliquis	艾乐妥	抗血凝剂	小分子	98.76	Bristol-Myers，Pfizer
3	Revlimid	来那度胺	多发性骨髓瘤	小分子	96.85	Celgene
4	Keytruda		多种肿瘤	单抗	71.71	MSD
5	Enbrel	恩利	自身免疫性疾病	融合蛋白	71.26	Amgen/Pfizer
6	Herceptin	赫赛汀	乳腺癌等多种肿瘤	单抗	70.32	Roche
7	Avastin	安维汀	结肠癌等多种肿瘤	单抗	68.98	Roche
8	Rutuxan	美罗华	白血病等	单抗	68.01	Roche
9	Opdivo	纳武单抗	多种肿瘤	单抗	67.35	Bristol-Myers Squibb
10	Eylea	阿柏西普	年龄等相关黄斑变性	融合蛋白	65.73	Bayer/Regeneron

　　四是生物技术和信息技术的交叉融合创新将会对生物产业产生重大的影响。无线传感器、基因组学、成像技术和健康信息等技术的融合带来的变革使得个体化医疗及生命健康服务产业成为新的生长点，将推动基因测序服务、生物芯片检测服务、干细胞医疗等领域的快速发展。高性能计算、虚拟现实技术、人工智能(AI)等将大大加快药物研发的速度。包括云计算、社交网络和大数据分析在内的多种技术支持智能移动技术在医疗保健中发挥作用。基于移动通信的个体医疗设备与远程医疗和数字医疗决策结合的数字医疗体系将形成新的医学模式。美国药品研究与制造商协会(The Pharmaceutical Research and Manufacturers of America，PhRMA)在一份报告中明确提出：药物研发是科学、技术、工程学和数学协同发展的过程(图 1-10)。

　　五是合成生物学技术领域市场前景巨大。合成生物学通过对生命过程或生物体进行有目标的设计、改造乃至重新合成，建立化学品生物制造新途径，目前合成生物学研究已经发展到生物制造，辐射到农业、能源和环境科学技术领域，甚至还可以创造出新"生命体系"[35]：2018 年 *Nature* 杂志发表的文章显示，科学家可以将酵母的 16 条染色体融合成 1 条染色体但仍保持酵母生长和繁殖(原理见图 1-11)。

　　在合成生物学的带领下，生物制造产业进入产业生命周期中的迅速成长阶段。美国农业部预测，到 2025 年占 22%的全球化学产品将由生物基原料制造。世界经济合作与发展组织(世界经合组织，OECD)预测：至 2030 年，将有 35%的化学品和其他工业产品来自工业生物技术，生物制造产业的总产值将占全球生物产业约 40%的份额。

(四)各类机构和市场广泛关注生物产业

　　各国在生命科学和生物技术领域的投资，以及企业在生物相关领域的大量投资，都表明世界已经走到生物经济的道路上。数据显示，从 2012 年开始，全球医疗健康市场的融资规模就开始疯狂增长，年均复合增长率高达 69%；截止到 2017 年第三季度，全球发生了 248 起交易。

---

35 Shao Y Y, Lu N, Wu Z F, et al. Creating a functional single-chromosome yeast. Nature, 2018, 560: 331-335

药物发现　临床前研究　　　　临床试验　　　　FDA评审　　放大生产　4期临床
　　　　　　　　　　1期　　2期　　3期　　　　和批准　　　　　　试验/持续
　　　　　　　　　　　　　　　　　　　　　　　　　　　　　　　　研究和监测

临床前化学家：
在临床前阶段，研究物质组成及其特性，做出发现，尽管开发需要许多年。通常需要一名化学专业的本科及以上学历研究人员。

@ 软件工程师：
开发跟踪化合物结果和临床试验结果的程序。通常需要一名计算机科学专业的本科研究人员。

临床安全科学家：
负责收集、处理，进行不间断的安全评估，以及临床受试患者的潜在不良事件的监管报告。通常需要一名生物医学科学、药学或其他健康相关专业的本科研究人员。

π 程序主管：
负责设计和执行统计规划活动以支持临床试验，并提交健康机构。通常需要一名数学或相关专业的本科研究人员。

功能安全工程师：
担任生产基地仪器行业标准和局部实践的主题专家。通常需要工程专业本科以及以上学历。

药物警戒毒理学家：
开展毒理学调查以支持生产的质量保证。通常需要一名医学毒理学硕士或博士。

@ 批准后安全专员：
负责协调执行不良数据的录入和评估，编码和调整报告活动。通常需要一名医学技术本科研究人员。

研究科学家：
发现能调控疾病（基因引起的）有关的靶点或通路的分子，并在临床前模型中利用其测试潜在治疗策略，以此作为通向人体试验的起点。通常需要一名生物学专业的博士。

π@ 生产技术员：
执行日常的生产活动，包括严格按照SOP、cGMP进行设备操作和清洗。需要高中毕业生和相关工作经历。

π 生物统计学家：
设计用于药物开发的数学模型，如临床试验方案设计，要求具备高超的统计技能，会使用多种数学模型分析大数据集。通常需要一名统计学或相关专业的硕士或博士。

@ 设备和机械技术员：
排除故障、维护和修理生产设备。通常需要拥有相关工作经历的副学士或高中毕业生。

细胞生物/免疫学家：
在实验室，通过细胞试验，开发、设计和开展研究，对候选抗体药物进行筛选和鉴定，并研究其作用机制。设计和开展人体研究。通常需要一名免疫学或相关专业的博士。

制药生物工程师：
运用基础的科学和工程的原理，解决生产过程中的问题和评估工艺改进，为临床生产过程提供技术支持。通常需要生物化学工程专业的本科以及以上学历研究人员。

药物化学家：
首先使用生物材料研究候选药物的药物传递系统、药用化合物的质量控制和潜在的药物相互作用等问题。通常需要一名化学专业的本科以及以上学历研究人员。

生物技术员/实验室助理：
收集数据和样本；维护仪器设备和监测实验；用各种高科技设备分析样本。通常需要一名生命科学领域的副学士及以上学历研究人员。

 科学　　 技术　　 工程学　　π 数学

图 1-10　药物发现每个阶段中的科学、技术、工程学和数学(PhRMA)[36]

副学士是一种源自美国和加拿大的学位等级，副学士学位课程涵盖较多通识教育科目，而高级文凭和专业文凭则较注重专业知识

---

36 Enhancing Today's STEM Workforce to Ensure Tomorrow's New Medicines: Biopharmaceutical Industry Partnerships with U.S. Colleges and Universities, The Pharmaceutical Research and Manufacturers of America (PhRMA). 2017

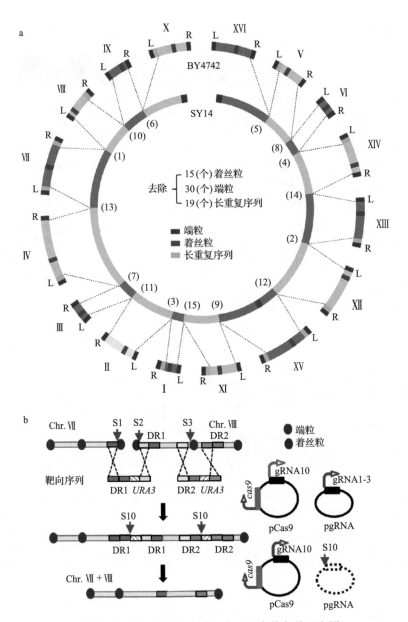

图 1-11　酵母 16 条染色体融合成 1 条染色体示意图

2016 年，美国公布了《2016—2045 年新兴科技趋势——综合领先预测报告》（*Emerging Science and Technology Trends: 2016-2045 — A Synthesis of*

Leading Forecasts Report)[37]，该报告是美国在 2010～2016 年由政府机构、咨询机构、智囊团、科研机构等发表的 32 份科技趋势相关研究调查报告的基础上提炼形成的，提出了未来 30 年 20 个科技投资方向，仅生物技术领域就有三个：医学、合成生物科技、人类增强，此外，其他 17 项技术也多可应用在生物技术领域。

（五）发达国家和部分发展中国家纷纷重点部署

技术突破将为世界经济发展带来强劲动力。为了更好地拉动经济的发展，世界各国都在寻找新的技术突破点，生物技术的发展成为世界各国的目标，欧盟及其成员国德国、意大利、荷兰、爱尔兰、瑞典、奥地利、挪威等，俄罗斯及北美洲的美国和加拿大，亚洲的日本、韩国、印度，以及非洲的南非等，都纷纷出台了生物经济发展战略。例如，早在 1999 年，美国政府就提出"以生物为基础的经济"（biobased economy）的概念和计划，克林顿总统在 1999 年 8 月发布了推进生物产业发展的总统令——开发和推进生物基产品和生物能源（No. 13134：Developing and promoting biobased products and bioenergy），生物质研究和发展委员会（Biomass Research and Development Board）在 2001 年发布了名为 *Fostering the Bioeconomic Revolution* 的报告；2012 年 4 月白宫发布《国家生物经济蓝图》（*National Bioeconomy Blueprint*），重点描绘了联邦生物经济五大战略目标。2009 年世界经合组织发表了题为《2030 年生物经济：制定政策议程》（*The Bioeconomy to 2030: designing a policy agenda*）的报告，印度公布《国家生物技术发展战略》（*National Biotechnology Development Strategy*），德国政府发布《生物经济 2030》（*Bioeconomy 2030*），俄罗斯通过了《俄罗斯生物技术发展路线图》（*Russian Government Roadmap for Development of Biotechnology*），韩国制定了面向 2016 年的生物经济基本战略（*Bio-Vision 2016: the Second National Framework Plan for Biotechnology Promotion*），以期通过国家引导，加大投资，加速抢占生物技术的制高点，加快推动生物经济产业革命性发展的步伐。

中国在很早就制定了发展生物产业的相关规划。1986 年 11 月，中共中央

37 Emerging Science and Technology Trends: 2016-2045 — A Synthesis of Leading Forecasts Report. Deputy Assistant Secretary of the Army（Research & Technology）. 2016

批准"国家高技术研究发展计划（863 计划）"启动实施，生物技术被列入 863
计划，成为中国高技术的重点领域之一。进入 21 世纪，为了推动生物产业的
发展，科技部于 2004 年组织开展国内外生物科技及产业发展战略研究，撰写
了《中国生物产业调研报告》（作者任执行编辑）；2007 年，国家发展和改革
委员会（以下简称国家发改委）发布了生物产业发展"十一五"规划（作者作
为核心专家）。这两份文件掀开了中国生物产业发展的序幕，随后，中国陆续
发布了系列相关的生物、医药产业等规划；"十二五"期间，国务院下发的《生
物产业发展规划》提出"2020 年生物产业发展成为国民经济的支柱产业"的
目标。"生物产业"在《中华人民共和国国民经济和社会发展第十二个五年规
划纲要》中首次被写入政府文件。《中华人民共和国国民经济和社会发展第十
三个五年规划纲要》提出要继续强调支持生物技术等的产业发展壮大，加强
前瞻布局，在生命科学领域培养一批战略性产业。大力推进精准医疗等新兴
前沿领域创新和产业化，形成新增长点。2017 年中央经济工作会议文件第一
次明确提出培育"生物经济"新模式新业态。

　　当然，为了积极支持生物产业的发展，很多国家也纷纷将生命科学作为重
点领域进行重点投入。根据 NSF 数据（表 1-7），美国公共健康与社会福利部 2016
年投入占全国总预算（包括军口预算和民口预算）的 27.6%，其中重点支持的是美
国国立卫生研究院（NIH），若再加上其他部门和生命科学相关支持，预计联邦政
府预算中支持生物领域的预算将超过总预算的 30%，约占民口总预算的 50%。

表 1-7　2016 年、2017 年美国联邦政府预算各部门占比（NSF 数据）

美国各部门	2016 年（%）	2017 年（%）
国防部	38.2	38.1
公共健康与社会福利部	27.6	26.7
国家航空暨太空总署	10.6	11.1
能源部	10.8	11.0
科学基金委	5.1	5.0
农业部	2.0	2.2
商务部	1.4	1.6
运输部	0.8	1.0
其他	3.5	3.3

总之，生物技术在引领未来经济社会发展中的战略地位日益凸显。现代生物技术的一系列重要进展和重大突破正在加速向应用领域渗透，在革命性解决人类发展面临的环境、资源和健康等重大问题方面展现出巨大前景。

生物经济产业正加速成为继信息产业之后又一个新的主导产业，将深刻地改变世界经济发展模式和人类社会生活方式，并引发世界经济格局的重大调整和国家综合国力的重大变化。

第三节 生物经济：引领经济学发展变革

"生物经济"（bioeconomy）这个词国内外都曾有人提出过。作者查询相关文献[38]发现，在中国，"生物经济"一词最早出现在1981年；在欧美，生物经济学（bioeconomics）最早可追溯到20世纪60年代。但仔细分析，无论是中国的生物经济还是外国的生物经济，多是指由生物技术的兴起产生了系列产品从而带领产业的变化而形成的经济。例如，药物制造业、医疗器械制造业等都是生物经济。那么，从这点上讲，传统认知上的生物经济和经济学上的工业经济没有多少差别，都是基于制造业带来的利润、价值等，是目前研究的经济学中的一个产业形态，并没有给整个经济学的理念和框架带来根本性变化。

作者倡导的生物经济和传统认知上的生物经济具有显著性差异。作者创立的生物经济（即潘氏生物经济）是指运用生命科学和医学的观点及方法研究经济与社会问题所形成的新的经济。在此基础上，作者逐步构建了生物经济体系，主要包括生物经济理论、生物经济模式、生物经济产业。其中，生物经济理论是指用生命科学和医学的观点及方法研究经济与社会问题所形成的新的经济理论，目前作者已经形成了十大理论；生物经济模式是在生物经济理论指导下创造的全新的经济模式，目前作者已经形成了十大模式；生物经济产业是在生物经济理论指导下，运用生物经济模式，将大产业、大金融、大市场一体化协同发展所形成的产业。相关详细内容将会在后续章节中逐步阐述。除此之外，作者领导的北大未名还建立了若干生物经济试验区/示范区，积极开展生物经济产业的探索和实践。

---

38 详细论述见本书第一章第一节相关内容

一、经济学面临巨大困境

(一)经济学简史

1. 基本概念

经济学发展至今,很多经济学家都对经济学下过不同的定义。比较后,作者比较赞同我国《辞海》中对经济学的概括:经济学是研究人类社会经济发展过程中经济关系和经济活动规律及应用的科学的总称[39]。

作为经济学科体系出发点的公理,经济学基本原理是由科学的经济学公理推导出来的经济学定理。以西方经济学为例,西方经济学的理论基础是一般均衡理论、边际效应等,理论出发点是理性经济人,基础是私有制,核心机制是价格机制,方法论是线性非对称和还原论,模式是理论分析和实证研究。

经济基本规律即经济运行规律,指生产、流通、分配、消费和再生产等各个环节的相互制约、相互促进,从而推动经济运转的内在机制。发展至今,世界上出现两大经济运转体制:市场机制和计划机制。市场机制的核心是市场价格涨跌和供求关系变化;计划机制的核心通过计划的制定和贯彻调整经济活动。

2. 发展简史

早在公元前,人类就开始对经济发展相关知识进行研究和思考,发展到今天,经济学研究可分为三个阶段。

1)原始经济学

人类经济学起源于人类早期对经济发展的思考。在采集和狩猎经济时代,由于人口数量不大,人类每天都能找到足以维持生存的食品,根本没有必要考虑与生存相关的生产等问题。但随着人类的繁衍,人口逐渐增多,采集和狩猎等已经不能支撑人类的需要,人类逐步开始步入以养殖、种植为主的农业经济时代。在这个时代,如何能充分发掘种植、养殖等潜力开始得到关注,一系列与农业发展相关的经济学相关理念开始萌发、生长,部分专著开始出现。

根据目前能查询到的资料,人类最早以经济为核心内容的专著应该是古希腊色诺芬(公元前 440 年左右至前 355 年)的《经济论》(*Oeconomicus or*

---

39 夏征农, 陈至立. 辞海. 6 版. 上海: 上海辞书出版社, 2010

Economics)[40]。该书分为两部分，第一部分阐述了农业对国家经济的重要性，认为农业是国民赖以生存的基础，人们应当如何用最有效的方法来管理好自己的家产；第二部分色诺芬提出：主持家务是妇女的天职，家政训练应该成为女子教育中的特别项目。以现在的观点来看，这本书虽然名为《经济论》，但实际核心论述的是如何用有效管理提高家庭的生产能力以保障家庭的生存。

在色诺芬之后，柏拉图、亚里士多德等也纷纷提出过经济学相关理念，如柏拉图曾提出社会分工论、亚里士多德曾提出关于商品交换与货币的学说。但这些多是理念和思想，没有专门的专著出现。

在古代的中国，不但提出了一系列不同的经济学理念，而且还进行了实践。在理念方面，以管仲、范蠡等为代表的中国古代大家，提出的以经世致用为代表的价值观，以均富、损有余而补不足为代表的平等观，以交相利、义利统一为代表的生产关系观等，这些依然影响我们现在对经济发展的思考；在实践方面，汉代的桑弘羊(公元前155年—前80年)极力主张和践行工商官营，主持或参与制定了一系列经济政策和制度，他推行的盐铁专营、平准制度、本重币虚的理念和做法，为汉朝的强大打下了坚实的基础。当然，中国的这些古代早期经济思想分见于不同的思想家，比较零散，与西方早期的经济学理念一样，也没有系统的专著出现。

2) 古典经济学

按照 Harry Landreth 的观点[41]，古典经济学可追溯到经院哲学时期。在经院哲学时期，经济学开始形成比较系统的体系，出现较为系统科学的经济分析模式，重商主义和重农主义等也在这个时期兴起，涌现了托马斯·孟、威廉·配第、伯纳德·曼德维尔、大卫·休谟、理查德·坎蒂隆、亚当·斯密、大卫·李嘉图、马尔萨斯、穆勒等一批经济学家，其分析模式一直延续到马克思主义经济学。

随着杰文斯、门格尔及瓦尔拉斯的边际分析出现，以边际分析进行扩展，产生了收益递减、利润与利息、租金、均衡等系列概念，新古典经济学出现了一批经济学大师，如庞巴维克、费雪、阿尔弗雷德·马歇尔、瓦尔拉斯、维

---

40 色诺芬. 经济论. 张伯健, 陆大年译. 北京: 商务印书馆, 1961

41 哈里·兰德雷斯, 大卫·C·柯南德尔. 经济思想史. 4版. 周文译. 北京: 人民邮电出版社, 2014

尔弗雷多·帕累托、约翰·R·康芒斯等都是耳熟能详的经济学大师。

古典经济学是经济学开始进入系统化、正规化的开始，这个时代的经济学家群星闪耀，经济学专著层出不穷，其中尤以亚当·斯密的《国富论》和马克思的《资本论》最为知名，这两本书不但是经济学名著，而且是给社会带来巨大变革的学术著作，其影响力远超其他经济学著作：看不见的手一直是市场经济的金苹果；计划经济为科学揭示了社会变化的规律，为社会的发展指明了方向。

当然，古典经济学的一大变化是经济学逐渐摆脱了政治经济学的影响，更倾向于对经济现象的论证，经济学的政治意味逐步减少。标志性事件是英国经济学家 W. S. Jevons 在《政治经济学理论》(*The Theory of Political Economy*)[42]第二版明确提出应当用"经济学"代替"政治经济学"；阿尔弗雷德·马歇尔《经济学原理》(*Principles of Economics*)[43]的出版彻底改变了长期使用政治经济学这一名称。

3）现代经济学

现代经济学指经济学研究逐步脱离经验模型，开始以数理模型为核心的阶段，出现了数理经济学、统计学及经济计量学等以数据分析和实证研究。代表人物是保罗·萨缪尔森、米尔顿·弗里德曼等诺贝尔经济学奖获得者；经济学开始围绕微观经济学和宏观经济学两大分支进行深入研究。

这个阶段，经济学除学科内部的纵深发展外，经济学领域的学科交叉与创新发展的趋势非常明显，涌现出许多引人注目的新兴边缘学科，如数量经济学、非线性经济学、对称经济学、行为经济学、演化经济学、复杂经济学、神经经济学等诸多流派。

其中，演化经济学和复杂经济学的出现，标志着经济学的研究已开始由以数理分析为主进入更为复杂的阶段。复杂经济学[44]认为，经济系统的复杂性，一方面，是由人们千差万别的预期所导致的，另一方面，收益递增规律也决定了经济的未来进化，并从个体的演化和进化对群体演化与进化带来巨大影响的角度分析经济的发展，将会使经济分析和社会现实更为贴近。演化经济

42 Jevons W S. 政治经济学理论. 郭大力译. 北京: 商务印书馆, 1984

43 阿尔弗雷德·马歇尔. 经济学原理. 廉运杰译. 北京: 华夏出版社, 2012

44 布莱恩·阿瑟. 复杂经济学. 贾拥民译. 杭州: 浙江人民出版社, 2018

学是介于生物学和经济学的一门边缘科学，强调以达尔文主义为理论基础，以"遗传、变异和选择机制"为基本分析框架；用动态、演化的方法看待经济发展过程，看待经济变迁和技术变迁[45]。

(二)经济学发展面临的困境和展望

任何一门学科的建设必须和现实相对应，经济学的发展也不例外。前面已经提到，现代经济学是建立在以工业为基础的经济学上的，发展到现在，无论经济学怎么变化，依然没有脱离以工业为基础的轨道，这也是目前经济学发展的最大困境：解释现在都面临很大困难，更别说预测和指导未来。例如，经济学的核心是研究需求和供给之间的关系，但在现代科技的大背景下，不考虑国家之间的界限等限制性因素，若能充分发挥出全球科技的强大作用，人类基本可以做到无限供给(如服务业中的影视业、印刷产业、创意产业等)，这就对现代意义上的经济学提出了新的挑战。再如，现代经济学多强调市场的作用对政府的作用不与认同，这也是现代经济学无法解释中国经济高速发展的核心所在。

经济学的发展必须要跟得上新的形式，跟得上产业发展的步伐，跟得上科技发展的趋势。21世纪经济学的发展也必须高屋建瓴，从未来经济社会发展的角度出发，提出新的理论，发展新的经济模式。

二、潘氏生物经济提出的理论基础

(一)作者对经济时代变迁的独特理解

经济时代是一种经济形态发展到成熟阶段后，以这种经济形态为主导形成的人类经济社会发展的特定历史时期。从人类出现到现在，人类经济社会先后经历了采集和狩猎经济时代、农业经济时代、工业经济时代，目前正处在信息经济时代中期的后半段。

在《经济时代的演进及生物经济法则初探》[46]一文中，邓心安、张应禄研究员在研究、总结经济时代演化和变迁的过程中，认为人类经济社会发展经历了采集和狩猎经济时代、农业经济时代、工业经济时代后，目前正处于信

45 陈劲, 王焕祥. 演化经济学. 北京: 清华大学出版社, 2008
46 邓心安, 张应禄. 经济时代的演进及生物经济法则初探. 浙江大学学报(人文社会科学版), 2010, 40(2)

息经济时代的中期及生物经济(形态)的成长阶段，预计于 21 世纪 20 年代以后进入生物经济时代(表 1-8)，这和作者的认识基本一致。

表 1-8　不同经济时代人与自然关系的演变(引自邓心安和张应禄，2010)

经济时代	大致时期	人与自然的关系
采集和狩猎经济时代	约 30 万年前至约 1 万年前	生产力低下，人类活动极大地受自然制约，活动范围小，对自然的作用与影响甚微，具有自然依附性。人与自然的关系处于原始依附状态，敬畏自然
农业经济时代	约 1 万年前至 18 世纪 60 年代	生产力有所提高，人类对自然的适应和控制能力有所增强，农业由"攫取"过渡到"生产"，主要依靠人力和畜力，人类对环境的影响未超过其容量。人与自然的关系是融洽、依附和共生的关系，以自然为本
工业经济时代	18 世纪 60 年代至 20 世纪 90 年代	科技进步加快，生产力大幅度提高，人类改造自然的能力显著增强，并出现"人定胜天"开发观、"人类中心论"价值观，认为人是自然的主人，自然价值局限于对人的工具价值，人的利益和需要绝对合理。掠夺式开发利用自然，造成一系列灾难性后果。人与自然的关系主要是对立和异化关系，以技术为本
信息经济时代	20 世纪 90 年代至 21 世纪 20 年代	以信息技术为代表的现代科技使人类生产生活方式发生了重大变革，信息社会的到来使组织社会化程度提高；秉持"非人类中心论"与可持续发展观，前者主张以自然为中心，淡化人类价值的主体地位，后者强调人与自然协调发展。"以人为本"的可持续发展观开始确立
生物经济时代	21 世纪 20 年代以后	生命科学与生物技术将使人类生产生活方式发生根本变革，人类开始从"改造客体"时代进入"改造主体"时代，以提高人类生活质量为中心。人与自然的关系是一种和谐关系，"人本化"发展观逐步形成，主流社会率先进入后信息社会——人本社会

与人类经济时代相对应的是不同的社会形态(图 1-12)。采集和狩猎经济时代的人类，以自然人群为单位进行以采集为主的生产活动，基本特征是：自由经营、自由劳动、自取所需，财产共有，人人自由，个个平等，不存在上下级关系，更不存在阶级压迫，可以称为"原始共产主义社会"。

随着农业革命的出现，人类从原始的采集和狩猎时代进入以农业为基础的时代，在这个时代，随着生产力的提高，社会开始出现农产品的剩余，农业产业(即第一产业)开始形成，推动社会进入农业经济时代。与此相适应，社会形态也发生了变化，人类社会开始由原始共产主义社会进入奴隶社会，进而进入封建社会。

到工业经济时代，采集和狩猎经济基本退出了历史舞台，因而又有重新组合的两种社会并存：农业社会和工业社会，但此阶段主流经济已由农业经济过渡到工业经济，工业开始成为主导产业，即第二产业，与此相伴，人类社会也开始进入资本主义社会，出现资本控制世界的模式和特征。在资本的强力推动下，在现代科技的带领下，资本主义社会给世界带来了眼花缭乱的变化，世界的发展也日新月异。但资本主义的衰落也是必然。早在 170 年前，马克思和恩格斯就在《共产党宣言》中对资本主义的社会危机做出预言。资本主义社会一直在寻找新的出路。

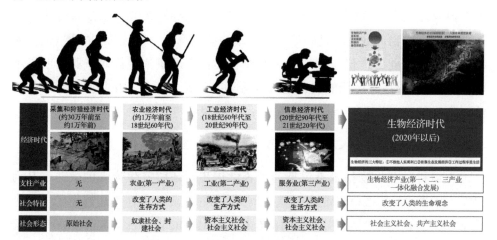

图 1-12　人类进化与经济时代变迁示意图

信息经济时代是随着信息技术、信息产业大发展而出现的时代。尤其是计算机、互联网、无线互联等产品和技术的出现与普及，推动社会发生了巨大变化，数据流通开始取代产品流通，信息劳动开始取代工业劳动，生产逐步演变成服务，此时的支柱产业是服务业，即第三产业。与此同时，信息经济时代的经济学特征也发生变化，传统的边际效应递减、规模效益等也逐步被改写和颠覆。

但若仔细分析以上 4 种经济形态，我们明显发现，这 4 种经济都是建立在对资源掠夺的基础之上的，尤其是工业经济，发展到现在，对资源的掠夺已经给人类社会带来了巨大危机。

当然，由于采集和狩猎经济时代没有形成产业，因此，若从产业形态来考察，从人类出现到现在，人类的产业时代主要分为农业经济时代、工业经济时代和信息经济时代，与此相适应，农业经济时代的主导产业是种植业(即农业)，即目前所讲的以第一产业为主；工业经济时代是以制造业为主的(即工业)，也即目前所讲的以第二产业为主；信息经济时代主要体现在服务业，也就是我们通常所讲的第三产业。

那么，在未来的生物经济时代，主导产业将会发生哪些变化？经过研究，作者认为，进入生物经济时代，社会的主导产业应是生物经济产业。生物经济产业是指在生物经济理论的指导下，运用生物经济模式，将大产业、大金融、大市场一体化协同发展所形成的产业。其中，大产业是生物经济产业的核心内容，具有三大特征：一是以生物产业为主导和核心，二是将现代科学技术应用于生物产业，三是将第一、第二、第三产业一体化协同发展(也有人称为"第六产业"，但作者讲的大产业与其他人所讲的"第六产业"明显不同)。生物产业是大产业的关键组成部分和基础，主要包括生物医药、生物农业、生物能源、生物环保、生物智造、生物服务等六大领域。

(二)作者的判断：人类将在 2020 年进入生物经济时代

生命科学及生物技术不仅推动了科学进步，还将产生惊人的效益，从而引发产业革命，就连信息经济时代的巨头比尔·盖茨也宣称"超越他的下一个首富一定出自基因领域"。在 2018 年 Bill & Melinda Gates Foundation 基金会授权 CN-Healthcare 发布的一篇文章中，比尔·盖茨认为 CRISPR 技术将会改变世界的发展[47]。

作者在 2003 年公开发表的文章中，对信息经济与生物经济的发展趋势进行了分析和预测(表 1-9)，提出：以 1953 年 DNA 双螺旋结构发现和 2000 年人类基因组破译完成为标志，人类社会开始进入生物经济的形成和成长阶段；但生物经济大规模产业化的成熟阶段是在 2020 年开始的，人类将进入信息经济时代的中后期，并将迎来崭新的时代：生物经济时代。

表 1-9　生物经济与信息经济比较

阶段划分	起止年代	
	信息经济	生物经济
形成阶段(gestation)	1950~1970	1953~2000
成长阶段(growth)	1970~1980	2000~2020
成熟阶段(maturity)	1980~2020	2020 以后
衰退阶段(decline)	2020~?	?

注：? 表示未知

47 Bill Gates. Bill Gates on what gene editing and CRISPR mean for public health. https://www.cn-healthcare.com/article/20180423/content-502606.html [2019-11-18]

按照作者的理解，生物经济时代与采集和狩猎经济时代、农业经济时代、工业经济时代和信息经济时代具有明显不同的特征。生物经济的根基是太阳能。我们知道，太阳能主要来自太阳，取之不尽用之不竭，大规模开发利用不存在对太阳破坏的问题，更不会带来对资源的掠夺、对生态环境的破坏。

基于此理念，作者认为，在生物经济的指导下，世界有理由进入生产力高度发达、物质高度丰富、社会高度文明的状态。这种状态也就是我们通常意义上认为的共产主义状态。

三、潘氏生物经济的理论内涵

潘氏生物经济已经初步得到了世界的公认，主要是因为它有坚实的理论基础，是科学的体系，有扎实的实践基础。

(一)科学依据

生物经济的科学基础是"光合作用"，即微生物、藻类、植物等通过光合作用将世界最为清洁的能源——太阳能转化为碳能源，为世界的发展提供核心动力。当然，光合作用也可为我们提供食物来源：碳水化合物。这意味着，一旦人类利用生物经济，既可找到能高效转化碳的模式，又会使人类免于食物的匮乏。若人类能解决了这些基本问题，便可以在很大程度上减少战争的隐患，因为世界上的战争多数与能源资源争夺相关，一旦生物经济大规模普及，太阳能得到高效转化，世界上的能源和资源匮乏问题将得到很大改善，这将在很大程度上使人类进入一个和平、安宁、清洁、祥和的世界，人类可以走向和平持续发展的道路。

(二)主要特点

潘氏生物经济和其他生物经济相比，有以下三个显著特点。

一是基本概念不同。潘氏生物经济和其他人的生物经济的基本概念，无论是在内涵还是外延方面都不同。这在前面已有较为详细的论述，后面的部分章节也会论述，在此不再做阐述。

二是核心内容不同。潘氏生物经济是完整的科学体系，包括生物经济理论、生物经济模式和生物经济产业三大部分。相比之下，其他生物经济的提法多集中在生物产业，没形成完整的理论框架，更没有形成"理论-模式-产业"的完整体系。

三是经济特征不同。潘氏生物经济三大特征：不损他人实现利己、依靠生态发展经济、工作过程享受生活。这也是潘氏生物经济的核心。因为在现代经济体系下，利己多是建立在损害他人的基础上的，发展经济多会给生态带来破坏性甚至致命性的危害，当然，很多人的工作也是被迫的工作，能在工作中享受生活的情形少之又少。

第四节　生物经济：给人类一双眼睛

经济学起源于人类对发展经济的思考。早在公元前，人类就开始逐步探索和利用经济学相关理念为经济社会服务。但现代意义上的经济学和工业文明的发展密切相关，发展至今也已接近 300 年历史，然而事实上，直到现在经济学依然没有脱离原来的理念和轨道。现在已经进入新的时代，未来的发展是以生物经济为主的时代，与此相适应，经济学的发展必然要建立在以新经济——生物经济为主的基础上。在生物经济时代，经济学必将迎来理论和学科的巨大变革。

一、潘氏生物经济发展历程

在总结世界科技、产业发展史的过程中，作者逐渐认识到，未来科技的变化不会是继续在原来基础之上的变化，而应该是崭新的变化。1995 年，作者在攻读北京大学政治经济学第二博士学位时就认为 21 世纪是生物学世纪，在后续研究中，作者又提出 2020 年人类将进入生物经济时代的观点。

根据作者的理解，21 世纪是生物学世纪的具体表现有以下三个方面。

（一）生命科学将成为带头学科

世界科技史告诉我们，每个时期都有每个时期的带头学科。在过去的 300 年里，数学、物理学、化学等都曾作为带头学科，带动其他学科的发展。那么，进入 21 世纪，哪个学科才能成为带头学科？经过充分研究，作者认为，在未来很长一段时间内，生命科学将成为带头学科。这也就意味着生命科学将推动现代科学技术的发展。

按照作者的预计，生命科学成为带头学科，主要体现在以下三方面。

1. 自然科学方面

生命科学的发展和突破得益于其他的学科在本领域的应用，如以数学、物理学和化学的方法研究生物，分别产生了生物数学(biomathematics)、生物物理学(biophysics)和生物化学(biochemistry)，即使是 DNA 双螺旋结构的发现也得益于物理学和化学。假设生命科学成为带头学科，那么生命科学就应成为一种工具，为其他学科提供方法和思路。例如，应用于数学、物理学和化学，将产生数学生物学(mathematical biology)、物理生物学(physical biology)和化学生物学(chemical biology)。当然，生命科学也可被应用于自然科学的几乎所有领域。

2. 社会科学方面

生命科学作为带头学科，同样也将为社会科学各学科的研究提供方法和思路。例如，作者利用生命科学和医学的相关理论与方法来研究社会、经济，创立了社会基因学(social-genology)、经济基因学(econo-genology)、经济生物重组理论(theory of biological reconstruction of asset)等相关学科理论。

3. 统一论

按照通俗的理解，科学就是把原来不了解不清楚的事情搞清楚，哲学是科学之上的科学，目的就是把原来搞清楚的事情在更高层次上进行提炼，但这很容易把人搞糊涂。在生命科学时代，作者认为未来哲学之上的科学就是统一论，也就是作者提出的生命信息载体理论，这将在后面详细论述。

生命科学成为带头学科，预示着生命科学就像秋天飞行的大雁一样，带领群雁奔向前方；同时，群雁也为头雁提供支持、提供保障，只有这样，整个雁队才能克服各种艰难险阻，最终达到最好的目的地：实现人类的健康、长寿、幸福(图 1-13)。

(二)生物产业成为支柱产业

支柱产业指有大规模产出，占国内生产总值(GDP)5%以上的产业。随着生命科学和生物技术研究的不断突破，世界上许多国家都不约而同地把生物产业作为新的经济增长点来培育，以期能加速抢占“生物经济”的制高点。尤其是美国、日本、欧盟等全球主要发达国家及组织，纷纷将生物产业等纳入国家发展战略。另据世界银行统计,目前全球健康产业占 GDP 的比例已达 9.9%,美国已达 16.8%,德国达 11.2%,日本达 10.9%。另据世界银行统计,中国健康产业产值占 GDP 的比例仅为 5.3%,远低于世界平均水平,这预示着中国健康产业将有巨大的发展空间。

图 1-13　带头学科的雁行模式

(三)人类将进入生物经济时代

按照作者的概念,生物经济有广义和狭义之分。狭义的生物经济是以生命科学和生物技术研究开发与应用为基础、建立在生物技术产品和产业之上的经济(即生物产业)。广义的生物经济的内涵包括以下 3 个方面:①以生命科学和生物技术研究开发与应用为基础、建立在生物技术产品和产业之上的经济;②由生物事件(主要指瘟疫、生物恐怖和生物战争等)引起经济的变化;③建立在用生命科学和医学的方法研究经济所建立的经济理论、经济模型基础上的经济(图 1-14)。

作者在 1998 年曾预言:人类将在 2020 年进入生物经济时代,具体表现是:生物技术将为人类的健康、长寿、幸福提供保障;生物产品将走进千家万户;生物经济的理念将影响世界经济发展的方向。具体标志性事件就是以生物经济为发展模式的经济体也将会成为世界第一大经济体,即立足于社会主义市场经济发展模式的中国成为世界第一经济体。

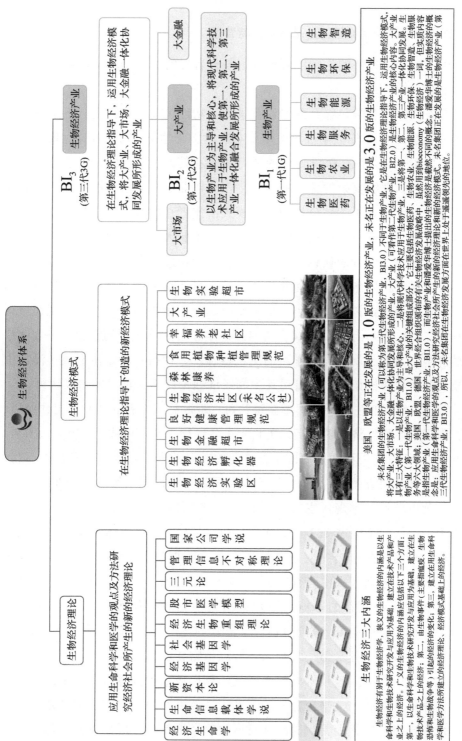

图 1-14　生物经济体系

二、作者提出潘氏生物经济的基础和独特背景

作者能提出独特的生物经济理论，与作者独特的经历和多学科扎实的知识背景有密切关系。

首先，作者多学科综合的知识背景为生物经济理论的提出打下了坚实的基础。作者 1984 年毕业于湘雅医学院获医学学士学位，医学研究对象是一个复杂的体系——人体，医学专业的学习使作者具备了从组织、器官等角度来解剖、分析和理解复杂的体系的能力；作者毕业后在医院做医生，两年的临床经验使作者练就了整体分析的思考模式；作者在中国航天医学工程研究所学习航天医学专业，三年的硕士生涯中研究了航天医学、宇宙生物学和人体潜能等，开阔了作者的认识，使得作者将视野拓展到宇宙等空间领域，同时也将研究视野拓展到人体潜能等个体领域；在北京大学攻读生物化学博士期间，作者又将视野拓展到细小、更为复杂的分子生物学领域。当宏观和微观都具备之后，1995 年，作者又在著名经济学家萧灼基教授的指导下，攻读政治经济学第二博士学位。多学科的交叉融合，才使得作者逐步形成了潘氏生物经济的理论和框架，才使得潘氏生物经济理论获得了世界的初步认可。

其次，作者的生物经济理论获得认可，还得益于作者的产业界工作经历。作者在提出生物经济理论之后，在北大未名进行了产业实践，带领北大未名，在近 30 年的发展历程中为中国生物产业的发展做出了大量开创性工作，取得了令世人瞩目的成绩，在中国生物产业发展进程中做出了很多开创性的工作：成功经营中国第一家现代生物制药企业——深圳科兴生物制品有限公司并使之成为中国第一个国家 863 计划成果产业化基地，生产 α1b 干扰素；北大未名下属的未名医药研制并生产出世界上第一个神经创伤的治疗性药物——神经生长因子；未名天人中药有限公司(未名天人)的"天芪降糖胶囊"是唯一被中西医双指南推荐的降糖纯中药；未名生物农业集团有限公司(未名农业)2013 年成为中国第一家通过国际"监管创优"(ETS)认证的企业，第一个成功研发了智能不育水稻；北京未名博思生物智能科技开发有限公司拥有的生物智能(强人工智能)技术处于第五代计算机技术的世界领先水平；合肥综合性国家科学中心七大平台之一的国家大基因中心由北大未名主导建设和运营。北大未名在世界上首次提出并发展生物经济产业，成立世界上第一个生物经济研究中心，成立世界上第一个生物经济集团，作者主持并担任执行主编出版了中国第一部《中国生物产业调研报告》，落成世界首个生物经济研究院，构建世界上第一个生物经济孵化器，建设世界上第一个生物经济实验区，构建世界上第一个新药高效研发体系，建立世界上第一个良好健康管理规范（GHP）。北大未名已经被认为是"世界生物经济策源地"。

当然，作者能提出生物经济理论，与作者的工农商学兵人生经历和长期思索密不可分。作者出生于 1958 年，新中国成立后的曲折探索，作者是亲历者，尤其是 1978 年后，深刻地感受到中国的发展需要探索新的理论和新的发展道路。从此，作者立志进行探索。经过近 50 年的学习、观察、思考，作者终于发现，生物经济将可能为中国复兴做出巨大贡献。

三、潘氏生物经济的重要影响和贡献

生物经济是比其他经济更为先进的经济形态。在作者构建的生物经济框架体系内，生物经济产业是最高的经济形态。但生物经济产业的基础核心是大产业，而大产业是以生物产业为主导和核心，运用现代科学技术，将第一、第二、第三产业融合发展所形成的产业；生物产业是目前世界上多数国家都在积极发展的产业，主要包括生物医药、生物农业、生物能源、生物环保、生物智造、生物服务等六大细分产业。

在生物经济体系框架中，生物经济产业居于最高的层级，是作者领导的北大未名即将迎来大发展的产业类型；大产业居于第二级，是作者领导的北大未名过去十余年大力发展的产业类型；生物产业是目前世界上多数国家都在积极推进和发展的产业类型。从这点上看，北大未名正在践行的产业远高于世界上其他国家的产业，作者的理论框架更是高于北大未名正在大力践行的产业形态。

目前，世界上普遍认同的生物产业是第一代生物经济产业，但北大未名践行的大产业是第二代生物经济产业，作者独创的生物经济产业是第三代生物经济产业，这是真正意义的生物经济产业。若按照理论一代 15 年划分，未名模式至少领先世界 30 年。

至今，人类对世界的认知和解释犹如"盲人摸象"，每个学科、学者都从各自的角度来观察和解释世界，但都不全面。潘氏生物经济的出现，将会给人类带来全新的视角和认识。潘氏生物经济将带给人类一双眼睛，让人类看清地球生命的来源、真谛和全貌。

第二章 生物经济理论

理论指的是概念、原理的体系，是系统化的理性认识，具有全面性、逻辑性和提供性的特征。《辞海》认为，理论的产生和发展既由社会实践决定，又有其自身的相对独立性；科学的理论是在社会实践基础上产生并经社会实践的验证和证明的理论，是客观事物的本质、规律性的正确反映。

经济学发展至今产生了各种理论，生命科学和医学发展至今也产生了不少的理论，但发展至今，二者没有很好地融合，发展出新的理论。潘氏生物经济理论在这方面进行了探索，力图将生命科学和医学与经济学理论整合而形成新的理论——生物经济理论只有潘氏生物经济理论。

潘氏生物经济理论是指作者运用生命科学和医学的观点及方法研究经济与社会问题所创立的经济理论，主要包括十大理论：经济生命学（生物经济学）、生命信息载体学说、经济基因学、社会基因学、新资本论、经济生物重组理论、三元论、管理信息不对称理论、股市医学模型、国家公司学说、生命信息载体学说（图 2-1）。

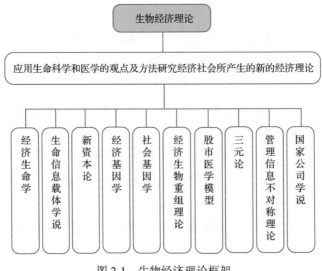

图 2-1 生物经济理论框架

第一节　经济生命学(生物经济学)

经济生命学(生物经济学)是应用生命科学和医学的观点及方法研究经济与社会问题所产生的新的经济理论和新的经济模式。由于作者过去一直用"生物经济学"这一名词,故本书中作者提出的"生物经济学"实为"经济生命学"。在后续章节中也将继续使用"生物经济学"一词。

生物经济学是一种全新的经济理念,将会使经济学研究提升到新高度。

一、基础知识

理解生物经济学必须具备生命科学、医学和经济学的基础。为了便于理解生物经济学,作者在这里先对生命科学、医学进行简单介绍(经济学有关篇章见第一章第四节)。

(一)生命科学

1. 基本概念

生命科学是研究所有生命形式及其活动的基本规律、揭示生命现象本质的一门科学。

生命科学的研究对象涵盖了包括人类在内的所有生命形式,研究内容包括小到单个生命体的生长发育、繁殖、遗传变异和消亡等生命现象的规律与本质,大到生命的起源、演化、进化,以及各种生物之间、生物与环境之间的相互关系和相互作用。

2. 发展简史

人类对生命的关注的研究可追溯到史前时代,那个时候的人们,在观察自然界的动植物的过程中,逐步学习和利用大自然的规律,开始对动植物进行改造和利用。后来,随着人类对医学的关注,生命科学逐渐发展起来,直到最后成为一门独立的学科。

但总体来看,人类对生命科学的研究,基本遵循了从宏观到微观的发展历程,那么下一步的研究,作者预计会从两个方面开展:一是宏观,研究进化和演化;二是微观,从细胞、分子层面开展,但最终的发展是将宏观和微观结合起来,利用系统的观念开展生命科学的研究。Rajiv Desai 博士在研究系统生物学发展的报告中也提出了类似的观点(图 2-2),提出了系统生物学将是未来的发展方向[48]。

按照作者的理解,生命科学发展至今大致可分为三个阶段。

1)早期研究阶段

该阶段主要发生在文艺复兴之前,包括神话时代、英雄时代和宗教时代。这个阶段,人类对生命科学的认知和研究主要分为三个层面。

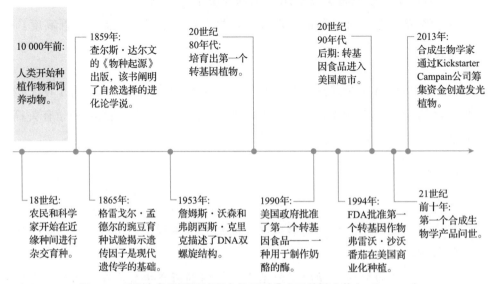

图 2-2　系统生物学发展过程中的重要节点及关键人物(Rajiv Desai)

一是观察利用,这主要是指基于对自然界的长期观察,人类逐渐掌握了动植物的规律,开始对动植物进行驯化。例如,在中国,春秋时代的《诗经》记载的动植物就有 300 多种;亚里士多德在其著作中引用的动物超过 500 种,他自己通过解剖调查的动物有 50 多种。中国人在公元前 5000 年就开始了水稻的种植,公元前 3000 年就开始饲养猪;最早驯化的马可追溯到 6000 年前的中亚。

二是理论解释,即通过观察、思考,将对生命的认识纳入哲学层面。例如,中国人很早就用阴阳和五行理论揭示生命、健康的规律;柏拉图认为,灵魂由三部分组成:固定在脑中的理性部分、心脏中的情感部分、肝脏中的

48 Rajiv Desai. SYNTHETIC BIOLOGY(SYNBIO). http://drrajivdesaimd.com/2017/05/07/synthetic-biology-synbio/ [2019-11-18]

食欲部分。

三是解剖考察，即通过解剖来研究生物。历史学研究显示[49]，毕达哥拉斯学派的 Alcmaeon 应该是第一位以真正的科学精神从事解剖研究的科学家，他撰写了第一部真正意义上的解剖学专著；古希腊时代的 Herophilus、Erasistratus，以及古罗马时代的 Claudius Galenus 还曾经进行了解剖学研究。

基督教时代的生命科学研究是禁区，没有带来全新的知识；伊斯兰教时代也仅保存了古希腊时代的生物学相关知识和理念。因此，宗教时代的生命科学研究基本陷于停滞状况。

2）大发展阶段

生命科学研究大发展阶段主要是指文艺复兴到 DNA 双螺旋发现的四百年。以文艺复兴的解剖为基点，人类对生命的认知逐渐扩展到生理学、微生物和病毒学、免疫学、遗传学等各个学科，生命科学研究的基本框架已全部构建完毕。

这个阶段的生命科学研究主要分为三个时期。

（1）解剖学大发展

这个阶段主要是以文艺复兴为代表。我们知道，医学和绘画都要求精确的解剖知识，艺术家希望通过对尸体的解剖使他们能更加真实地表现生命，因此，他们想要研究肌肉、骨骼及内部器官的工作情况，这是文艺复兴时期对解剖学有无比强烈的热情的根源。

文艺复兴时期的学者在继承古代解剖学的概念和方法的基础上，又通过科学实验的方法，获得了对人体结构、循环、呼吸更深入的认识，卡尔皮的《人体解剖学》、维萨留斯的《人体结构》、哈维的《心血运动论》都配有很多精美而且科学的解剖学图谱；《达·芬奇手稿》（图 2-3）中也有很多比例精确的人体解剖图画[50]。

当然，这个时期人类对生物的研究多是对自然现象的系统、忠实的记述，不是十分专业和科学，因此也被称为博物学时期（natural history）。

49 Lois N Magner. 生命科学史. 李难, 崔极谦, 王水平译. 天津: 百花文艺出版社, 2012

50 列奥纳多·达·芬奇. 达·芬奇手稿. 郑勤砚译. 北京: 化学工业出版社, 2019

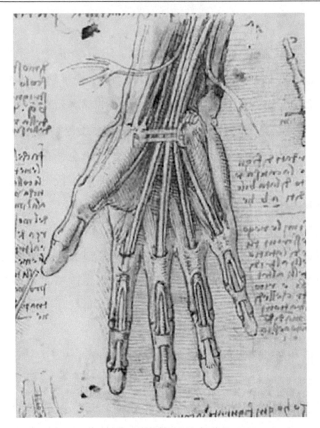

图 2-3　达·芬奇手稿(局部)

(2)细胞学说的兴起

解剖学是从个体层面对生命科学的认知,但细胞学是在微观层面使人类对生命科学的认识更深入了一层。

细胞学说的出现离不开显微镜的发明。1595 年,荷兰的著名磨镜师 Janssen 发明了第一个简陋的复式显微镜,打开了人类的新视野。随着不同显微镜的出现,人类逐渐将一个个全新的世界展现在视野里。借助于显微镜,人类看到了数以百计的微小动物和植物,以及从人体到植物纤维等的内部构造。显微镜是当之无愧的人类最伟大的发明之一。

随着显微镜技术的发展,1665 年,罗伯特·胡克(Robert Hooke)第一次用它发现了植物细胞(图 2-4),但当时细胞并没有被认为是植物世界的独立的、活的结构单位;1838 年 Matthias Jakob Schleiden 提出了细胞学说的主要论点,后来在 Theodor Schwann、Rudolf Virchow 等的推动下,细胞学说逐渐成熟。

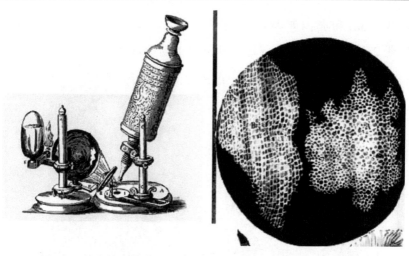

图 2-4　胡克的显微镜及所观察到的植物细胞图像(Lois N. Magner)

细胞学说的出现，使人类第一次在微观层面上对生物学进行观察和研究，开启了生命科学的新方向。

(3)进化论的研究

进化论是从宏观层面对生命科学进行研究。历史上第一次提出系统的进化论的是法国生物学家 Jean-Baptiste Lamarck(1744—1829)，他在 1809 年发表了《动物哲学》，指出高等动物起源于低等动物，人类来源于人猿，并广泛探讨了动物界的进化，但没有提出令人信服的证据。在《物种起源》(*On the Origin of Species by Means of Natural Selection, or the Preservation of Favoured Races in the Struggle for Life*)[51]一书中，达尔文(Charles Robert Darwin，1809—1882)根据 20 多年积累的对古生物学、生物地理学、形态学、胚胎学和分类学等许多领域的大量研究资料，以自然选择为中心，从变异性、遗传性、人工选择、生存竞争及适应等方面论证物种起源和生命自然界的多样性与统一性，进一步揭示了生物进化和演化的原则，开创了生物学发展史上的新纪元。

3)现代生命科学研究

现代意义上的生命科学建立在孟德尔的豌豆试验、摩尔根的果蝇杂交试验和 DNA 双螺旋的基础上。孟德尔的豌豆试验发现了分离规律及自由组合规律，摩尔根的果蝇杂交试验证明了基因在染色体上，詹姆斯·杜威·沃森(James

---

51 达尔文 C. 物种起源. 周建人，等译. 北京: 商务出版社, 1997

Dewey Watson)和弗朗西斯·哈里·康普顿·克里克(Francis Harry Compton Crick)(图 2-5)提出的 DNA 双螺旋使遗传的研究深入分子层次。

图 2-5　詹姆斯·杜威·沃森和弗朗西斯·哈里·康普顿·克里克(Niall O'Dowd)

此后，随着人类基因组计划、人类蛋白质组学等系列组学计划的推出，现代生命科学的发展出现了新的趋势。在刊登于《人民日报》的一篇文章中[52]，中国科学院院士、中国科学院上海生命科学研究院赵国屏研究员总结了生命科学发展的主要趋势："会聚"范式推动对生物复杂系统和生命复杂过程运动规律的研究从"定性观察描述"发展为"定量检测解析"乃至向"预测编程"和"调控再造"的跃升；转化型研究成为生命科学研究与生物技术创新的主要平台，由此决定了生物产业在生物技术"会聚"研发工程化理念指导下高效率、广覆盖的发展趋势。在展望中，赵国屏院士还提出了"合成生物学有望将人类引入绿色生产的可持续发展时代"的观点，生命科学也迎来了研究范式的转型和研发平台的创新。

(二)医学

1. 基本概念

医学是通过科学或技术的手段处理生命的各种疾病或病变的一门学科，

---

52 赵国屏. 生命科学与生物产业发展趋势. 人民日报, 2015 年 10 月 18 日 5 版

研究领域大方向包括基础医学、临床医学、法医学、检验医学、预防医学、保健医学、康复医学等。

2. 发展简史

医学源于动物本能。远古时代的人类，观察到动物具有克服痛苦、保护生命的自疗行为，也开始尝试着将观察到的行为用在自己身上。这是最早期的人类自发的治疗行为，但还不能称为医学。医学的发展应该从巫医的出现算起，发展到现在，大致可分为三个阶段。

1) 传统医学

传统医学也就是我们常讲的经验医学，指只有经验没有理论的医学，核心是根据非实验性的临床经验、临床资料和对疾病基础知识的理解来诊治患者，研究方法主要是整体观察和实践验证。

按照世界卫生组织的观点，传统医学是以不同文化固有的理论、信念和经验为基础，用来保持健康并预防、诊断、改善或治疗身体及精神疾病的知识、技能与实践的总和。

从历史考察，传统医学是人们在长期的医疗、生活实践中，不断积累、反复总结而逐渐形成的具有独特理论风格的医学模式，古希腊罗马、亚述和巴比伦、古印度、古埃及、阿拉伯等国家都曾有过辉煌的传统医学，但这些都随着人类社会的发展相继消亡，只有中国的传统医学依然保持着旺盛的生命力。

古埃及医学可追溯到公元前16世纪的亚伯斯古医籍，是有文字记载的最早的医学体系，内容包括非侵入性的外科手术、骨折处理，以及药典等。另据古书记载，古埃及掌握了800多种医疗手术程序、600多种药物，会使用很多种器械来实施简单的外科手术，如摘除肿块和囊肿等。古埃及医学对循环与器官也有相当的了解，是同时代中最先进的医学体系之一。

古希腊罗马医学对医学的发展产生了巨大影响，古希腊的《希波克拉底誓言》已经成为每一个从医人员入学第一课要学的重要内容，也是全社会所有职业人员言行自律的要求。

亚述和巴比伦医学相当发达。为了规范医生的治疗，亚述和巴比伦医学制定了世界上最早的医疗法律。当然，巴比伦的医生有两种：僧侣和平民医生，僧侣的治病方法是咒文、祈祷；平民医生主要依靠的是实际经验。

阿拉伯医学指的是使用阿拉伯语言区域的传统医学。公元 8～12 世纪，由于阿拉伯医学吸取了世界上其他国家的先进经验，医学相当发达。Rhazes(864—925)是伊斯兰教社会最伟大的医生，曾作为巴格达第一医院的院长，至少撰写了 200 本医学和哲学论著，组织编写的《医学集成》是一部百科全书式的医学著作。Avicenna(980—1037)是中世纪伟大的医生，也是世界医史上杰出的医生之一，他同时也是著名的百科全书编纂家和思想家。

古印度医学擅长外科，在公元 4 世纪时就能做断肢术、眼科手术、剖宫产术等。印度古代最有名的外科医生是妙闻(约生于公元前 5 世纪)，最有名的内科医生是阇罗迦(约生于公元 1 世纪)。当然，印度中草药有 5000 年的历史，也很发达。

中医学是目前世界上唯一依然在国家医疗体系中发挥重要作用的传统医学。中医学产生于原始社会，春秋战国中医理论已经基本形成。2000 多年前问世的《黄帝内经》是世界最早提出"治未病"的预防医学理论观念的医学典籍，《神农本草经》是现存最早的药物学专著，公元 11 世纪中医开始应用"人痘接种法"预防天花，是世界医学免疫学的先驱。

2)现代医学

现代医学主要指的是临床医学，核心是询证医学，也可称为实证医学，主要是指在医疗决策中将临床证据、个人经验与患者的实际状况和意愿三者相结合。

相比经验医学，现代医学既重视个人临床经验，又强调采用现有、最好的研究证据，强调经验和证据的结合，所以更具有优势。

《医学史》[53]告诉我们，临床医学兴起于 18 世纪末期，主要得益于 Herman Boerhaave(1668—1738)，他建立了一座以教学为主旨的医院，其弟子成功将临床医学教育模式传播到其他医院，这直接推动了临床医学在 19 世纪的飞速发展。

从历史发展看，有人认为现代医学可追溯到文艺复兴，也有人提出以《人体构造论》(*De Humani Corporis Fabrica*)(1543 年)的出版为标志。《人体构造论》及哈维的《心血运动论》(*De Motu cordiset sanguinis in Animalibus*)(1628

53　Lois N Magner. 医学史. 2 版. 刘学礼译. 上海: 上海人民出版社, 2017

年)虽然动摇了盖伦的医学权威地位,但没有改变人类对疾病本质的认识。现代医学的开端,还应该从18世纪算起。

3)未来医学

未来医学是作者基于对医学发展历史的研究提出的医学新阶段。

按照作者的理解,未来医学的开端可追溯到1990年。1990年,世界卫生组织(WHO)改变了1948年世界卫生组织的宪章序言中对"健康"的定义,提出了健康是在躯体健康、心理健康、社会适应良好和道德健康4个方面皆健全。

世界卫生组织对健康的新定义,为医学的发展指明了新的方向:医学的目的是健康。但如何保障健康,需要我们对现代医学进行反思。基于此目的,作者提出了未来医学的概念。

按照作者的研究,未来医学是建立在三个基础上的医学:一是精准医疗[54],从基因、分子等角度清楚认识疾病(图2-6);二是整合医学,即将医学、营养、保健等各领域最先进的理论知识和临床各专科最有效的实践经验分别加以有机整合,聚焦于患者,使其得到个性化服务;三是系统医学,即利用作者独创的良好健康管理规范(GHP)和生命信息载体学说,充分利用大数据提出的一种新的医学模式,它将为生命提供全方位、个性化、保姆式的健康服务。

图2-6　我国启动了精准医疗计划(2017年8月28日央视报道)

54　Obama. The precision medicine initiative. https://obamawhitehouse.archives.gov/precision-medicine [2019-11-19]

二、相关研究进展概述

(一)相关研究综述

科学的发展给经济研究带来巨大影响。继物理学、数学之后，经济学家也在逐渐认识到，将生物学的有关观点引入经济学，会给经济学带来新的视角。事实上，生物学和经济学的理念的结合，在经济学发展的早期就得到了关注，曼德尔、魁奈从蜜蜂的分工和人体血液循环中受到启发，在经济领域做出了"类推"。当然，更大的影响是达尔文进化论，很多经济学家的经济学研究理念都受到进化论的影响。

早在 19 世纪末期，马歇尔就曾将生物学视为经济学家的麦加，声言经济学只是作为广义生物学的一个分支。20 世纪七八十年代，在经济学家 G. Becker、G. Tulock 及生物学家 M. Ghiselin 等的推动下，用生物学观念研究经济学逐渐得到关注[55]。

在 1971 年哈佛大学出版的经济学专著《熵定律与经济过程》中，Nicholas Georgescu-Roegen(1906—1994)提出经济学要创立一门新的经济理论——生物经济学(bioeconomics)。在后续的研究中，他对生物经济学做了更为精彩的概括和补充，并对生物经济学的一些基本原理做了通俗性的介绍[56]。1977 年，在纪念 Karl William Kapp 教授的一本书中，Gunnar Adler-Karlsson 提出"生物经济学"[57]的基本构想，并指出：生物经济学的特殊任务就是探索能够帮助我们建立一种全球经济制度的知识，这种制度将与我们生物圈生态平衡的长期要求协调一致。

20 世纪 90 年代，随着经济进化思想的复兴，脑科学、神经科学、进化心理学等学科的快速进展，以及跨学科研究经济学的发展，利用生物学理论模型探究经济学本源开始引起了广泛关注，如神经经济学家就认为，现有的神经科学、心理学和经济学理论与数据足以使我们从更深层研究经济决策过程[58]。但从理论上讲，神经经济学也仅是生物经济学的一个分支，生物经济学

55 杨虎涛, 王爱君. 生物经济学近期研究进展. 国外社会科学, 2008(5): 60-68
56 王景伦. 生物经济学：一门面向未来的经济理论. 未来与发展, 1990: 37-40
57 朱晓红, 冈纳·艾德勒-卡尔森. 生物经济学：一门新兴的学科. 国外社会科学, 1979
58 保罗·格莱姆齐. 神经经济学分析基础. 贾拥民译. 杭州：浙江大学出版社, 2016

应该有更大的框架。为此，在相关科学家的推动下，《生物经济学杂志》[59]于 1999 年创刊，这应该是生物经济学作为一门单独的学科开始出现的标志。随后，很多学者开始关注生物经济学，2017 年，德国一批致力于生物经济研究的科学家还出版了第一本英文生物经济学专著《生物经济》（*Bioeconomy*）[60]。

（二）国内文献调研状况

我国很早也提出生物经济[61]这个词。中国知网查询，最早的一篇标题含有"生物经济"一词的文章是 1981 年的《放牧地杂草的生物经济模型》[62]；以"生物经济"为主题词查询，截至 2018 年 9 月，中国知网有 910 篇文章，以"生物经济"为关键词检索到的文章有 1027 篇（图 2-7）。

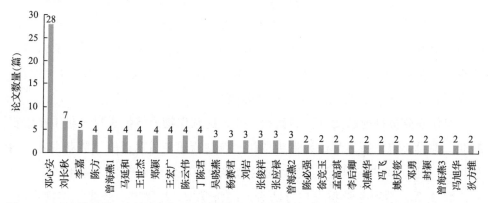

图 2-7　以"生物经济"为关键词发表文章的作者分布（数据来自中国知网，查询日期是 2018 年 9 月）
图中三位曾海燕的单位不同，曾海燕 1 为中国农业大学，曾海燕 2 为厦门大学，曾海燕 3 为湖南女子学院

---

59 Journal of Bioeconomics（J Bioecon）. ISSN: 1387-6996. The Journal of Bioeconomics is devoted to creative interdisciplinary dialogues between biologists and economists. It promotes the mutual exchange of theories, methods, and data where biology can help explaining economic behavior and the nature of the human economy; and where economics is conducive to understanding the economy of nature. The Journal invites contributions relevant to the bioeconomic agenda from economic fields such as behavioral economics, biometric studies, neuroeconomics, consumer studies, ecological economics, evolutionary economics, evolutionary game theory, political economy, and ethnicity studies. From biology, the Journal welcomes contributions from, among others, evolutionary biology, systematic biology, behavioral ecology, ethology, paleobiology, and sociobiology. The scholarly discussion also covers selected topics from behavioral sciences, cognitive science, evolutionary anthropology, evolutionary psychology, epistemology, and ethics

60 Nicole Gaudet, Jan Lask, Jan Maier, et al. Bioeconomy: Shaping the Transition to a Sustainable, Biobased Economy. Springer International Publishing AG, 2018

61 此处生物经济是传统认识的生物经济，与作者的生物经济虽然名词相同，但概念完全不同。作者提出的生物经济是一种全新的经济形态，而多数人提到的生物经济的核心是生物产业，由生物产业的发展带来的经济发展称为生物经济

62 Auld B A, 郭乃中. 放牧地杂草的生物经济模型. 国外畜牧学, 1981, (1)

国内也出版了一些生物经济相关书籍。最早的应为中国翻译的《数学生物经济学——更新资源的最优管理》[63]，在该书中，作者阐述了生物经济的数学模型，提出了生物经济的概念；中国编写的第一本生物经济的著作是《第四次浪潮：生物经济》[64]；第一本专著是邓心安等在 2006 年出版的《生物经济与农业未来》（2018 年，邓心安又出版了《生物经济与农业绿色转型》）；王宏广教授在 2003 年以来，相继出版了系列有关生物经济的书籍，如《生物经济十大趋势》《发展生物技术，引领生物经济》《中国的生物经济：中国生物科技及产业创新能力国际比较》《云南省生物经济行动计划研究报告》；2012 年，李嘉、马兰青出版了专论《生物经济引论：一种新型的经济形态初探》[65]，这本书从马克思主义政治经济学角度明确了生物经济的经济形态形成和生物经济时代的确立，研究和初步阐述了生物经济的社会再生产过程——生产、交换、分配和消费的特征与规律，构建了我国生物经济发展的评价指标体系及模型，梳理凝练出我国生物经济发展的十大模式及其采取的相应对策措施，以及对传统认识上的生物经济学的全面概括。

但仔细分析目前的文章、书籍和文件，提到生物经济的资料多集中在生物产业，并没有将生命科学作为带头学科，包括历届诺贝尔经济学奖获得者在内（表 2-1），虽然有些学者已经意识到生物学会给经济学带来巨大影响，但还没有人将生命科学和医学观点与方法带入经济学中。若就生物产业论生物经济，本质上还是生物产业，不会也不可能给经济学带来革命性变化。

表 2-1　诺贝尔经济学奖一览表（1969～2019 年）

年份	获得者（国家）	得奖原因
1969	Ragnar Frisch（挪威），Jan Tinbergen（荷兰）	建立了动态模型来分析经济过程，前者是现代经济学的奠基人之一，后者是全综合性宏观经济模型的首创者
1970	Paul A. Samuelson（美国）	发展了数理和动态经济理论，将经济科学提高到新的水平，他的研究涉及经济学的全部领域
1971	Simon Kuznets（美国）	在研究人口发展趋势及人口结构对经济增长和收入分配关系方面做出了巨大贡献
1972	John R. Hicks（英国），Kenneth J. Arrow（美国）	深入研究了经济均衡理论和福利经济理论

63 克拉克 C W. 数学生物经济学——更新资源的最优管理. 周勤学译. 北京: 农业出版社, 1984
64 封展旗, 杨同卫. 第四次浪潮：生物经济. 北京: 经济管理出版社, 2002
65 李嘉, 马兰青. 生物经济引论：一种新型的经济形态初探. 北京: 中国农业出版社, 2012

续表

年份	获得者(国家)	得奖原因
1973	Wassily Leontief(美国)	发展了投入产出分析方法，该方法在许多重要的经济问题中得到运用
1974	Gunnar Myrdal(瑞典)，Friedrich August von Hayek(英国)	深入研究了货币理论和经济波动，并深入分析了经济、社会和制度现象的互相依赖
1976	Milton Friedman(美国)	创立了货币主义理论，提出了永久性收入假说
1977	Bertil Ohlin(瑞典)，James E. Meade(英国)	对国际贸易理论和国际资本流动进行了开创性研究
1978	Herbert A. Simon(美国)	对于经济组织内的决策程序进行了研究，这一有关决策程序的基本理论被公认为是关于公司企业实际决策的独创见解
1979	Theodore W. Schultz(美国)，Sir Arthur Lewis(圣卢西亚)	在经济发展方面做出了开创性研究，深入研究了发展中国家在发展经济中应特别考虑的问题
1980	Lawrence R. Klein(美国)	以经济学说为基础，根据现实经济中实有数据做出经验性估计，建立了经济体制的数学模型
1981	James Tobin(美国)	阐述和发展了凯恩斯的系列理论及财政与货币政策的宏观模型，在金融市场及相关的支出决定、就业、产品和价格等的分析中做出了重要贡献
1982	George J. Stigler(美国)	在工业结构、市场的作用和公共经济法规的作用与影响方面做出了创造性重大贡献
1983	Gerard Debreu(法国)	概括了帕累托最优理论，创立了相关商品的经济与社会均衡的存在定理
1984	Richard Stone(英国)	国民经济统计之父，在国民账户体系的发展中做出了奠基性贡献，极大地改进了经济实证分析的基础
1985	Franco Modigliani(意大利)	第一个提出储蓄的生命周期假设，这一假设在研究家庭和企业储蓄中得到了广泛应用
1986	James M. Buchanan Jr.(美国)	将政治决策分析与经济理论结合起来，使经济分析扩大和应用到社会-政治法规的选择中
1987	Robert M. Solow(美国)	对增长理论做出贡献，提出长期的经济增长主要依靠技术进步，而不是依靠资本和劳动力的投入
1988	Maurice Allais(法国)	在市场理论和最大效率理论方面做出了开创性贡献
1989	Trygve Haavelmo(挪威)	建立了现代计量经济学的基础性指导原则
1990	Harry M. Markowitz(美国)，Merton H. Miller，William F. Sharpe(美国)	在金融经济学方面做出了开创性工作
1991	Ronald H. Coase(英国)	揭示并澄清了经济制度结构和函数中交易费用与产权的重要性
1992	Gary S. Becker(美国)	将微观经济学的理论扩展到对于人类行为的分析上，包括非市场经济行为
1993	Robert W. Fogel(美国)，Douglass C. North(美国)	前者用经济史的新理论及数理工具重新诠释了过去的经济发展过程；后者建立了包括产权理论、国家理论和意识形态理论在内的"制度变迁理论"

续表

年份	获得者(国家)	得奖原因
1994	John C. Harsanyi(美国)，John F. Nash Jr. (美国)，Reinhard Selten(德国)	这三位数学家在非合作博弈的均衡分析理论方面做出了开创性的贡献，对博弈论和经济学产生了重大影响
1995	Robert E. Lucas Jr.(美国)	倡导和发展了理性预期与宏观经济学研究的运用理论，深化了人们对经济政策的理解，并对经济周期理论提出了独到的见解
1996	James A. Mirrlees(英国)，William Vickrey (美国)	前者在信息经济学理论领域做出了重大贡献，尤其是在不对称信息条件下的经济激励理论领域做出了重大贡献；后者在信息经济学、激励理论、博弈论等方面都做出了重大贡献
1997	Robert C. Merton(美国)，Myron S. Scholes (美国)	前者对布莱克-斯科尔斯公式所依赖的假设条件做了进一步减弱的研究，在许多方面对其做了推广；后者给出了著名的布莱克-斯科尔斯定价公式，该法则已成为金融机构涉及金融新产品的思想方法
1998	Amartya Sen(印度)	对福利经济学几个重大问题做出了贡献，包括社会选择理论、对福利和贫穷标准的定义、对匮乏的研究等
1999	Robert A. Mundell(加拿大)	对不同汇率体制下货币与财政政策及最适宜的货币流通区域所做的分析使他获得这一殊荣
2000	James J. Heckman(美国)，Daniel L. McFadden(美国)	在微观计量经济学领域，他们发展了广泛应用于个体和家庭行为实证分析的理论及方法
2001	George A. Akerlof(美国)，A. Michael Spence(美国)，Joseph E. Stiglitz(美国)	为不对称信息市场的一般理论奠定了基石，他们的理论迅速得到了应用，即从传统的农业市场到现代的金融市场，他们的贡献来自现代信息经济学的核心部分
2002	Daniel Kahneman(美国)，Vernon L. Smith(美国)	把心理学分析法与经济学研究结合在一起，为创立一个新的经济学研究领域奠定了基础，开创了一系列实验法，为通过实验室实验进行可靠的经济学研究确定了标准
2003	Robert F. Engle III(美国)，Clive W. J. Granger(英国)	用"随着时间变化的易变性"和"共同趋势"两种新方法分析经济时间数列，从而给经济学研究和经济发展带来巨大影响
2004	Finn E. Kydland(挪威)，Edward C. Prescott (美国)	揭示了经济政策和世界商业循环后驱动力的一致性。一是通过对宏观经济政策运用中"时间一致性难题"的分析研究，为经济政策特别是货币政策的实际有效运用提供了思路；二是在对商业周期的研究中，通过对引起商业周期波动的各种因素和各因素间相互关系的分析，使人们对于这一现象的认识更加深入
2005	Robert J. Aumann(以色列)，Thomas C. Schelling(美国)	通过博弈论分析促进了对冲突与合作的理解
2006	Edmund S. Phelps(美国)	在宏观经济跨期决策权衡领域所取得的研究
2007	Leonid Hurwicz(美国)，Eric S. Maskin (美国)，Roger B. Myerson(美国)	为机制设计理论奠定了基础
2008	Paul Krugman(美国)	对经济活动的贸易模式和区域的分析

续表

年份	获得者(国家)	得奖原因
2009	Elinor Ostrom(美国)，Oliver E. Williamson(美国)	经济治理，尤其是对普通民众做出的贡献和经济治理分析，以及在企业边际领域方面的贡献
2010	Peter A. Diamond(美国)，Dale T. Mortensen(美国) Christopher A.Pissarides(塞浦路斯)	在"市场搜寻理论"中具有卓越贡献
2011	Thomas J. Sargent(美国)，Christopher Sims(美国)	在宏观经济学中对成因及其影响的实证研究
2012	Alvin E. Roth(美国)，Lloyd S. Shapley(美国)	创建"稳定分配"的理论，并进行"市场设计"的实践
2013	Eugene Fama(美国)，Peter Hansen(美国)，Robert Shiller(美国)	对资产价格的实证分析
2014	Jean Tirole(法国)	对市场力量和管制的研究分析
2015	Angus Deaton(英国)	对消费、贫困和福利的分析
2016	Oliver Hart，Bengt Holmström(美国)	在契约理论方面的贡献
2017	Richard Thaler(美国)	在行为经济学方面的贡献
2018	William D. Nordhaus(美国)，Paul Romer(法国)	在创新、气候和经济增长方面的贡献
2019	Abhijit Banerjee(美国)，Esther Duflo(美国)，Michael Kremer(美国)	在减轻全球贫困方面的实验性做法

　　数据来源：诺贝尔经济学奖网站(https://www.nobelprize.org/prizes/lists/all-prizes-in-economic-sciences/)，百度百科

(三)从亚当·斯密到卡尔·马克思

在经济学者眼中，提到市场经济，首先想到的必然是亚当·斯密；提到计划经济，首先想到的必然是卡尔·马克思；《国富论》[66]和《资本论》[67]在经济学界至高无上的地位至今仍没有任何人可以撼动，未来也很难有人撼动，因为这两个人引领了时代前进的方向，这两本书给世界带来的巨大影响仍将持续很长时间。

时代造英雄。亚当·斯密和卡尔·马克思能有如此成就，与他们当时所处时代密切相关。亚当·斯密(1723 年 6 月 5 日至 1790 年 7 月 17 日)出生的时代是工业品制造由手工业工厂转向机械制大工业的过渡时期，是工业革命大

---

66 亚当·斯密. 国富论. 郭大力，王亚南译. 南京：译林出版社，2011
67 中共中央马克思恩格斯列宁斯大林著作编译局. 资本论(1-3). 北京：人民出版社，2004

发展的时代。卡尔·马克思所处的时代是资本主义大发展及社会矛盾最尖锐的时代。亚当·斯密经过调查研究，对当时零星片断的经济学学说进行了系统研究，于1776年出版了《国富论》，提出了经济自由主义的思想，《国富论》成为市场经济的圣经。卡尔·马克思在深刻分析资本主义这种制度的优势与弊端的基础上，认为资产阶级的灭亡和无产阶级的胜利是同样不可避免的，他和恩格斯共同创立的马克思主义学说，被认为是指引全世界劳动人民为实现社会主义和共产主义理想而进行斗争的理论武器与行动指南。基于卡尔·马克思的思想，列宁等领导了计划经济的实践，为社会主义及共产主义社会的实现提供了理论和实践探索。

1. 市场经济发展简史

市场经济是指通过市场配置社会资源的经济形式。简单地说，市场经济就是建立在买方和卖方需求基础上的经济形态，是完全建立在买方和卖方自由讨价还价基础上的经济形态，市场由买方和卖方决定，不存在第三方的干预。扩大而言之，市场经济体系中部门也仅包括两个：公众(消费者)和企业(厂商)；市场经济中没有政府的位置。

市场经济总是这么认为：市场是配置资源最有效的形式，市场经济本质上就是市场决定资源配置的经济。但对市场经济的认识也是逐步形成的。按照传统理解，最早的市场经济模式主要为"亚当·斯密模式"——基于理性人建立起来的自发调节的经济模式，其典型代表是1929年经济大危机前英、美两国的市场经济模式：政府无须干预一般的经济事务，自由的社会经济体制才是市场经济得以顺利运行和经济增长的基本条件。但资本主义基本矛盾的日益激化导致的频繁经济危机不断冲击亚当·斯密模式的自由市场经济模式，资本主义国家也在不断修正市场经济的模式，并开始加强政府的作用，其典型代表是1929年经济大危机期间罗斯福总统实施的"罗斯福新政"，以及其后的约翰·梅纳德·凯恩斯(John Maynard Keynes)提出的凯恩斯主义，开始加强政府的作用。尤其是第二次世界大战后，各国政府开始进一步加强经济干预。市场经济在逐步由单纯的市场向危机状态下政府干预+市场的混合模式过渡。

但总的来看，目前各个国家实施的市场经济模式也有所不同。市场经济模式不是一成不变的，也并非只有一种，而是多种多样[68]：法国市场经济模式既有坚持私有制、分散决策、市场调节资源配置等自由市场经济，又有计划指导的成分；德国实施的是自由市场和政府干预相结合的社会市场经济模式；日、韩市场经济模式注重产业政策的重要作用。

单纯的市场经济讲究的是自由探索下的自发调节，正如生命科学讲究的是自然的调节，讲究的是人体的自然恢复，强调在自身免疫基础上的自我恢复和康复，根本不需要外来医疗手段的干预。例如，对感冒的治疗，医生一般不建议实施药物治疗，而是强调自然恢复。但从另外一个层次上讲，若按此建议进行，一是恢复慢；二是面临很大的不确定性，也可能会导致更加严重的风险。

2. 计划经济发展简史

相对于市场经济，计划经济是指一种不同于市场经济、高度集中、实践中低效率的社会经济体系。它是根据政府计划调节经济活动的经济运行体制，一般是政府按事先制定的计划，提出国民经济和社会发展的总体目标，制定合理的政策和措施，有计划地安排重大经济活动，引导和调节经济运行方向[69]。

计划经济的目的是为了避免市场经济发展的盲目性、不确定性等问题对社会经济发展造成的危害，如重复建设、恶性竞争、工厂倒闭、工人失业、通货膨胀、经济危机等。为此，计划经济提出了指令性计划，包括生产什么、生产多少，以及资源的配置等，都由政府计划决定。

从历史考察，列宁是第一个明确提出计划经济概念的人[70]，1906 年，他在《土地问题和争取自由的斗争》一文中写道：只有实行巨大的社会化的计划经济制度，同时把所有土地、工厂、工具的所有权转交给工人阶级，才可能消灭一切剥削。列宁的这些理念是马克思思想的延续，并不是列宁的首创。马克思曾提出社会主义将按照总的计划组织全国生产从而控制全国生产的想法。

在实践上，苏维埃社会主义共和国联盟成立后，开始实施的经济发展制度就是计划经济，集中资源发展生产，短时间内取得了巨大成功。随后，在

---

68 李义平. 市场经济并非只有一种模式. 人民日报, 2019 年 7 月 9 日 9 版

69 陆雄文. 管理学大辞典. 上海: 上海辞书出版社, 2013

70 张敦. "计划经济"究竟是什么?——历史与现实的考察. 桂海论丛, 1992 年第 1 期

苏维埃社会主义共和国联盟成功模式的带领下，南斯拉夫社会主义联邦共和国、波兰人民共和国、匈牙利人民共和国、罗马尼亚社会主义共和国、保加利亚人民共和国，以及中国等社会主义国家，纷纷采用计划经济模式发展本国经济。初步统计，先后采用计划经济的国家达到了 16 个。

计划经济在实施过程中，虽然可以集中资源在短时间内取得很大成功，但慢慢计划经济的弊端也逐渐显现，行政手段配置资源带来的危害就是体制僵化，"统得过死"导致资源的巨大浪费，传统的计划经济也逐渐退出了历史的舞台。

从生物经济理论的观点考察，计划经济的运作模式和市场经济的运作模式有很大不同。市场经济类似生命科学，讲究依靠自身免疫系统的自然恢复；计划经济则类似于医学，强调干预，针对病灶进行治疗。但严格意义上传统的计划经济则是过分强调了政府干预，认为政府可以根据市场需要按计划对资源进行配置。这必然会存在过度干预的问题。这正像过度的医疗必然也会给机体带来损伤一样，经济干预的模式必然也要根据实际发展状况进行调节和调整。

3. 市场经济和计划经济结合探索发展历史

经济学研究告诉我们，目前世界上各个国家实施的经济模式，不存在纯粹的市场经济，也不存在纯粹的计划经济，而是一种混合经济。这其实也不是最近才出现的观点和做法，在资本主义国家方面，早在 1929 年经济危机后，美国等资本主义国家就开始了政府有计划地干预经济的发展，凯恩斯主义强调的是政府的干预。

在社会主义国家方面，纯粹的计划经济导致的失败已是定局，中国积极总结了经验和教训，逐步过渡到计划和市场相结合的模式。1992 年邓小平同志南方谈话提出，计划经济不等于社会主义，资本主义也有计划；市场经济不等于资本主义，社会主义也有市场。计划和市场都是经济手段，计划多一点还是市场多一点，不是社会主义与资本主义的本质区别。党的十四大报告明确提出，我国经济体制改革的目标是建立社会主义市场经济体制。至此，人们对社会主义的认识就从传统的计划经济思想中彻底摆脱出来，市场经济开始与社会主义基本制度相结合，成为中国经济改革的基本目标。

　　市场经济强调市场无形之手，计划经济强调政府有形之手，无论是有形之手还是无形之手，都是单手，常识告诉我们：两只手的调整力度远强于一只手。这就是作者所强调的生物经济：用生命科学和医学的理论及方法，利用自由探索和精准干预，才能更快更好促进经济社会发展。

　　作者提出的生物经济理论为社会主义市场经济提供了科学依据。生物经济是按照生命科学和医学的理论、方法及手段建立的经济模式，生命科学和医学的进步越来越丰富了我们的"工具箱"：生命科学研究的进步积累了大量生命科学数据，使我们对生命的理解越发清晰；医学的进步使我们对疾病的干预越来越精准，手段越来越多样。精准医学就是基于生命科学和医学研究进步的基础提出的科学理念，是人类实现健康、长寿、幸福的最优途径。恰当运用，市场经济和计划经济结合理应强过任何单一的市场经济或计划经济。

三、潘氏生物经济学：颠覆现有经济学理念的全新学说

　　作者从 1995 年创立生物经济理论开始，经历了理论—实践—体系的发展历程，目前生物经济体系框架已经基本形成。

　　按照作者的框架体系，生物经济学是生物经济体系的核心。了解生物经济学，必须要深刻了解何为生物经济。对生物经济，虽然已经有很多提法，但直到现在尚没有一个定义或概念得到广泛认可[71]。

　　作者基于长期的思考、研究和实践认为，生物经济是一种全新的经济形态，其内涵包括三个方面：第一，生物经济是以生命科学和生物技术研究开发与应用基础，建立在生物技术产品之上的经济；第二，由于生物事件(主要指瘟疫、生物恐怖和生物战争等)引起的经济的变化；第三，建立在用生命科学和医学方法所建立的经济理论、经济模式基础上的经济。

　　什么是生物经济学？按照作者的理解，生物经济学就是建立在生物经济之上的学科。生物经济学的核心内容是应用生命科学和医学的观点及方法研究经济与社会问题所产生的新的经济理论和新的经济模式。从狭义上来讲，生物经济学是应用生命科学和医学的观点及方法研究价值的生产、流通、分配、消费规律的理论。

---

71 邓心安, 郭源, 高璐. 生物经济的概念缘起与领域演进. 全球科技经济瞭望, 2018, 33 (2)

作者提倡的生物经济(即潘氏生物经济)是一种全新的经济体系和经济形态。基于对作者生物经济理论的认可,2015 年度伯里克利国际奖授予了作者(图 2-8)。颁奖词讲道:潘爱华教授是生物经济学说的首创者,犹如古希腊时代诸多哲学家(如达菲奥里,Gioacchino Da Fiore),以他独特的前瞻性思维,开创性地把生命科学和经济学进行有机整合,创造出以人与自然和谐发展为基础的生物经济学理论,为人类发展提供全新的农业、食品、医疗和环境等相辅相成、健康、可持续发展的道路。

潘爱华博士荣获2015年度伯里克利国际奖,以表彰他创立了生物经济理论

图 2-8   作者获伯里克利国际奖现场图片

2016 年,作者受邀在欧盟议会总部做了“潘氏生物经济:理论和实践”的报告(图 2-9)。

图 2-9   作者在欧盟议会总部做报告(*NEWEUROPE*)

2016年6月15日,作者在比利时布鲁塞尔欧洲议会接受《新欧洲》(*NEWEUROPE*)的专访, 19日的《新欧洲》全文刊登了《2020年人类将进入生物经济时代》(*The human being will enter the era of bioeconomy by 2020*)[72]的报道(图2-10)。自此, 作者所创立的生物经济开始走向世界, 逐渐得到了国内外的认可。

图2-10　《新欧洲》(*NEWEUROPE*)专题报道

四、潘氏生物经济学的重大意义

生物经济学是专门的学科,但并不是生命科学、医学和经济学三个学科简单的拼加、叠加和组合。我们知道,经济学是研究经济活动与变化并试图揭示其活动与变化规律的一门科学,是对过去经济运行变化规律的总结、现在经济运行变化的分析和未来经济运行变化的预测的科学;生命科学(life science)是系统研究生物起源、进化和演化,以及生命现象与生命活动规律的科学,目的是弄清生命活动规律,发现生命本质,并运用这些规律改造自然。医学(medicine)是通过科学或技术的手段,处理生命的各种疾病或病变,以实现治疗、预防、生理疾病和提高人体健康使其处于良好状态的科学。如前所

72 The human being will enter the era of bioeconomy by 2020: An interview with Professor Pan, Chairman of Sinobioway. NEWEUROPE, 19-25 June, 2016

述，强调自由发展的市场经济类似于研究自然发展的生命科学，而强调政府干预的计划经济类似于利用人为干预手段维护人类健康的医学，生命科学和医学两个学科自诞生以来便相互依存、相互促进，因此长期以来处于对立的市场经济和计划经济两种经济形态必然也可融合发展，应用生命科学和医学的观点及方法研究经济形成的潘氏生物经济理论就能很好地弥合市场经济和计划经济的对立，为两者的融合提供理论基础和解决方案，也为中国特色的社会主义市场经济提供科学依据(图 2-11)。

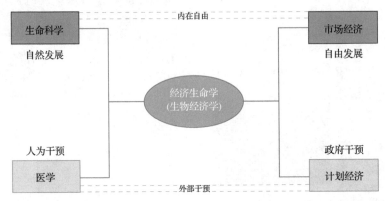

图 2-11　生物经济学与生命科学、医学和市场经济、计划经济的关系

　　作者提出的生物经济理论是全新的经济理论，将会给经济学乃至整个社会形态带来巨大影响。在《DNA 双螺旋将把人类带入生物学世纪》一文中，作者就提出了将生命科学作为一种工具研究其他学科并为其他学科提供方法和思路的观点，并进一步认为：生物经济学研究的依然是经济社会发展规律，但在研究过程中借用了生命科学和医学的概念、原理与方法，使用的是生命科学和医学的观点及方法而非传统机械数理观的方法研究经济社会。

　　首先，作者研究的是经济人的个体规律。人是经济或市场的主体。有人的行为才形成市场，有市场才有经济的发展。生物经济理论应用生命科学和医学的观点及方法研究经济人的经济行为，最终找到其经济行为的规律。

　　其次，作者研究的是经济人的群体规律。生物经济理论尝试用生命科学和医学的观点及方法研究经济体内部大量人群之间相互作用和相互影响的规律，这主要体现在经济的内部性研究。

　　最后，作者研究的是如何实施更好的干预。这主要体现在经济的外部性上。经济的外部性是经济学研究的一大内容，但外部性存在好的外部性和不好的外部性，至于如何解决，经济学界还没有找到很好的出路。生物经济学研究，可以在一定程度上解决此问题，因为生物经济可以做到不损他人实现利己、依靠生态发展经济、工作过程享受生活。

为此，作者有充分理由相信，生物经济学的研究和发展，将会为传统经济学的发展注入新的活力与希望，打破经济学原有分析方法的局限性与僵化，为经济学的发展开创无限的全新空间。

第二节　经济基因学

经济基因学就是应用生命科学和医学的观点及方法抓住亚当·斯密那只"看不见的手"。经济基因是指经济运行中存在内在的控制力，这个内在控制力(看不见的手)就是"经济基因"。但"经济基因"是什么、如何起作用是值得探讨的问题。

一、基础知识

要了解经济基因学，必须对基因、DNA、染色体等基本概念有了解，在此仅对这些概念等做基本介绍，详细了解请参阅相关专业书籍。

(一)基因

基因(gene)[73]又称顺反子，是指产生一条多肽链的一段 DNA，包括唯一编码区前后的前导序列和后随序列，以及处于两个编码片段(外显子)之间的间隔序列(内含子)。

这是一个科学上的定义。其实按照大家通俗的理解，基因就是遗传功能单位。因为基因支持着生命的基本构造和性能，储存着生命的种族、血型、孕育、生长、凋亡等过程的全部信息，具有物质性(存在方式)和信息性(根本属性)双重属性，所以基因有时也被称为"带有遗传信息的 DNA 片段"(图 2-12)。

---

73 Benjamin Lewin. 基因Ⅷ精要. 赵寿元译. 北京: 科学出版社, 2007

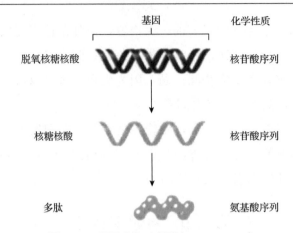

图 2-12　基因功能示意图(Benjamin Lewin)

　　基因的发现最早可追溯到孟德尔。在孟德尔之前，人们曾认为遗传是一个混合过程，但是孟德尔利用豌豆杂交试验提出了生物的性状是由遗传因子控制的观点。此后，世界对基因的研究逐步开始深入(图 2-13)。

　　基因研究历程大致可分为三个阶段。

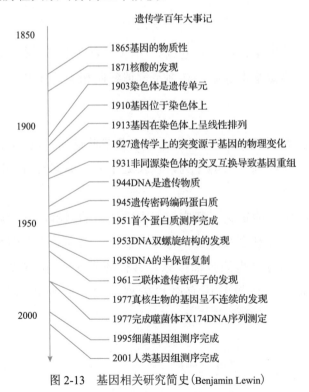

图 2-13　基因相关研究简史(Benjamin Lewin)

第一阶段，孟德尔在 1865 年发表的《植物杂交试验》论文中[74]系统分析和总结了豌豆杂交试验，提出了生物遗传的基本规律：生物体在形成配子过程中，位于某对同源染色体上的一对等位基因，随着同源染色体的分开而彼此分离，并进入不同的配子中，独立地随配子传递到后代(图 2-14)。这就是孟德尔遗传学第一定律，即分离定律，揭示了生物遗传是由某种看不见但又起到重要作用的"因子"决定的。

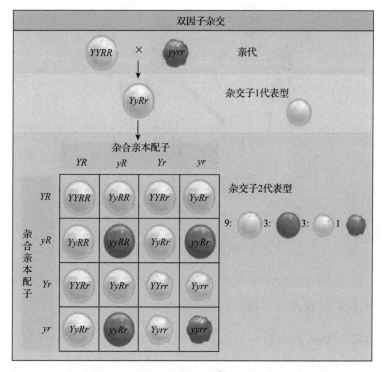

图 2-14　孟德尔试验模式图[75](科学网，张磊)

但 19 世纪的植物遗传学家没有理解孟德尔对遗传问题的试验方法和数学方法，也没有人曾想到要对所有杂交种后代做数学探讨。

第二阶段，丹麦遗传学家约翰逊在分析孟德尔现象的基础上，在 *Elemente*

74 Gregor Mendel. Versucheüber Plflanzen hybriden. Verhandlungen des naturfor schenden Vereines in Brünn. Bd. IV für das Jahr, 1865: 3-47

75 张磊. 孟德尔：种豆种出的遗传学 34 年无人理解，但他却超越时代. http://blog.sciencenet.cn/home.php?mod=space&uid=2966991&do=blog&quickforward=1&id=1079552 [2019-11-19]

der exakten Erblichkeitslehre[76]一书中，首次将孟德尔所说的遗传因子命名为基因，这是人类历史上第一次使用基因的概念。

第三阶段，美国遗传学家摩尔根提出了基因学说或称基因论[77]，通过大量果蝇试验解决了基因、性状、染色体和重组统计学之间的相互关系等系列难题[78]（图 2-15）。这对遗传学和细胞学乃至生物学的发展产生了巨大的影响。

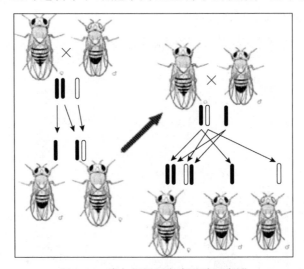

图 2-15　摩尔根果蝇杂交试验示意图

此后，随着 20 世纪 50 年代沃森和克里克提出 DNA 双螺旋结构后，人们进一步认识到基因就是具有遗传效应的 DNA 片段。

(二)基因、DNA 和染色体

大家已经了解了什么是基因，但对非生物学专业的人来讲，对基因、DNA和染色体还经常搞不太明白。在后面，我们也会经常提到基因、DNA 和染色体，在此也对它们做个介绍。

其实，基因、DNA 和染色体完全不同。

76　Wilhelm Ludwig Johannsen. Elemente der exakten Erblichkeitslehre. Verlag von Gustav Fischer, 1913

77　Morgan T H. What are "factors" in Mendelian explanations? American Breeders Association Reports, 1909, 5: 365-369

78　果蝇试验是摩尔根利用实验室诞生的白眼雄果蝇做实验材料，通过交配试验确定基因连锁的程度并测量染色体上基因间距的试验。通过果蝇试验，摩尔根发现了遗传物质位于染色体上，揭示了基因是组成染色体的遗传单位，并发现了遗传学的第三定律，即基因的连锁和交换定律，并因此获得了 1933 年诺贝尔生理学或医学奖

1. 染色体

染色体（chromosome）是细胞核中载有遗传信息（基因）的物质，在显微镜下呈圆柱状或杆状，主要由 DNA 和蛋白质组成。由于在细胞发生有丝分裂时期容易被碱性染料（如龙胆紫和醋酸洋红）着色，因此称为染色体。

例如，人有 23 对染色体[79]（图 2-16），其中 22 对为男女所共有，称为常染色体（autosomes）；另外一对是决定性别的染色体，男女不同，称为性染色体（sex chromosome），男性为 XY，女性为 XX。在生殖细胞（generative cell）中，男性生殖细胞染色体的组成：22 条常染色体+X 或 Y。女性生殖细胞染色体的组成：22 条常染色体+X。

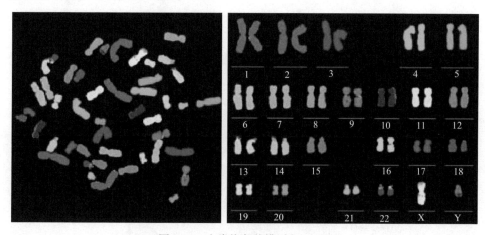

图 2-16　人类染色体模型（*Nature*）

2. DNA

DNA（deoxyribonucleic acid）又称脱氧核糖核酸，是染色体的主要化学成分，同时也是形成基因的物质。

早在生物学家了解 DNA 结构之前，他们就已经认识到遗传性状和决定这些遗传性状的基因与染色体之间存在关系。19 世纪科学家发现染色体是一种丝状结构，可在细胞进行分裂时观察到。随着生物化学的发展，研究者发现染色体是由 DNA 和蛋白质组成的，究竟如何组成，直到 20 世纪 50 年代，随着 X 射线衍射技术的发展才逐步被揭晓。

79　Alberts B, Johnson A, Lewis J, et al. Molecular Biology of the Cell. 5th ed. Garland Science, 2008: 12

根据现在的理解，原则上可以讲 DNA 是一种分子，是一种长链聚合物，呈双链结构，组成单位为 4 种脱氧核苷酸[80]：腺嘌呤脱氧核苷酸（dAMP，简写为 A）、胸腺嘧啶脱氧核苷酸（dTMP，简写为 T）、胞嘧啶脱氧核苷酸（dCMP，简写为 C）、鸟嘌呤脱氧核苷酸（dGMP，简写为 G）（图 2-17）。

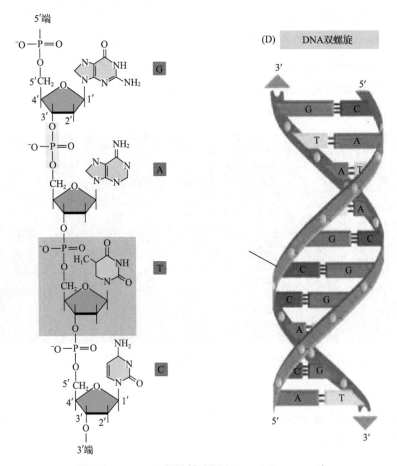

图 2-17　DNA 双螺旋模式图（Bruce Alberts, et al.）

3. 基因

基因是一段带有遗传信息的 DNA 片段。

基因的概念在前文已有介绍，在此不再做描述。

---

80 Bruce Alberts, Dennis Bray, Karen Hopkin, et al. 细胞生物学精要（原书第三版）. 丁小燕, 陈跃磊, 等译. 北京: 科学出版社, 2012: 174

二、何谓经济基因学

(一)"看不见的手"的困惑

经济学上,最为著名的隐喻是"看不见的手"。该隐喻首次出现是在《国富论》中。在该书中,亚当·斯密写道:当每一个人企图尽可能地使用他的资本去支持本国工业从而引导那种工业使它的产品可能有最大的价值时,每一个人必然要为使社会的每年收入尽可能大而劳动……他这样做只是为了他自己的利益,也像在许多其他场合一样,他这样做只是被一只"看不见的手"引导着,去促进一个并不是出自他本心目的的实现。

这是亚当·斯密第一次提到"看不见的手",其基本含义是:当个体自私地追求个人利益时,他(或她)好像被一只"看不见的手"所引导而去实现公众利益的最大化。

但为什么会出现"看不见的手"?从该词出现以来,诸多学者进行了各种各样的讨论,但一直没有找到答案,这主要是由于受到学科发展的局限。以亚当·斯密所处时代为例,我们都知道,18世纪是紧随牛顿的伟大发现之后的一个世纪,此时牛顿宇宙观的科学和道德影响仍在辩论中,而牛顿的思想和思维方式正在应用于很多领域,亚当·斯密熟悉并认同牛顿思想,且在研究经济时充分利用牛顿思想,但对"看不见的手"是什么?亚当·斯密直到去世也没有找到答案。亚当·斯密很困惑,转而研究古典物理学和天文学,在亚当·斯密去世后出版的随笔中,就包含了物理学和天文学相关内容。亚当·斯密之后的一代又一代经济学家也都没有找到"看不见的手"的真谛。

(二)历史根源追寻

究其原因,这与他们当时的科技发展水平及使用手段相关。鉴于当时科技的发展,物理学是先导,经济学家纷纷借鉴物理学的手段、方法和理念来进行经济分析,对人的定义也是"理性人"。但事实上,人的经济行为是由无数的个体形成的群体效应。在多数情况下,现实中的人和经济学家眼中的理性人有很大不同,因为人和物是不一样的,人是动物且是特殊的动物,这意味着除生命之外,人还有感觉和知觉,是活动的人,是感性的人,常常会处于非理性状态，也存在所谓的"羊群效应"[81]。这就给以理性经济人为核心的经济学研究带来巨大困难。

(三)作者的观点

如何解决？作者认为，既然做出经济行为的人是活动的人，那么从对人的研究入手，把单个的人的规律搞清楚之后，再解释群体的行为效应，这才能揭示"看不见的手"(市场)的真谛。如何进行？作者认为，研究"看不见的手"必须从生命科学和医学观点和方法出发，跳出传统的经济学研究思想才能找到新的出路。

生物学告诉我们：基因是遗传的主要物质，支配着生命的基本构造和性能。在《自私的基因》(*The Selfish Gene*)[82]中，Richard Dawkins 写道：动物照料它的后代，从生物个体的角度来看，这也许是一种利他行为，但这种行为受到基因的控制；所有在生物个体角度看来明显是利他行为的例子，均是基因自私的结果。

基因控制行为，在很多方面都已经得到了科学验证。基因控制和影响动物行为的现象，在很多动物身上也都有过发现，诸如扁虫的觅食方式、鱼类的群居或独居、蚁群中是否可以存在多个蚁后、蚊子咬人基因等，甚至果蝇的"同性恋"行为也是由少数基因决定的，如 *Xq28*、*Wnt-4* 基因、*Sphinx* 基因、*TSHR* 基因、*SLITRK6* 基因[83]等都和同性恋相关。在《基因组：人类自传》(*Genome: The Autobiography of a Species in 23 Chapters*)[84]，Matt Ridley 用大量案例证明，基因不仅可以决定人的身体结构，还可以影响人类的行为；行为遗传学相关研究也显示，人类中也有一些单个基因发生突变或染色体数目发生改变而造成的行为异常。

---

81 羊群效应理论(the effect of sheep flock)，也称羊群行为(herd behavior)、从众心理。羊群是一种很散乱的组织，没有任何规则，平时在一起也是盲目地左冲右撞，但一旦有一头羊带动起来，其他的羊会一哄而上，全然不顾及出现了何种情况导致出现这种情况。为此，经济学中经常用"羊群效应"来描述经济个体的从众、跟风心理，导致盲从现象的出现

82 Richard Dawkins. 自私的基因. 卢允中，张岱云，陈复加，等译. 北京：中信出版社，2012

83 Sanders A R, Beecham G W, Guo S R, et al. Genome-Wide Association Study of Male Sexual Orientation. Scientific Reports volume 7. Article number: 16950(2017)

84 Matt Ridley. 基因组：人类自传. 李南哲译. 北京：机械工业出版社，2015

　　基因控制行为的本源可用"遗传信息传递的中心法则"来解释。生命科学研究告诉我们，无论是动物还是人类，做任何事情都受到激素、腺体等的控制，脑电、肌肉电刺激引起的动作行为也受到细胞离子通道等的控制，但这些都受到蛋白质的约束。事实上，每一种蛋白质的产生，都由对应的 RNA 翻译而成（图 2-18）[85]，但 RNA 是由 DNA 转录而来的。因此，从根源上讲，任何一种行为都受到 DNA 的影响。一旦 DNA 发生异常变化，不能转录为正常 RNA，就不会出现功能正常的蛋白质/肽，无论怎么刺激，动物/人可能产生异常反应。

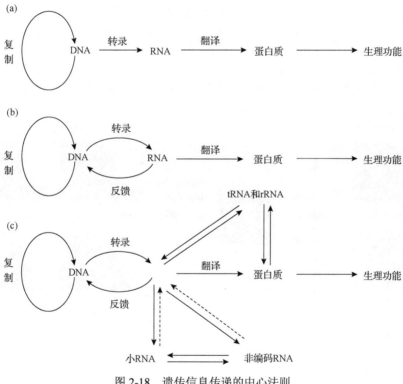

图 2-18　遗传信息传递的中心法则

　　基因和行为之间的关系是"行为遗传学"[86]的主要研究方向。根据目前的研究，基因控制行为分为单基因控制和多基因控制等多种类型。例如，2012

---

85 朱玉贤, 李毅, 郑晓峰, 等. 现代分子生物学. 4 版. 北京: 高等教育出版社, 2013: 12

86 Robert Plomin. John C. defries, Gerald E. McClearn, Peter McGuffin. 行为遗传学原理. 4 版. 温暖, 王小慧, 杨彦平, 等译. 上海: 华东师范大学出版社, 2008

年 *Cell* 发表了一篇单基因影响智力和行为的文章[87]，引起了大家的关注；在 2015 年 *Nature* 的一篇文章中，科学家发现，老鼠打什么形状的洞是由多基因控制的(图 2-19)[88]，目前，越来越多的科学也证实高等动物的复杂行为是多基因控制的结果。

现有研究已经充分证明，生物的趋光性、趋化性、回避、摄食、求偶、育儿、攻击、逃避，以及学习与记忆等行为都与基因及基因控制下的表达有关。

既然很多生物的行为都受基因的控制，那么，从这个意义上讲，人类的经济行为也必然受基因的影响和控制。为此，若从基因的角度、从基因控制行为的角度研究和看待经济，我们应该可以找到"看不见的手"最底层的根源——基因控制论，这将会为经济学的发展打开新的思路。

老鼠打洞的遗传学
老鼠杂交的结果显示不同的基因簇控制鼠洞入口隧道的长度和老鼠是否挖掘逃生隧道。

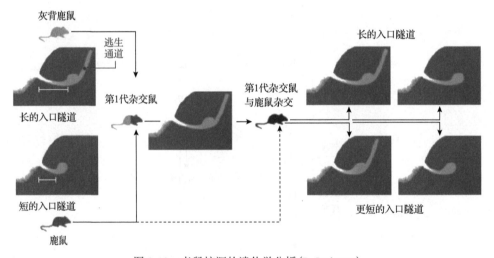

图 2-19　老鼠挖洞的遗传学分析(P. Jackman)

(四)经济基因学：抓住亚当·斯密那只"看不见的手"

经过多年的探索，作者基于对生命科学和经济学的研究，首次提出了经

---

87 James P Clement, Massimiliano Aceti, Thomas K Creson, et al. Pathogenic *SYNGAP1* mutations impair cognitive development by disrupting the maturation of dendritic spine synapses. Cell, 2012, 151(4): 709-723

88 Callaway E. Behaviour genes unearthed-Speedy sequencing underpins genetic analysis of burrowing in wild oldfield mice. Nature, 2013-1-16

济基因学的概念：经济基因学就是应用生命科学和医学的观点及方法抓住亚当·斯密那只"看不见的手"。因为人的生命受基因控制，在基因的主导下，人的一切行为包括经济行为也应该受基因控制。

另外，按照作者的理解，既然人类的经济行为受基因控制，那么，人类可以实现生物经济的"不损他人实现利己"，因为"不损他人实现利己"具有充分的生物学基础。这在线粒体中的 ATP、ADP 及 AMP 的能量转换中表现最为充分。在细胞中，ATP、ADP、AMP 三者各有功能，在线粒体中，AMP 转换成 ADP，以及 ADP 获得高能磷酸键转变成 ATP，三者各得其所。在此对线粒体及其能量转换的过程做个简单讲解。

线粒体（mitochondrion）是细胞中制造能量的结构，是细胞进行有氧呼吸的主要场所，是由两层膜包被的细胞器。线粒体在光学显微镜下可见，直径一般为 0.5～1.0μm，长 1.5～3.0μm，但不同组织在不同条件下可能产生体积异常膨大的线粒体——胰脏外分泌细胞中可长达 10～20μm；神经元胞体中的线粒体尺寸差异很大，有的也可能长达 10μm；人类成纤维细胞的线粒体则更长，可达 40μm。

从分布上讲，不同细胞内线粒体数目差异很大，有些细胞拥有多达数千个的线粒体（如肝脏细胞有 1000～2000 个线粒体），而一些细胞则只有一个线粒体（如酵母菌细胞的大型分支线粒体）。大多数哺乳动物的成熟红细胞不具有线粒体。

从组成上来看，线粒体的化学组分主要包括水、蛋白质和脂质，此外还含有少量的辅酶等小分子及核酸。据估计，蛋白质占线粒体干重的 65%～70%；线粒体中脂类主要分布在两层膜中，占干重的 20%～30%，其中磷脂占总脂质的 3/4 以上。

线粒体由外至内可划分为线粒体外膜、线粒体膜间隙、线粒体内膜和线粒体基质 4 个功能区。其中，线粒体外膜起细胞器界膜的作用；线粒体内膜则向内皱褶形成线粒体嵴，负担更多的生化反应。这两层膜将线粒体分出两个区室，位于两层线粒体膜之间的是线粒体膜间隙，被线粒体内膜包裹的是线粒体基质（图 2-20）[89]。

89　Alberts B, Johnson A, Lewis J, et al. Molecular Biology of the Cell. 5th ed. Garland Science, 2008: 307

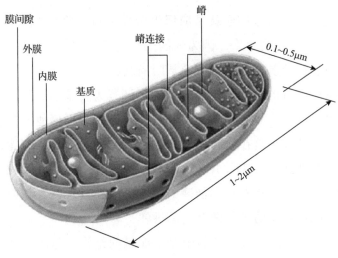

图 2-20　线粒体模式图

　　线粒体是真核生物进行氧化代谢的部位,是糖类、脂肪和氨基酸最终氧化释放能量的场所,是生命体维持生命活动的主要能量提供者,相当于生命体的"发电厂"。线粒体负责的最终氧化的共同途径是三羧酸循环与氧化磷酸化,分别对应有氧呼吸的第二、第三阶段(图 2-20)。细胞质基质中完成的糖酵解和在线粒体基质中完成的三羧酸循环会产生还原型烟酰胺腺嘌呤二核苷酸(reduced nicotinamide adenine dinucleotide,NADH)和还原型黄素腺嘌呤二核苷酸(reduced flavin adenine dinucleotide,$FADH_2$)等高能分子,而氧化磷酸化这一步骤的作用则是利用这些物质还原氧气释放能量合成 ATP。其中,在有氧呼吸中 1 分子葡萄糖经过糖酵解、三羧酸循环和氧化磷酸化将能量释放后,可产生 30~32 分子 ATP(考虑到将 NADH 运入线粒体可能需消耗 2 分子ATP);在缺氧环境中,1分子葡萄糖只能在第一阶段产生2分子ATP(图 2-21)[90]。

　　生物学告诉我们,在线粒体中,ATP、ADP、AMP 的产生,是为了通过循环保持各自的存在,但同时在循环过程中,通过磷酸键的水解释放出能量,为下一步生命活动的需要提供保障[91](图 2-22)。可以说,在线粒体中,ATP、ADP、AMP 的产生是"不损他人实现利己"的典型,也是作者经济基因理论的主要依据之一。

　　90　Bruce Alberts, Dennis Bray, Karen Ho, et al. 细胞生物学精要(原书第三版). 丁晓燕, 陈跃磊, 等译. 北京: 科学出版社, 2012: 445

　　91　Alberts B, Johnson A, Lewis J, et al. Molecular Biology of the Cell. 5th ed. Garland Science, 2008: 307

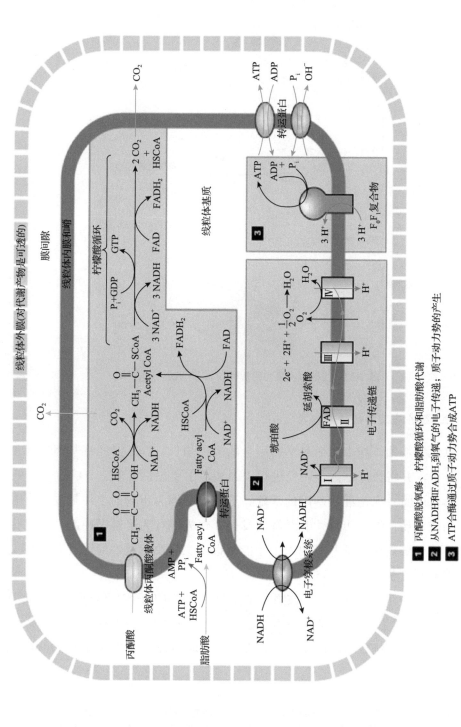

1 丙酮酸脱氧酶、柠檬酸循环和脂肪酸代谢

2 从NADH和FADH₂到氧气的电子传递；质子动力势的产生

3 ATP合酶通过质子动力势合成ATP

图2-21 线粒体能量转换示意图

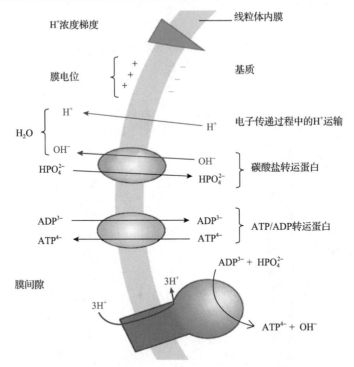

图 2-22　线粒体内膜的磷酸化和 ATP/ADP 转运系统

(五)经济基因学的详细内容

以此为基础，综合生命科学和医学的多种知识，作者对经济基因进行了深入分析，并将经济基因学研究进行了归纳，主要包括以下三个层面。

第一层面：人是经济基因的基础。这主要是因为市场的主体是人，有人才能构成市场，有了市场才有经济的发展。但人的行为受基因控制。这意味着要了解经济规律必须从基因入手才能从根本上解决问题，即通过对经济人的基因分析可获得人的经济行为规律。

第二层面：何为经济基因？按照作者的理解，市场的两个基本行为是买和卖的配对，正像构成生物基因的两个基本要素是嘌呤(+)和嘧啶(−)的碱基互补配对[92]一样，若干的买(嘌呤)和卖(嘧啶)行动的经济人就构成了"经济序列"，60 亿

---

92 碱基互补配对指碱基间的腺嘌呤与胸腺嘧啶(在 RNA 中为腺嘌呤与尿嘧啶)，鸟嘌呤与胞嘧啶一一对应的关系。这主要是碱基之间的氢键具有固定的数目和 DNA 两条链之间的距离保持不变才使得碱基配对必须遵循的规律。其中，嘧啶呈微弱酸盐，嘌呤呈微弱碱性，分别像电荷中的正电荷(+)和负电荷(−)

个碱基对(对应的应是 30 亿对男人和女人)则可对应了世界上的 60 亿人口。其中，男人和女人的配对就像碱基 A 和 T 的配对、G 和 C 的配对，应该基本达到 1∶1(图 2-23)。

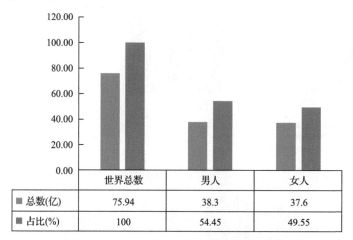

	世界总数	男人	女人
■ 总数(亿)	75.94	38.3	37.6
■ 占比(%)	100	54.45	49.55

图 2-23　世界人口分布状况(世界银行数据库)

第三层面：经济基因组学。这主要基于人是经济基因基础的原理，既然人是经济基因的基础，那么通过对群体(大规模人群)的生物基因组大数据分析，就可以在一定程度上解释和预测市场的运行规律(图 2-24)。

因此，经济基因学研究核心内容包括以下几方面。

一是经济基因研究。经济基因是指经济运行中存在内在的控制力，而这个内在控制力("看不见的手")就是"经济基因"。为此，经济基因学首先要研究何为经济基因。但"经济基因"是什么、如何起作用是值得探讨的问题。在长期研究中，作者从生物基因的发现和研究历程中得到了一些启示。

二是行为分子遗传学、行为基因遗传学等生物学研究。经济基因学是在分子遗传学研究基础上进行的经济学研究，或者说是基因学和经济学的交叉研究，其目的是通过基因相关的研究，尝试找到一种直接衡量个体之间差异的科学测量方法，这些个体间的差异很有可能对经济有影响[93]。为此，经济基因学研究，必须紧密跟踪分子遗传学、基因遗传学等相关研究，才能深刻理解相关研究对个体行为，以及经济社会行为的影响。

---

93 唐谭岭, 唐未兵. 遗传学上的经济学研究——基因经济学的起源和发展历程综述. 科学与社会, 2017, 7(2)

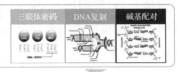

交易只有买卖两种形式，生物的遗传物质只有嘌呤和嘧啶两种；市场存在三种状态，即买、卖和不买不卖；生命的遗传密码由三个组成，即三联体密码。

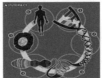

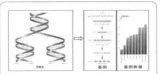

在生物界，从生物分子、细胞器、细胞、组织、器官、系统到生物体，在完成自我需求的过程中，被一种"无形力"主宰而形成了生命。

"看不见的手"定律：在经济生活中，经济人在追求个人利益的时候，被一只"看不见的手"操纵而实现了公众利益的最大化。

生物基因是DNA分子上具有遗传效应的特定核苷酸序列，人类的基因决定了生老病死，人类有2万~2.5万个基因。经济基因就是市场中具有独立从事经济活动的基本单位（个人或机构）。

"看不见的手"定律

18世纪英国经济学家亚当·斯密1776年在《国富论》中提出的命题。最初的意思是，个人在经济生活中只考虑自己的利益，受"看不见的手"（invisible hand）驱使，即通过分工和市场的作用，可以达到国家富余的目的。

关于《国富论》

《国富论》（The Wealth of Nations）的首次出版标志着经济学作为一门独立学科的诞生，是现代政治经济研究的起点、西方经济学的"圣经"。《国富论》通过"牛顿"的体系去解释经济体系，和谐、有益但是机械，并首次提出了"看不见的手"定律。

关于亚当·斯密

亚当·斯密（Adam Smith）不仅熟悉牛顿的思想，他还在自己的早期学术生涯中写了一部天文学史，用了最后近十页来赞扬牛顿的体系，并从"牛顿"的体系去看经济体系，即把它看作根据少数简单的人类行动原理去解释一种复杂的社会秩序的企图，似乎是合理的。斯密在事实上所描述的经济体系，乃是人的利己心，以及就一种东西与另一种东西进行交换、互易和交易（《国富论》第1卷，第25页）的特有的人类习性二者的产物。

图 2-24　作者构建的经济基因学示意图

　　三是研究生物学相关方法在行为学上的应用。例如，用数量基因学做更精确的定量研究，从而识别影响被观察行为的遗传差异的基因或基因系统；从分子遗传学的角度，结合国际人类基因组单体型图计划（International HapMap Project）[94/95]，通过利用直接测量的特定单核苷酸多态性（SNP）[96]，研究其遗传禀赋的影响等。

　　目前，生物科学家已经在这方面做了很多工作，如科学家通过对 270 000

---

　　94 A second generation human haplotype map of over 3.1 million SNPs，The International HapMap Consortium，nature，Vol 449，18 October 2007

　　95 国际人类基因组单体型图计划(International HapMap Project)是继人类基因组计划(Human Genome Project，HGP)之后人类基因组研究领域的又一个重大研究计划。HapMap 计划是一个多国参与的合作项目，旨在确定和编目人类遗传的相似性与差异性，寻找与人类健康、疾病及对药物和环境因子的个体反应差异相关的基因

　　96 单核苷酸多态性（single nucleotide polymorphism，SNP），是指在基因组水平上由单个核苷酸的变异所引起的 DNA 序列多态性。它是人类可遗传的变异中最常见的一种。SNP 在人类基因组中广泛存在，平均每 500~1000 个碱基对中就有 1 个

个个体的研究分析性别二态性选择的基因差异[97]，以及利用男性和女性性成熟的全基因组关联研究青春期[98]等，都为未来经济学拓展新理念提供了新的空间。

当然，经济基因学研究也面临一些挑战。第一是数据样本量的挑战，主要是目前关于基因多样性和经济行为之间关联的数据太少，统计样本不够；第二是假阳性等问题，这主要还是因为样本尺寸过小引起统计学动力不足；第三主要是新学科新体系，研究模型、框架还需要进一步完善。

（六）经济基因学与基因经济学

经济基因学和基因经济学是完全不同的两个概念。经济基因学是一门从基因学角度研究和分析经济社会发展的学科。基因经济学是建立在基因产业之上的学科。

基因经济学的产生与人类基因组的解析密切相关。2000 年 6 月 26 日，中、美、英、德、日、法 6 国科学家同时向全世界宣布人类基因组工作草图绘制成功的消息。该事件的出现，在给人类带来吉祥福音的同时，也拉动了生命科技时代以基因为载体的新型经济——基因经济的发展[99]。在《基因时代与基因经济》[100]一书中，张田勘教授提出了 21 世纪 20 年代基因经济将全面成熟进而取代信息经济的观点；比尔·盖茨甚至还曾断言：下一个能够超越我的世界首富必定出自基因领域。

基因就是财富，基因产业孕育着无限商机，这就是基因经济学的核心。基因测序技术、基因治疗、基因健康、基因营养等的出现，开启了基因产业的巨大市场。建立在基因基础上的精准医学、精准营养等，将为大健康产业开辟新的发展空间。

---

97 Joshua C Randall, Thomas W Winkler, Zoltán Kutalik, et al. Sex-stratified Genome-wide Association Studies Including 270,000 Individuals Show Sexual Dimorphism in Genetic Loci for Anthropometric Traits. PLoS Gengtics, 2013-6-6

98 Diana L Cousminer, Evangelia Stergiakouli, Diane J Berry, et al. Genome-wide association study of sexual maturation in males and females highlights a role for body mass and menarche loci in male puberty. Human Molecular Genetics, 2014-1-13

99 汪旭晖, 张忠英. 基因经济: 新时代的焦点话题. 经济工作导刊, 2001(4)

100 张田勘. 基因时代与基因经济. 北京: 民主与建设出版社, 2001

三、经济基因学研究历程

从概念上讲，经济基因学源头可追溯到 1972 年的健康经济学，标志性事件是 1976 年 Taubman 将双胞胎研究引入经济学，通过研究大约 2500 个白人双胞胎退伍军人，他估计遗传将给收入带来 18%～41%的影响[101]。2017 年获得诺贝尔经济学奖的行为经济学也应该属于经济基因学领域的一部分。但由于研究者所处的时代背景、自身学科背景等，他们没有从基因这个最根本的基础上寻找新的发展空间。

经济基因学相关研究随着基因测序的发展而逐渐活跃。随着 2000 年人类基因组测序结果的公布，以及基因测序和分析技术的快速持续开发，大多数常见的基因差异检测成本大幅降低，为研究人员通过大规模测量基因差异并研究这些基因差异与个体行为之间的关联提供了可能，基因与人类行为之间关系的研究越来越得到关注。康奈尔大学的经济学家 Daniel Benjamin 在 2005 年就提出了基因经济学的定义，并且调查了遗传研究对经济学的促进作用。之后哈佛大学的 David Laibson 和 Edwaid、Edward Laibson 及 Christopher Chabris 等发表了系列论文，推动了该理念的发展，"基因经济学"[102]逐步得到了认可。在研究中，他们认为，过去的经济学家忽略了冒险、耐心、慷慨等个性背后的遗传因素，弄清基因在这些方面的影响将会给整个学科带来变革[103]。

事实上，早在 1998 年，作者就提出了经济基因的概念。2003 年，作者在《DNA 双螺旋将把人类带入生物学世纪》一文中进一步系统阐述了"经济基因学"的基本内容，认为亚当·斯密的"看不见的手"就是"经济基因"，从基因的角度分析，认为亚当·斯密的"看不见的手"定律实际上就是经济基因学的"第一定律"，而操纵市场的"看不见的手"就是"经济基因"。

四、经济基因学展望

经济基因学研究是一个令人兴奋的跨学科领域，通过研究基因与行为之

101　Genoeconomics: Biosocial Surveys. Washington DC: National Academy Press, 2008

102　The Promises and Pitfalls of Genoeconomics. Annu Rev Econom, 2012, 4: 627-662

103　基因经济学：你有没有财运，天注定？http://www.sohu.com/a/74666705_119097[2019-11-18]

间的联系，将为探索经济社会的发展提供新的思路。在 2003 年作者提出，人类应在完成"人类基因组计划"（Human Genome Project，HGP）之后，开始实施"经济基因组计划"（Economy Genome Project，EGP）。现在，随着基因测序技术的发展，基因测序的成本将会降到 100 美元以下，这为经济基因学的发展提供了前所未有的机遇。

按照作者的考虑，世界应联合起来，通过大规模基因测序，建立大样本数据库，通过与功能基因组研究、人类行为学研究等结合，研究基因、遗传与经济社会之间的关系，这不但可以为经济学领域提出新的见解，而且还可以利用基因数据预测世界大规模群体的经济行为，从而做出相应调整，从而为解决世界经济危机提供新的手段和思路。

为了推动该计划的实施，作者撰写了《关于建立国家（半汤）大基因中心建议》，推动在合肥半汤生物经济实验区建立国家大基因中心，并被批准为合肥综合性国家科学中心[104]的七大平台之一。

附：关于建立国家（半汤）大基因中心的建议

北京北大未名生物工程集团有限公司　　潘爱华

（定稿于 2016 年 8 月 1 日）

21 世纪将是生物学世纪的预言正在成为现实,生物学世纪的主要标志是：生命科学将成为带头学科，生物经济产业将成为支柱产业，2020 年人类将进入生物经济时代。生命科学将成为带头学科的具体含义是：生命科学将为其他科学提供研究思路和方法。随着生命科学研究的不断突破，越来越证明"基因主宰生命"的真谛，即生命过程、生命行为、生命变化都取决于基因的活动和基因的变化。基因，作为一种特殊资源，不但决定一个国家未来的经济社会发展水平，还关系到国家的根本利益和国家安全。世界首富比尔·盖茨也曾预言：超越他的下一个首富一定出自基因领域。所以，得基因者得天下。因此，建立国家大基因中心关系到国家和民族的兴衰及人类的未来。

---

104 合肥市是全国第二个获批建设"综合性国家科学中心"的城市，规划建设量子信息国家实验室、超导核聚变中心、天地一体化信息网络合肥中心、联合微电子中心、离子医学中心、分布式智慧能源创新平台、大基因中心七大平台，大基因中心由北大未名与中国科学院北京基因组研究所共同建设

一、目标及意义

国家大基因中心的三大目标：揭示生命的本质，发现生命活动的规律，解决人类面临的"人口""健康""粮食""环境""能源""生物安全"六大问题。

二、主要研究内容

迄今为止，人类已经经历的四个经济时代为采集和狩猎经济时代、农业经济时代、工业经济时代和目前我们正处于的信息经济时代。农业经济改变了人类的生存方式，工业经济改变了人类的生产方式，信息经济改变了人类的生活方式，生物经济将改变的是人类的生活观念。为了迎接生物经济时代的到来，国家大基因中心的核心内容应包括三大部分。

(一)生命本质研究

本部分主要是从生命的本质、来源和发展等方面进行研究，主要分为三个方面：生命基因研究、经济基因研究和社会基因研究。

生命基因研究：生命基因研究主要包括三部分，即利用大规模测序技术，获得动物、植物、微生物基因，建立海量基因库；利用先进的精准医疗技术和临床诊疗技术，获得大量疾病相关基因，建立疾病相关基因库；利用先进的保藏技术，建立不同类型的组织样本库。这将为进一步利用基因组学、蛋白质组学、代谢组学、表型组学等各类组学，从基因层面研究生命起源、发展和演化的规律，揭示生命本质打下坚实的基础；也将为精准医学、精准育种等发展，拓展基因的大规模应用提供最有力的保障。

经济基因研究：根据潘爱华博士创立的"经济基因学"理论，经济基因学就是用生命科学和医学的观点及方法抓住亚当·斯密在《国富论》提出的那只"看不见的手"。经济基因学说是指经济运行中存在内在的控制力，这个内在的控制力(看不见的手)就是"经济基因"。

潘爱华博士于 1998 年在世界上首次提出了"经济基因学"，并于 2003 年 11 月发表了题为《DNA 双螺旋将把人类带入生物学世纪》的科学论文，文中系统阐述了经济基因学的基本内容，并提出在"人类基因组计划"之后，人类应开始实施"经济基因组计划"。

社会基因研究：根据潘爱华博士创立的"经济基因学"理论，社会基因学就是用生命科学和医学的观点及方法研究人类社会。社会基因学的基本内容：家庭是社会的密码，单位是社会的基因，社区是社会的细胞。根据该学说，社会建设、社会管理与社会服务应该以社区为重点和中心；改革也必须以社区改革为一个基本单元，而不能以孤立的"单位"作为改革的基本单元。因为只有细胞才能存活，而基因是不能单独生存的。

潘爱华博士于 1998 年在世界上首次提出了"社会基因学"，并于 2003年 11 月发表了题为《DNA 双螺旋将把人类带入生物学世纪》的科学论文[北京大学学报(自然科学版)，第 39 卷，第 6 期]，文中系统阐述了社会基因学的基本内容，并提出在"人类基因组计划"之后，人类应开始实施"社会基因组计划"（Social Genome Project，SGP）。

(二)合成生物学

合成生物学是指综合利用化学、物理、分子生物学和信息学的知识与技术，设计、改造、重建或制造生物分子、生物体部件、生物反应系统、代谢途径和过程乃至细胞与生物个体。2000 年，*Nature* 杂志报道了人工合成基因线路研究成果；Craig Venter 继 2010 年培育出第一个由人工合成基因组控制的细胞，2016 年又宣布合成设计并制造出最简单的人工合成生命体；2016年 5 月，部分科学家发布"在十年内在细胞系里人工合成完整的人类基因组"的计划。在各种计划和研究成果的推动下，合成生物学已在全世界范围得到了广泛的关注与重视，被公认为在医学、制药、化工、能源、材料、农业等领域都有广阔的应用前景。

(三)应用研究

应用研究主要是利用大基因中心平台，积极开发基因等数据的应用，推动新技术、新方法、新产品规模化应用。

1. 精准医学

精准医学是生物技术和信息技术在医学临床实践的交汇融合应用，是医学科技发展的前沿方向，是医学发展的第三个里程碑。系统加强精准医学研究布局，对于加快重大疾病防控技术突破、占据未来医学及相关产业发展主导权、打造中国生命健康产业发展的新驱动力至关重要。北大未名正在建设的世界首个生命健康管理体系(GHP 系统)，将为精准医学的发展提供新的方法和手段。

2. 精准育种

精准育种是指通过运用作物遗传育种、基因组学、生物信息学等知识，实现对基因型的直接、准确、高效选择，大幅度提高育种的效率，推动育种技术由传统走向现代，由小作坊走向规模化。北大未名已经构建了世界上最大、质量最好、业内领先的水稻突变体库，建立了世界领先的水稻基因发现平台、智能不育分子设计育种平台等，已发现 120 多个抗旱、氮素高效利用、抗冷、抗虫、高产等性状的功能基因，北大未名已成为世界一流水平的精准育种中心。

3. 新药研发

随着功能基因组学、结构基因组学、蛋白质组学等各类组学研究的不断深入，在阐明疾病相关基因性状的基础上，根据其调控途径和网络进行药物研究已成为现阶段国际创新药物开发的重要发展方向，这将改变从基因功能到药物开发的模式，事实上，基因组研究已成为新药开发的新手段。北大未名正在合肥建立世界首个生物经济孵化器(新药高速公路)，将引发新药研发的革命；与美国 BioAtla 公司合作将会引领基于 CAB 技术的第四代抗体药物的研发；强人工智能技术的研究也将为北大未名的新药研发提供强大的推动力。

4. CAR-T

嵌合抗原受体 T 细胞(简称 CAR-T)是目前国际上肿瘤过继免疫治疗的热点，是免疫疗法的"主力军"，目前在肿瘤治疗等方面已经显示出很好的疗效。专家预计 CAR-T 在不久的将来会取得巨大成功，为人类彻底解决肿瘤提供一种新的途径。2015 年开始安徽未名生物医药有限公司与美国贝勒医学院合作共同开发的第二代 CAR-T 技术，现已完成 140 多例临床试验，疗效十分明显，处于世界前沿。最近，北大未名又投资了美国第四代 CAR-T 技术(CAB-CAR-T)，已牢牢占据世界领先地位。

5. 干细胞

干细胞研究是近年来生物医学领域的热门方向之一，干细胞产业具有巨大的社会效益，市场前景受到世界各国的高度重视，未来全球规模可达 4000 亿美元，国内 5 年市场规模复合增长率达 40%以上。目前，美国、欧盟、日本、韩国和中国在干细胞领域投入重金支持基础和临床研究，大力推动干细胞产业化发展。从未来的应用上看，干细胞与精准医疗、功能基因研究结合将会成为主要方向。目前，北大未名投资的 PIPS（蛋白质诱导的多能干细胞）处于干细胞研究的领先地位，在肿瘤治疗方面，特别是对实体瘤的治疗已经显示出很好的临床治疗效果。

6. 基因编辑技术

基因编辑技术指能够对最基本的遗传单位——基因直接进行设计和修改的技术。常用的基因编辑技术有三类：CRISPR、TALEN 和 ZFN，但目前最领先的是 CRISPR。目前，CRISPR 已在农业、疾病治疗等方面开始应用。北大未名已成功建立了基于 CRISPR/Cas9 基因编辑技术的高效多基因载体组装系统，创立了以基因编辑为基础的育种体系。应用该体系以培育出抗旱、高产的水稻新品种。

三、北大未名优势

1. 企业集团优势

北大未名在 20 多年的发展历程中为中国生物产业的发展做出了大量开创性工作，取得了令世人瞩目的成绩，在中国生物产业发展进程中创造了许多个"世界第一"和"中国第一"，现已发展成为中国生物经济产业的龙头企业和世界生物经济的策源地。

2. 人才团队优势

经过 20 多年的发展，公司培养了一支"看得懂基因"的管理团队，组建了世界一流水平的研发团队。特别是北大未名创始人之一、现任董事长作者被誉为具有科学头脑的企业家和具有市场意识的科学家及"生物经济之父"。

3. 基础条件优势

除此之外，北大未名还拥有承担大基因中心的其他软件和硬件基础条件。**一是硬件条件。**北大未名与合肥巢湖经济开发区合作建设的"合肥半汤生物经济实验区"已完成 40 万平方米可供发展现代生物经济产业和研发的基础设施，建有世界上最大的生物药制造中心，同时也建设了新药研发中心，建筑设计独具特色，以基因碱基（ATCG）作为建筑造型，这也是世界上第一个和唯一一个将基因写在大地上的建筑群。所以，合肥半汤已经具备承担建立大基因中心的硬件条件。

二是软件条件。 北大未名的生物智能技术（第五代计算机的核心技术）处于世界新一代信息技术的领先水平，完全颠覆了高性能计算的模式，北大未名不但将引领一场新的信息产业革命，而且也将会使北大未名在基因大数据的存储、分析和挖掘等具有无与伦比的优势。

三是技术条件。 北大未名在基因研究方面也具有很好的基础，特别是在作物的基因发现和分子育种方面取得了一系列世界一流水平的研发成果。北大未名已获批准了四个国家级技术中心和两个国家级示范基地：国家作物分子设计中心、国家植物基因研究中心、国家现代农业科技城良种创制中心、国家作物分子设计工程技术研究中心；国家林油一体化示范基地、国家林下经济示范基地；并于 2013 年成为中国第一家通过"国际监管创优"（ETS）认证的企业。北大未名已经取得一系列突破性科技成果，建立了可引发第三次农业革命的智能不育分子设计技术、世界第一个水稻全基因芯片、世界最大的水稻突变体库、水稻全基因功能研究和水稻转化平台。通过育种新技术已获得多个玉米、水稻、油菜、棉花等优良品种。

2015 年，中国科学院北京基因组研究所、合肥市人民政府和北大未名签署了战略合作协议，共建"合肥半汤未名——BIG 基因研究中心"，三方合作现已经进入实施阶段。北京基因组研究所是中国在基因组研究领域最具实力的研究所，参与完成了国际人类基因组计划、单体型图计划；独立完成了中国超级杂交水稻基因组计划，牵头国家自然科学基金委"微进化过程中的多基因作用机制"重大研究计划和中科院中国人群精准医学研究计划等一系列重大科学项目；在肿瘤微进化、表观遗传学、精准基因组学等领域取得了突破性进展。

综上所述，建立国家（半汤）大基因中心意义重大、时间紧迫、切实可行。大基因中心建成后将对揭示生命的本质、发现生命活动的规律，以及解决人类面临的"人口""健康""粮食""环境""能源""生物安全"六大问题发挥重要的关键作用，并将为中华民族的伟大复兴、国家安全和引领人类和平持续发展做出巨大贡献。

第三节　社会基因学

社会基因学就是用生命科学和医学的观点及方法研究社会学所产生新的社会学理论，是揭示人类社会运行规律的学科。

一、基础知识

研究社会基因学，必须要对社会学有基本了解。在此对社会学的基本内容做简单介绍，详细了解社会学相关知识请阅读相关专业书籍。

(一)社会学基本概念

社会学是系统地研究社会行为与人类群体的学科[105]，是从社会总体出发，通过社会关心和社会行为研究社会的结构、功能、发生与发展规律的综合性学科[106]。

从发展历程考察，社会学起源于 19 世纪三四十年代，是从哲学演化出来的一门学科。从这点上看，社会学应位于社会科学领域之下，与经济学、政治学、人类学、心理学、历史学等学科并列。

"社会学"一词由孔德(Auguste Comte)首创。他相信所有人类活动都会一致地经历截然不同的历史阶段，如果一个社会可以抓住这个阶段，它就可以为社会病开出有效的药方。但他的社会学理念是典型 18 世纪的社会学理念，因为在 19 世纪，人类越来越认识到，世界变得越来越小和越来越成为一个整体，但个人对世界的认知和探索却变得越来越分裂和分散。如何解决这种分离和矛盾造福社会？部分学者希望能找到社会运行的基本规律，了解社会瓦解的发展过程，从而做出"纠正"，引导社会前行。为此，他们构建了系列研究框架，大到对种族、民族、阶级，小到性别、家庭结构、个人社会关系模式，通过观察、深度访谈、专题讨论等收集资料进行定性和定量分析。

---

105 中国社会科学院社会学研究所. 中国社会学(第十卷). 上海: 上海人民出版社,2014
106 辞海.6 版. 上海: 上海辞书出版社,2010

(二)社会学研究简史

从发展历程上看，作为一门独立的经验科学，社会学的发展也经历了 19 世纪 30 年代至第一次世界大战前的创立阶段、两次世界大战期间的制度化发展阶段和第二次世界大战(简称二战)后的当代发展阶段三个时期[107]。

创立阶段：19 世纪 30～40 年代。一般认为，社会学产生于 19 世纪 30～40 年代的欧洲，标志性事件为"社会学"这一术语的出现。在《实证哲学教程》(*Cours de philosophie Positive*)中，奥古斯特·孔德(Isidore Marie Auguste François Xavier Comte)首次使用该术语，认为它是系统表述社会秩序和社会进步的一门综合性科学。在《社会学原理》(*Principles of Sociology*)中，英国社会学家赫伯特·斯宾塞(Herbert Spencer)提出了社会是一个有机体或超有机的集合体的理念。这两本书的出版，预示着社会学作为一门学科开始出现。

制度化发展阶段：20 世纪上半期。这个阶段的代表是美国，在这个阶段，美国出现了一批著名社会学家：1905 年，Lester Frank Ward 和 Willian Graham Sumner 组建了美国社会学会；20 世纪 20 年代，芝加哥学派的 Robert EzraPark 等对美国的都市化、移民、种族冲突、贫民、犯罪等问题做了大量实证的经验研究，使社会学在解决实际社会问题中显出实效；William I. Thomas 和 Florian Znaniecki 撰写了《身处欧美的波兰农民》(*The Polish Peasant in Europe and America*)[108]一书，对社会学用科学方法搜集和分析资料起到了示范作用。在美国的带动下，相关学会、研究方法和手段等逐步开始建立，社会学的制度化开始成型，为英国、法国、德国等国家的社会学提供了借鉴。

当代发展阶段：第二次世界大战后到现在。二战后，世界历史进入了一个新时期，科学技术的革命丰富了人类的社会生活，使得人们在思维方式和行为方式上做出相应的调整，由此产生了许多新的社会问题；科学技术的发展也为社会学的研究提供了更先进的技术手段，使人们对社会现象的认识有可能进入更深的层面和更广阔的范围，在解决实际社会问题上更精确、更有效。

---

107 李毅. 社会学概论. 广州: 暨南大学出版社, 2011
108 William I Thomas, Florian Znaniecki. 身处欧美的波兰农民. 张友云译. 南京: 译林出版社, 2000

(三)三联体密码

考虑到作者提出的社会基因学说会应用到基因密码子(三联体密码)的概念和观点，因此在此对三联体密码做简单描述。

三联体密码是指蛋白质多肽链上的一个氨基酸是由 mRNA 上每三个核苷酸翻译而成的，这意味着三个核苷酸对应一个氨基酸，那么这三个核苷酸就称为一个密码子，也称为三联体密码。

我们知道，mRNA 中只有 4 种核苷酸，而蛋白质中有 20 种氨基酸。那么，核苷酸和蛋白质的对应关系是值得关注的关系，因为若以 1 种核苷酸对应 1 种氨基酸，那么世界上仅有 4 种氨基酸(4^1=4)；若以 2 种核苷酸对应 1 种氨基酸，那么世界上有 16 种氨基酸(4^2=16)。这两种状况都不能满足 20 种氨基酸的现实存在。那么，只能是 3 个核苷酸对应 1 种氨基酸(三联体)，只有这样才能满足编码 20 种氨基酸的需要(4^3=64，64>20)。

按照 3 个核苷酸对应 1 种氨基酸计算，应该存在 64 种氨基酸，除 3 个表达蛋白质多肽链终止外，还应有 61 种氨基酸密码子。但事实上，生物机体中仅有 20 种氨基酸的遗传密码，故一种氨基酸可有几种不同的密码子。

从 1961 年开始，科学家经过大量的实验，分别利用 64 个已知三联体密码，找出了与它们对应的氨基酸，1966～1967 年，全部完成了这套遗传密码的字典(表 2-2)。

表 2-2　密码子表

第一位碱基	第二位碱基				第三位碱基
—	U	C	A	G	—
U	UUU (Phe/F)苯丙氨酸	UCU (Ser/S)丝氨酸	UAU (Tyr/Y)酪氨酸	UGU (Cys/C)半胱氨酸	U
	UUC (Phe/F)苯丙氨酸	UCC (Ser/S)丝氨酸	UAC (Tyr/Y)酪氨酸	UGC (Cys/C)半胱氨酸	C
	UUA (Leu/L)亮氨酸	UCA (Ser/S)丝氨酸	UAA(终止)	UGA (终止)	A
	UUG (Leu/L)亮氨酸	UCG (Ser/S)丝氨酸	UAG(终止)	UGG (Trp/W)色氨酸	G
C	CUU (Leu/L)亮氨酸	CCU (Pro/P)脯氨酸	CAU (His/H)组氨酸	CGU (Arg/R)精氨酸	U
	CUC (Leu/L)亮氨酸	CCC (Pro/P)脯氨酸	CAC (His/H)组氨酸	CGC (Arg/R)精氨酸	C
	CUA (Leu/L)亮氨酸	CCA (Pro/P)脯氨酸	CAA (Gln/Q)谷氨酰胺	CGA (Arg/R)精氨酸	A
	CUG (Leu/L)亮氨酸	CCG (Pro/P)脯氨酸	CAG (Gln/Q)谷氨酰胺	CGG (Arg/R)精氨酸	G

续表

第一位碱基	第二位碱基				第三位碱基
—	U	C	A	G	—
A	AUU (Ile/I)异亮氨酸	ACU (Thr/T)苏氨酸	AAU (Asn/N)天冬酰胺	AGU (Ser/S)丝氨酸	U
	AUC (Ile/I)异亮氨酸	ACC (Thr/T)苏氨酸	AAC (Asn/N)天冬酰胺	AGC (Ser/S)丝氨酸	C
	AUA (Ile/I)异亮氨酸	ACA (Thr/T)苏氨酸	AAA (Lys/K)赖氨酸	AGA (Arg/R)精氨酸	A
	AUG (Met/M)甲硫氨酸(起始)	ACG (Thr/T)苏氨酸	AAG (Lys/K)赖氨酸	AGG (Arg/R)精氨酸	G
G	GUU (Val/V)缬氨酸	GCU (Ala/A)丙氨酸	GAU (Asp/D)天冬氨酸	GGU (Gly/G)甘氨酸	U
	GUC (Val/V)缬氨酸	GCC (Ala/A)丙氨酸	GAC (Asp/D)天冬氨酸	GGC (Gly/G)甘氨酸	C
	GUA (Val/V)缬氨酸	GCA (Ala/A)丙氨酸	GAA (Glu/E)谷氨酸	GGA (Gly/G)甘氨酸	A
	GUG (Val/V)缬氨酸	GCG (Ala/A)丙氨酸	GAG (Glu/E)谷氨酸	GGG (Gly/G)甘氨酸	G

结果显示，大多数氨基酸都有几个三联体密码，多则 6 个，少则 2 个；但色氨酸与甲硫氨酸只有 1 个三联体密码。此外，UAA、UAG 和 UGA 这 3 个三联体密码蛋白质合成的终止信号，不编码任何氨基酸。

二、社会基因学

(一)传统社会学面临困境

社会学在发展过程中，一直出现社会学属不属于科学、社会学研究是不是科学的争论。这与社会学在发展过程中出现的分歧密切相关。在社会学研究方法上，从一开始就有截然不同的两种取向[109]：一派是以孔德、斯宾塞、涂尔干(E. Durkheim)为代表的具有实证主义倾向的科学派，他们认为社会现象和自然现象之间并无本质的区别，社会科学也应以自然科学的标准模式建立统一的知识体系，用普遍的规律加以说明；另一派是以韦伯(M. Weber)等为代表，认为社会现象有其独特的性质和规律，绝不能盲目效仿自然科学方法来研究社会科学，这形成了社会学研究方面的人文主义倾向。

由于两者的争论，加上没有出现统一的理论协调二者之间的关系，以及社会学在很多方面也没有给社会带来现实指导意义，社会学的发展受到了很

---

109 文军. 全球化进程中社会学面临的挑战与创新. 社会科学研究，2000，5

大的质疑，学界曾出现"将社会学驱逐出科学界"的极端状况：2015 年 6 月 8 日，时任日本文部科学大臣的下村博文就曾致函日本 86 所大学的校长，要求他们停止教授社会学；在瑞士、美国和法国的部分学者也认为社会学是一门难以讲得通的学科[110]。这主要是基于"科学的可证伪性"，但事实上社会学却不符合这条基本的原则。

（二）社会基因学的提出

作者在长期的思考和研究过程中，也认识到目前社会学存在一些问题，尝试着将生命科学和医学的观点及方法引进社会学，1998 年提出"社会基因学"的概念，在 2003 年的《DNA 双螺旋将把人类带入生物学世纪》一文中，作者系统阐述了社会基因学的基本内容，即用生命科学和医学的观点及方法研究社会行为与人类群体从而形成的新理论、新模式的学科。

（三）社会基因学的基本概念

类似于生物学的基因概念，任何社会现象都有自己的"基因"（即"社会基因"）。"社会基因"正是某个社会现象得以产生和发展的根本因素，也是人类社会运行规律的根本特征。

既然社会基因是理解社会运行的根本，那么人类必须切实了解和研究社会基因。但事实上，由于社会基因是由人组成的，人与人不同，从这点上分析社会会出现巨大差异，也可能根本找不到破解的渠道和途径。

如何理解社会基因？既然社会基因的基础是人，那么我们需要从人的角度来了解。从生物学上看，基因是人体的根本，再进一步：我们可以从基因的角度来了解社会基因。按照基因学基本原理，人类有 23 对染色体、60 多亿个碱基（表 2-3）；与此类似，人类社会中的 60 多亿人，正像人体细胞中 23 对染色体上（见"经济基因学"中染色体模式图）的 60 多亿个碱基（30 多亿个碱基对，正如男性和女性各为 30 多亿）一样，它们按照一定的顺序排列组合成基因，控制产生不同的细胞，不同的细胞再组合成更高级的组织结构。

110 热拉尔德·布隆那，艾蒂安·热安. 社会学需要更科学吗？环球科学(中文版), 2018, (153)

表 2-3　NCBI 数据库中同染色体上数据（Genome Reference Consortium）

定位	染色体 名称	RefSeq	INSDC	大小 (Mb)	GC(%)	蛋白质	rRNA	tRNA	其他 RNA	基因	假基因
Chr	1	NC_0000 01.11	CM0006 63.2	248.96	42.3	11 028	17	90	4 463	5 104	1 408
Chr	2	NC_0000 02.12	CM0006 64.2	242.19	40.3	8 237	—	7	3 752	3 879	1 201
Chr	3	NC_0000 03.12	CM0006 65.2	198.3	39.7	7 087	—	4	2 779	2 994	909
Chr	4	NC_0000 04.12	CM0006 66.2	190.22	38.3	4 552	—	1	2 204	2 439	805
Chr	5	NC_0000 05.10	CM0006 67.2	181.54	39.5	4 743	—	17	2 221	2 594	789
Chr	6	NC_0000 06.12	CM0006 68.2	170.81	39.6	5 503	—	138	2 506	3 019	890
Chr	7	NC_0000 07.14	CM0006 69.2	159.35	40.7	5 207	—	22	2 399	2 772	914
Chr	8	NC_0000 08.11	CM0006 70.2	145.14	40.2	4 095	—	4	1 998	2 175	680
Chr	9	NC_0000 09.12	CM0006 71.2	138.4	42.3	4 635	—	3	2 239	2 272	721
Chr	10	NC_0000 10.11	CM0006 72.2	133.8	41.6	5 424	—	3	2 159	2 180	643
Chr	11	NC_0000 11.10	CM0006 73.2	135.09	41.6	6 519	—	13	2 378	2 924	834
Chr	12	NC_0000 12.12	CM0006 74.2	133.28	40.8	5 953	—	9	2 501	2 537	698
Chr	13	NC_0000 13.11	CM0006 75.2	114.36	40.2	2 019	—	4	1 238	1 379	475
Chr	14	NC_0000 14.9	CM0006 76.2	107.04	42.2	3 492	—	18	1 714	2 062	586
Chr	15	NC_0000 15.10	CM0006 77.2	101.99	43.4	3 548	—	9	1 782	1 826	563
Chr	16	NC_0000 16.10	CM0006 78.2	90.34	45.1	4 584	—	27	1 790	1 947	478
Chr	17	NC_0000 17.11	CM0006 79.2	83.26	45.3	6 093	—	33	2 258	2 453	572
Chr	18	NC_0000 18.10	CM0006 80.2	80.37	39.8	2 022	—	1	1 002	985	297
Chr	19	NC_0000 19.10	CM0006 81.2	58.62	47.9	6 700	—	6	1 889	2 491	523
Chr	20	NC_0000 20.11	CM0006 82.2	64.44	43.9	2 798	—	—	1 312	1 359	340
Chr	21	NC_0000 21.9	CM0006 83.2	46.71	42.2	1 285	12	1	708	778	208

续表

定位	染色体	名称	RefSeq	INSDC	大小(Mb)	GC(%)	蛋白质	rRNA	tRNA	其他RNA	基因	假基因
Chr	22		NC_0000 22.11	CM0006 84.2	50.82	47.7	2 475	—	—	999	1 188	356
Chr	X		NC_0000 23.11	CM0006 85.2	156.04	39.6	3 799	—	4	1 278	2 199	893
Chr	Y		NC_0000 24.10	CM0006 86.2	57.23	45.4	321	—	—	318	582	396
	MT		NC_0129 20.1	J01415.2	0.02	44.4	13	2	22	—	37	—
Un	—		—	—	183.8	44.3	6 491	17	159	3 588	6 615	1 864

资料来源:https://www.ncbi.nlm.nih.gov/genome?term=human%5Borganism%5D&cmd=DetailsSearch [2019-11-19]

世界人口数量和染色体中的碱基数量如此相似,是不是其中蕴含着一些道理?结合生命信息载体学说(该学说将在后文详述),作者认为,既然人是智者设计的信息载体,那么我们是不是可以从这个角度考虑如何推进社会学研究。为此,经过多年思考、研究和分析,作者认为,我们在探索、揭示人类社会的运动规律并从中找到最本源的东西时,需要充分理解生命科学和医学的观点及方法,并将其运用研究社会,只有这样,我们才能揭示人类社会的运行规律。

为此,作者提出了社会基因学的概念:运用生命科学和医学的观点及方法研究社会。在此基础上,我们才可能用所得到的社会学理论来指导社会改革。

(四)社会基因学的核心内容

根据作者的研究,社会基因学的核心内容可概括为三句话:家庭是社会的密码,单位是社会的基因,社区是社会的细胞(图 2-25)。

1. 家庭是社会的密码

按照生物学常识,从最简单的生物——病毒到最复杂的生物——人体,遗传密码都由 3 个碱基组成,即 ATCG 这 4 个碱基经过 3 个碱基的不同排列组合而形成 4^3(64)个遗传密码——三联体密码(简称三联密码)。由于存在 64 种密码子而只有 20 种氨基酸,许多氨基酸有多个密码子,对应同一氨基酸的密码子为同义密码子,同义密码子一般第一、第二位碱基是相同的,第三位碱基的改变并不影响所编码的氨基酸(即密码子简并性,也称摇摆学说)。

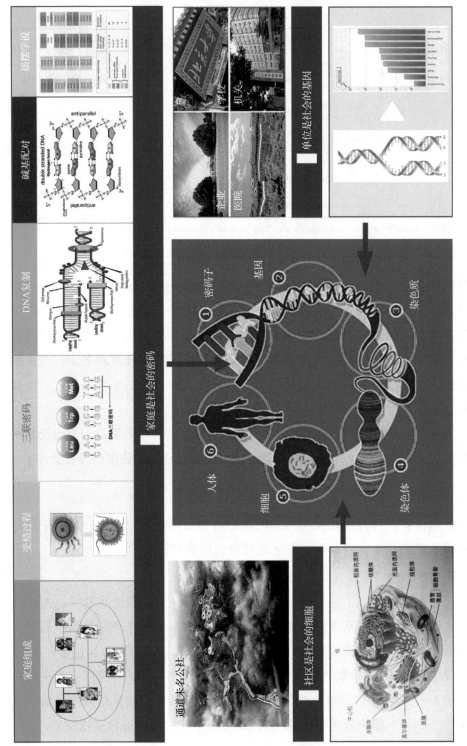

图2-25　作者构建的社会基因学理念和模式图

与此相对应，家庭是由父亲、母亲和子女组成的，就像三联体密码一样形成社会的"密码"：一个家庭中可以有多个子女，但对应的父亲、母亲是不变的，这也符合密码子简并性的特点。从生物学的角度也可以解释为什么会出现这种现象：人类生命起源于受精卵，但卵子和精子结合在形成受精卵的过程中，正常状况下，一个卵子只接受一个精子进入。所以，一个人只能对应一个卵子和一个精子，即一个子(或女)只可能有一个父亲和一个母亲，但作为父亲或母亲可能有多个子女。

2. 单位是社会的基因

生物基因(遗传因子)是具有遗传效应的 DNA 片段，支持着生命的基本构造和功能。一般情况下，基因是一个稳定的遗传单位，单一基因或多个基因决定生物的某个遗传现状。在社会中"单位"(如大学、公司或政府部门等)是具有特定功能的正规组织形式和政治经济制度的基本构成方式，在现代人类社会生活中具有举足轻重的地位。单位作为社会的基因，形成了人类社会的各种功能。

3. 社区是社会的细胞

生物细胞是有机体生命代谢、生长发育、遗传等的基本单位，通常认为除病毒以外的有机体都是由细胞构成的。社会学中社区被定义为比社会更具体的由自然意志所创生的人类的生存单元和生存共同体，是区域的人群共同体。

社会基因学说修正了过去社会学中一直沿用的"家庭是社会的细胞"这一观点，阐明了社区才是社会中最小的生活或生命单位，即社区是社会的细胞。

(五)社会基因学的研究方向

在 2003 年的文章中，作者提出：人类应在"人类基因组计划"之后，开始实施"社会基因组计划"，*Science* 杂志在综述了人类基因组计划之后的相关研究成果(图 2-26)后[111]，也提出了要积极利用基因组计划的有关知识开展社会学研究的理念和想法。作者认为社会基因学具体内容包括三个层面。

111 Green E D, Guyer M S, National Human Genome Research Institute. Charting a course for genomic medicine from base pairs to bedside. Nature, 2011, 470: 204-213

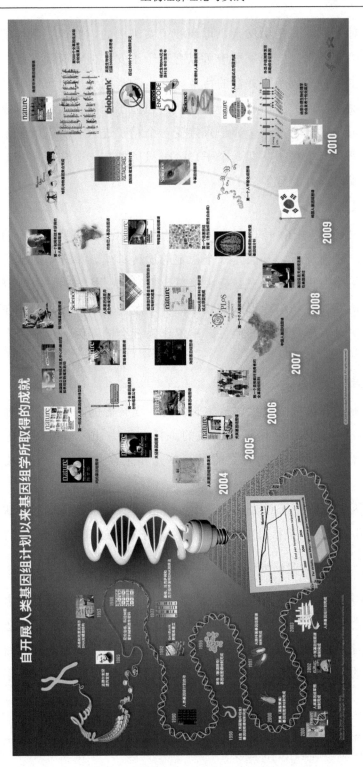

图 2-26　截至2011年人类基因组研究取得的成就

第一层面：人是社会基因的基础。社会的主体是人，而人的行为受基因控制，通过对单个人的基因分析可获得人的社会行为规律。

第二层面：何为社会基因。在社会中具有特定功能的正规组织形式和政治经济制度的基本构成方式即单位，如大学、公司或政府部门等，单位是社会的基因，通过对一定人群（单位）的基因组分析和处理，可以了解单位运行的规律。

第三层面：社会基因组学。通过对整个人类的生物基因组大数据分析，可以在一定程度上解释和预测人类社会的运行规律。

(六)社会基因学和基因社会学的差异

人体内有 2 万～3 万个基因，不同基因的相互作用也会给人类社会带来不同的变化，包括最新的表观遗传学的出现，使人类对基因有了更深一步的认识。在《基因社会》中，以太·亚奈和马丁·莱凯尔认为，人类的语言、癌症，以及我们的细胞与"对手合作"等都来源于基因的作用。我们的基因组是由类似人类社会的基因社会所构成的，与人类社会一样，基因社会的成员也会彼此联合或敌对。

《基因社会》揭示了基因在各个生物学尺度上，从细胞、个体到整个物种的合作和竞争中所使用的遗传策略。因为所有人类的基因组都由同样的基因组成，但单个基因在不同个体中的拷贝有可能因为变异而产生差异，并且同一基因的不同拷贝之间也为了争夺未来几代人类基因组中的最高地位而进行着激烈的竞争。由于基因间有着复杂的相互作用，有着合作和竞争，所有基因均视为一个社会的成员。

基于此观点分析得出来的对社会进行的隐喻或类比，可以称为基因社会，这与作者提出的社会基因是完全不同的概念。

三、社会基因学对社会管理及改革的指导意义

根据社会基因学学说，社会建设、社会管理与社会服务应该以社区为重点和中心；改革也必须以社区改革为一个基本单元，而不能以孤立的"单位"作为改革的基本单元，所以，在中国建立特区基本上都获得成功，而单位改革大多数都以失败而告终。

这为我国未来的社会改革提供了新的思路：只有细胞才能存活，而基因是不能单独生存的。社会的改革，应该建立在以"细胞"为基础的改革之上，从能独立存活的最小单元——细胞出发进行改革，可能会出现新的改革思路，彻底解决社会改革遇到的困扰。

当然，社会基因学的相关理念，也为我国启动新改革提供了思路。1979年4月，邓小平同志首次提出要开办"出口特区"。后于1980年3月，"出口特区"改名为"经济特区"；1980年8月，中共中央、国务院正式批准在深圳和珠海建立经济特区，随后汕头、厦门、海南三个经济特区相继建立。经济特区（"细胞"新区）特别是深圳经济特区对中国改革开放、对中国经济发展的作用和意义有目共睹。作者认为，改革开放40年后的今天，在习近平新时代中国特色社会主义思想的指引下，为了践行"绿水青山就是金山银山"的"两山论"，落实乡村振兴战略，我们要必须要开辟新的思路，为此，在生物经济理论体系指导下，利用社会基因学，建立我国沿山经济带和沿山经济特区（"细胞"新区）势在必行，将贫困的山区变成重要的增长极。

四、为构建人类命运共同体提供科学依据

2018年3月11日，第十三届全国人民代表大会第一次会议通过的宪法修正案，将宪法序言第十二自然段中"发展同各国的外交关系和经济、文化的交流"修改为"发展同各国的外交关系和经济、文化交流，推动构建人类命运共同体"。这是以习近平总书记为核心的党中央高瞻远瞩提出的新时代中国特色社会主义思想，是新时代坚持和发展中国特色社会主义的基本方略之一，也是世界人民共同追求的理想。

构建人类命运共同体有深厚的基础，那就是人类只有一个地球，各国共处一个世界，这就要求地球上任何一个国家，在追求本国利益时要兼顾他国合理关切，谋求本国发展要考虑全球的共同发展。

从历史发展角度来看，构建人类命运共同体完全契合了当代世界发展的客观和根本需求：在经济全球化的条件下，各国相互联系、相互依存、命运与共、休戚相关，中国与世界的交往日益频繁，联系日益紧密，互动日益加强，日益成为一个你中有我、我中有你的命运共同体[112]。当然，构建命运共

---

112 马建堂. 构建人类命运共同体为世界贡献中国智慧. 求是, 2017: 41

同体将联合国宪章宗旨与当代全球治理相结合，为实现人类和平与发展做出中国贡献。

由于构建命运共同体是中国人首先提出的概念，在目前的国际大背景下，国际社会对人类命运共同体还存在不同的解读，有不少认识误区，核心原因之一就是目前还没有找到合适的科学依据。社会基因学的提出，为构建命运共同体提供了扎实的理论基础。按照社会基因学，社区是能正常生存的细胞，而细胞是能正常生存的最小单元。细胞大小差异极大，最小的细胞为支原体（直径仅为 0.1～0.3 微米），一般认为最大的细胞为鸵鸟蛋（短径、长径分别达到 13 厘米和 15 厘米），它们大小差别高达一百万倍，但都是细胞，而细胞中的每种蛋白质、离子等要素都是按照合理的顺序进行有序运作的"基本粒子"。与此类似，地球上人类社会的最小社区可能不足 100 人，但从宇宙看地球，地球虽然有超过 60 亿的人口，但也不过是一个社区，两者大小有差别，但功能上没有差别，完全可以共同存在于同一空间；当然，若肆意破坏这个共同空间，必然会导致"细胞"的死亡。从这个意义上讲，社会基因学也为"一带一路"倡议提供了相同的理论基础。

第四节 三 元 论

三元论的核心思想是指在形成世界的诸多元素中，数字"三"是最为特殊的元素。按照作者的理解，数字"三"是打开世界的一把"金钥匙"，理解了"三元论"，就找到了解开世界的密码。

一、古代学者思想中的数与世界

（一）古希腊哲学家

纵观人类思想的发展历史，无数人从不同的角度来认识和解释世界，这逐步形成了哲学-智慧之学。事实上，世界上本来没有所谓的纯粹哲学。哲学（philosophy）最早起源于希腊语，其词源有"爱智慧"之意，核心是研究宇宙的性质、宇宙内万事万物演化的总规律、人在宇宙中的位置等一些最为基本的问题。

在众多的哲学家中，从数字的角度认识世界最早可追溯到古希腊的毕达哥拉斯（Pythagoras，约公元前 580 年至公元前 500 年，古希腊数学家、哲学家）。经过思考、研究和分析，毕达哥拉斯学派提出了"万物皆数"的理念，并认为数是万物的本源，万物按照一定的数量比例构成和谐的秩序，事物的性质也是由某种数量关系决定的。

但毕达哥拉斯学派认为，这个"数"是有理数，随着后来无理数的出现，部分人认为无理数才是世界的本源。世界是有理数还是无理数的争论引起了巨大恐慌，无理数的发现者希伯修斯（Hippausus）是毕达哥拉斯的学生，随后被囚禁，受到百般折磨，最后竟遭到沉舟身亡的惩处。

事实上，无论是无理数还是有理数，任何一种都不能单独拿来认识和解释世界。古希腊人把有理数视为连续衔接的，但希伯修斯的发现揭示了有理数的缺陷：有理数没有布满数轴上的点，即在数轴上存在不能用有理数表示的"空隙"，这使得古希腊人把有理数视为连续衔接的那种"算术连续统"的设想彻底地破灭了，但这也推动了公理几何学与逻辑学的发展，促使人们放弃直觉、经验，转向依靠证据，并且还孕育了微积分的思想萌芽。

（二）中国古代哲学家

在几乎与毕达哥拉斯同一时代的中国，也有一位著名的哲学家——老子。史料记载，老子姓李名耳，字聃，一字或曰谥伯阳，春秋末期人，出生于周朝春秋时期陈国苦县（古县名，今河南省鹿邑县），是我国中国古代思想家、哲学家、文学家和史学家，也是道家学派创始人和主要代表人物。《道德经》相传是他留下来的著作，是对中国人影响最深远的三部思想巨著之一（另外两部是《易经》和《论语》）。

在《道德经》中，老子认为"道"是宇宙万物的本源：有物混成，先天地生。寂兮寥兮，独立而不改，周行而不殆，可以为天下母。吾不知其名，字之曰道，强为之，名曰大。

但道如何构成了世界万物？老子对此有了进一步的推论：道生一，一生二，二生三，三生万物。从这一点上看，三是突破口，任何事物到了"三"这个阶段，将会迸发出巨大能量，推动世界万事万物的急剧扩张。

从这点上看，世界不同地方的哲人在理念上无疑是相同的：世界来源于数，数的扩展构成了宇宙。但在如何构成的过程上，东西方哲人的看法有显著的不同。毕达哥拉斯及后续的相关学派仅仅认为世界是由数构成的，但如何构成，他们没有做出解释。在这点上体现了中国人的智慧，在老子的眼中，世界是动态的，动态的变动和延伸构成了世界：一到二、二到三，故三是世界的本源。

二、一元论到三元论：认识世界的新突破

人类在从哲学层面认识世界的过程中，一元论、二元论都曾在人类的认识论上占据重要地位。

（一）一元论

所谓一元论（monism），指主张认识世界只有一种本源[113]，如彻底的唯物主义，或者彻底的唯心主义都是一元论的代表。

查询文献，一元论最早来源于古希腊语 μόνος，首次使用的是德国数学家、物理学家、唯心主义哲学家 Christian Wolff（1679—1754），在 18 世纪首次使用，意思是一切所有现实最终都是不可分割的，要么是精神的（idealism，唯心主义）要么是物质的（materialism，唯物主义）。19 世纪末，德国动物学家、哲学家 E. Haeckel（1834—1919）开始将它作为哲学用语，并将物种保存原则和进化论的世界观称为一元论，在 E. Haeckel 的一元论看法中，假定世界的各个方面都形成了一种基本的统一，所有经济学、政治学和伦理学都被简化为‘应用生物学’。另外，E. Haeckel 还创立了"一元论者协会"，撰写了《作为宗教和科学之间的纽带的一元论》（*Der Monismusals Band zwischen Religion und Wissenschaft*）（1892）的书稿[114]。

事实上，一元论是很多人的信条，这可能与人的本性相关，因为人——无论是普通人还是哲学家、思想家，总认为世界上一定有个最优解。普列汉诺夫（ГеоргийВалентиновичПлеханов，俄国马克思主义政党的创始人之一）也认为：最彻底最深刻的思想家永远倾向于一元论，即借助于某一个最基本的原则去解释现象[115]。

（二）二元论

所谓二元论（dualism），多样性世界有两个不分先后、彼此独立、平行存在和发展的本源的哲学学说。例如，构成世界的本源有两个，分别是物质和

---

113 玉钧. 一元论、二元论、多元论的概念不应滥用. 社会科学研究, 1981

114 王觉非. 欧洲历史大辞典·上. 上海：上海辞书出版社, 2007: 983

115 普列汉诺夫. 论一元论历史观之发展. 博古译. 三联书店, 1961

精神两个独立的实体[116]。

二元论的观点自古希腊就存在，其典型代表是柏拉图，在柏拉图那里，理念世界和可感世界之间仍然是相互分离的理念的二元对立[117]。

哲学意义上的二元论学说起源于法国哲学家笛卡尔，他在 17 世纪提出了心物二元论，即世界存在两个实体：广延而不能思维的"物质实体"和只能思维而不具广延的"精神实体"，二者性质完全不同，各自独立存在和发展，谁也不影响和决定谁。

其实，二元论的理念根深蒂固，如古波斯摩尼教的"善与恶"、柏拉图的"理念与事物"、康德的"本体与现象"等。但二元论永远也不能解决如下这个基本问题：存在于一个统一体中的两个独立、彼此没有任何不同的本体如何相互影响[118]，例如，针对笛卡尔的心物二元论，Martin Heidegger（1889—1976）就认为，在本体上将心灵与世界万物进行绝对的二分，根本就是一种虚假的二分[119]。

(三)三元论

在对世界本质的长期思考中，作者发现，自然界存在一些基本的数字，但最为特殊的应该是"三"。例如，生物只有三大类（植物、动物和微生物），生物界只有三种性别——雌性、雄性和中性（雌雄同体），家庭有三种人组成——父亲、母亲和儿女，生命信息传递可分三步：DNA→RNA→蛋白质，从最简单的病毒到最复杂的人体遗传密码都是三联密码，为生命提供能量的主要形式是三磷酸腺苷（ATP），市场只有三种状态：买、卖、不买不卖；宇宙的基本粒子分为三大类：强子、轻子和传播子。

基于对众多事物的分析和总结，结合老子的观点（道生一，一生二，二生三，三生万物），作者提出了"三元论"，其基本核心认为"三"是生命的本源，即世界万事万物的发展，起源于"一"（"唯一"），经过"二"（"过程"），只有到达"三"（"阶段性终点"），经过阶段性终点孕育后，才能突然爆发，取得突飞猛进的发展（图 2-27）。

116 玉钧. 一元论、二元论、多元论的概念不应滥用. 社会科学研究, 1981
117 孙卫华, 蒋帮芹. 试析柏拉图理念论中的二元论思想. 兰州学刊, 2007, (9)
118 普列汉诺夫. 论一元论历史观之发展. 博古译. 三联书店, 1961
119 赵国锋. 心物二元论及其现象学批判. 山东农业工程学院学报, 2018, (5)

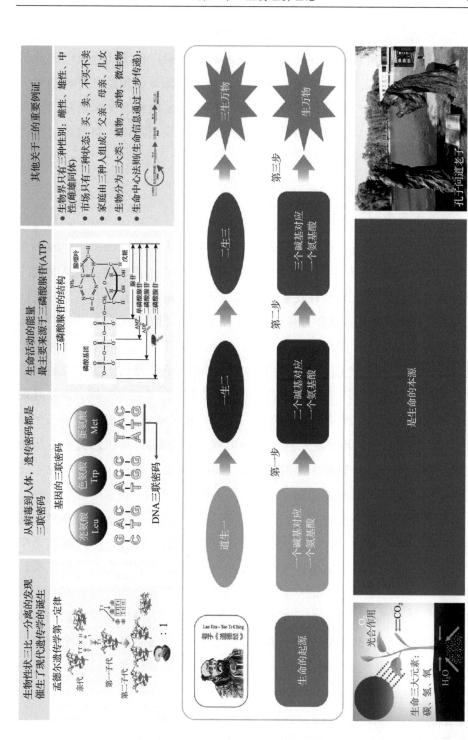

图 2-27 作者构建的三元论模式图

"三元论"蕴含三层意思：一是阶段性终点的客观存在，如现代遗传学的奠基人孟德尔利用豌豆进行反复的杂交和自交试验，而子代所呈现的性状比例为 3：1[120]。二是孕育后突破。例如，生命的起源最开始是一个碱基对应一个氨基酸，然后是二个碱基对应一个氨基酸，当发展到三个碱基对应一个氨基酸后即可产生万物。三是揭示世界运行规律的最高阶段，如很多学者都利用三元论的理念研究世间的万事万物。

(四)其他学者著作中的三元论思想

现代世界上其他学者对"三"也情有独钟。英国的 Peter Watson 是写作思想史的大家，在其百科全书式巨著《思想史：从火到弗洛伊德》[121]的序言中，Peter Watson 罗列了世界思想史上众多与"三"有关的事情：菲奥勒的约阿希姆认为人类历史上曾经存在圣父统御、圣子统御、圣灵统御三个时代；詹巴蒂斯塔·维柯把世界划分为神的时代、英雄时代和人类时代三个时代；孔多塞侯爵相信历史上存在国家间不平等、国内不平等和人类不完善三大突出问题；奥古斯特·孔德构建了人类发展历史的神学阶段、形而上学阶段和科学阶段三大历史阶段；人类学家詹姆斯·弗雷泽爵士区分了巫术时期、宗教时期和科学时期三个时期。经济学家也常用三分法，如卡尔·波兰尼区分了三个经济时代——互惠时代、再分配时代和市场时代，欧内斯特·格尔纳提出了历史上有三个伟大时代——狩猎采集时代、农耕时代和工业时代，对应产生了三大人类活动：生产、强制和认知。

中国人在日常行为中也都对"三"情有独钟：三分天下、三足鼎立、三尊(君、父、师)、三才(天、地、人)、三纲(君、臣、义)等，中国的成语中也有很多以三为主的典故，如一岁三迁、一时三刻、一日三月、一日三省、一日三岁、一日三覆等。中国学者对"三是世界本源的理念"这一观点也有很多认同。最近出版的《仨源论与仨源易经》[122]就明确提出以证一切的本体都源于仨源："仨"是万物的内核构造，存在的任何层面都是由三个既相互独立又相互影响的"源"构成的。《仨源论与仨源易经》完全契合了作者的

120 详细原理见第二章第二节"经济基因学"有关内容
121 Peter Watson. 思想史：从火到弗洛伊德. 胡翠娥，译. 南京：译林出版社，2018
122 王礼强. 仨源论与仨源易经. 南京：东南大学出版社，2014

理念。

三、三元论对我国的指导意义

用三元论的观点研究经济社会乃至科学的发展，将会为我们提供新的思路。例如，①根据三元论的理念，生命应该有三种存在形式：第一种为肉眼可见的个体，第二种为平行宇宙或者灵魂等，第三种为目前还无法观察的生命体状态；②根据三元论的理念，宇宙应该有三个，除去时间和空间外，构成宇宙必然存在新的物理形态，这将为物理学的探索开辟新的空间；③根据三元论的理念，科学应该有三个层次：科学是第一个层次，哲学(科学之上的科学)为第二个层次，那么就应该有第三个层次，即哲学之上的科学。那么什么是哲学之上的科学？作者认为是"生命信息载体学说"(该部分内容将会在下面的内容中论述)。

"三元论"也为我国的改革提供了思路。根据"三元论"的思想，作者认为，中国经济发展需要经历三个阶段，改革开放以来，已经历了沿海发展和沿江发展两个阶段，下一步中国应该进入沿山发展阶段。中国沿海发展和沿江发展已取得巨大成功，下一步应该重点沿山发展，建立沿山经济带和沿山经济特区将会成为新的增长极，掀起中国发展的第三个浪潮。同时，这也暗示，京津冀协同发展、粤港澳大湾区和沿山经济特区[123]将会为中国的伟大复兴提供动力。当然，中国伟大复兴必然要涉及台湾问题、三农问题及民主化三大问题。

总之，"三元论"思想理念的运用，不仅能改变传统的科学思维方式和逻辑，还将在一定程度上推动和加速我国经济、社会科学的变革与人类进步。

第五节　生命信息载体学说

生命信息载体学说是作者在思考"人类来自何处，又将走向何方"的过程中得出的结论，核心思想是指生命是"智者"设计的信息载体，也就是讲生命的本质是信息。为了保障信息的安全性，"智者"设计了不同的生命，

---

123 沿山经济特区是作者根据三元论提出的未来的经济发展增长极。2009 年国家提出了武陵山经济协作区(国发〔2009〕3 号)是初步实践，但时机不到，作者认为要继续加强，将其打造为新的经济特区，然后将其经验进行推广，形成中国的沿山经济增长极，从而形成中国由沿海到内地再到西部山区的波浪式推进法治模式

并以此为载体，对信息进行存储。

一、生命是什么

科学家告诉我们：137 亿年前宇宙开始形成，46 亿年前太阳系开始形成，36 亿年前开始出现生命，20 万年前出现人类，但究竟何为生命？古往今来，人类一直在研究、思考、追寻这个最为基本的问题。例如，从人的角度来看，生物体是生命的载体，生命通过身体的表现体现出来：心脏的跳动、呼吸和新陈代谢等生命现象的存在。还有人认为生命是一种连续性的状态，是个人生命连续和物种生命连续；也有人认为，生命是物质运动的高级形式，来源于非生命物质的发展，是自然界物质长期演化的产物。自然科学认为生命的本质在于三个方面：一是新陈代谢，二是繁殖，三是繁殖差异化及其可累加性。

在人类社会早期，对生命的认识、对人从何而来的疑问，主要由宗教、神学或神话来回答。例如，通常大家所了解的佛就是佛祖认识生命本身，认识宇宙物质本源的最直接有效的方法；神学认为生命是神创的。

即使在科学技术高度发达的时代，世界大科学家也没有摆脱对什么是生命，以及生命存在的意义的追求和探索。在《我的世界观》[124]中，爱因斯坦曾如此表达：我们这些总有一死的人的命运是多么奇特呀！我们每个人在这个世界上都只作一个短暂的逗留；目的何在，却无所知，尽管有时自以为对此若有所感……；我们所能有的最美好的经验是神秘的经验……；就是这种神秘的经验——虽然掺杂着恐怖——产生了宗教。

随着科学技术水平及人自身认识水平的提高，尤其是进化论、细胞生物学等的出现，人类对生命的认识、对细胞生物具有不可还原的复杂特征及对多细胞协调的思考开始进入新的阶段，"智能设计论"[125]和"内在目的论"[126]应运而生。智能设计论主张世界的复杂性是一个强有力的智能设计者（或称上帝）劳作的产物，而内在目的论则认为自然有一种固有的、自生的趋向复杂性增加的"爱好"，但人工生命的产生对此两种说法也形成了巨大冲击，主要是这两种说法都没有进入更深的层面。

---

124 阿尔伯特·爱因斯坦. 我的世界观. 方在庆编译. 北京: 中信出版社, 2018
125 黄艳. 智能设计论的兴起及其哲学反思. 自然辩证法研究, 2009, 25(9)
126 田辉. 亚里士多德的内在目的论及其超越. 华中师范大学研究生学报, 2011, 18(4)

最早从蛋白质层面认识生命的是恩格斯：生命是蛋白体的存在方式，这个存在方式的基本因素在于与它周围的外部自然界不断地进行新陈代谢，而且这种新陈代谢一停止，生命就随之停止，结果便是蛋白质的分解[127]。在恩格斯的基础上，苏联哲学界对生命的定义进行了进一步的延伸，提出：生命是物质运动的最高级自然形态，它具有各种水平的开放系统的自我更新、自我调节、自复产生的特点，这些开放系统的物质基础是蛋白质、核酸和有机磷化合物[128]。

在论述生命的专著中，诺贝尔奖获得者埃尔温·薛定谔(Erwin Schrödinger)[129]的《生命是什么》(*What is Life*)[130]最值得称道。该书起源于薛定谔1943年在都柏林圣三一学院做的旨在探讨生命的物质基础的系列演讲。在该书中，薛定谔提出了一系列天才的思想和大胆的猜想，如物理学和化学原则上可以诠释生命现象、基因是一种非周期性的晶体或固体、染色体是遗传的密码本、生命以负熵为生，引发了很多人从事生物学研究的兴趣。世界上两次成功合成新生命体的科学狂人克雷格·文特尔(J. Craig Venter)说他就是在这本书的启发下开始对生命体的探索和研究着迷的。在《生命的未来》[131]中，文特尔写道：从薛定谔的"非周期性晶体"(aperiodic crystal)到对遗传密码的正确理解，再到第一个成功合成染色体的构造，又到制造出第一个人造细胞，从而最终证明DNA就是生命的"软件"。

无独有偶，中国的王立铭教授2018年也出版了一本《生命是什么》[132]的著作，这是一本致敬薛定谔的著作，在该著作中，王立铭教授从能量、自我复制、细胞膜、分工、感觉、学习和记忆、社交、自我意识、自由意志等方面全景式解读地球生命的起源与演化，揭秘构成地球生命的十大要素。

在对推动生命科学研究的诸多事件中，1953年4月25日，英国 *Nature* 杂志刊登的 DNA 双螺旋结构的分子模型论文应该是最闪亮的里程碑。DNA

127 恩格斯. 自然辩证法. 北京：人民出版社, 1971

128 任晓明. 生命本质辨析. 南开学报(哲学社会科学版), 2003, (2)

129 埃尔温·薛定谔(Erwin Schrödinger)，1887年8月12日至1961年1月4日，奥地利物理学家，量子力学奠基人之一，和狄拉克(Paul Dirac)共获1933年诺贝尔物理学奖

130 埃尔温·薛定谔. 生命是什么. 罗来欧, 罗辽复译. 长沙：湖南科学技术出版社, 2005

131 克雷格·文特尔. 生命的未来. 贾拥民译. 杭州：浙江人民出版社, 2016

132 王立铭. 生命是什么. 北京：人民邮电出版社, 2018

双螺旋结构的发现，开创了生命科学的新时代，使人们开始认识到"核酸是我们称之为生命俱乐部的创始人"[133]。在 2007 年的《DNA：生命的秘密》中，詹姆斯·杜威·沃森（James Dewey Watson）再次提出了"双螺旋：生命之所在"的说法[134]。《科学美国人》提出了 2019 年十大突破，其中有"DNA 存储"，预计 1 千克 DNA 储存全球数据的观点也侧面印证了生命是信息这一假说。

二、生命是智者设计的信息载体

纵观众多学者对生命的认识，我们发现他们对生命的认识主要集中在两个方面：一是进化和演化，从宏观动态的角度认识生命；二是从 DNA、蛋白质等角度，即从微观静态的角度认识生命。但这两者并没有很好地融合：生命如何从静态走向动态，从核酸的变化演变为群体的变化？在多年的研究观察和思考中，作者逐渐形成了对生命的认识：生命是"智者"设计的信息载体。这就是生命信息载体学说的核心思想。

理解生命信息载体学说，必须建立三个观点：①生命的本源是信息，生命体仅是信息的载体；②信息的创造者是"智者"，生命体仅是智者设计的信息载体；③智者设计的目的性是唯一的。第一个观点很容易理解，基因是生命的根源，但基因也仅仅存储了生命存在的信息，生命是为了保证信息而存在的。植物、动物和微生物是信息存在的三种状态，从最简单的病毒到最复杂的人体成千上万的类型，正像从最简单的 U 盘到最复杂的海量数据存储中心一样都是人类数据信息储存的载体。当然，也有人在濒死体验研究中认为灵魂存在于躯体中，躯体是灵魂的载体的观点[135]。第二个观点比较抽象且难理解，一不小心就会掉入神秘主义的陷阱；但也有科学家在试图追寻"智者"，有些科学家认为人类可能只是"人"造的母体（matrix）中的几行代码，并提出创建虚拟宇宙的设想[136]；斯蒂芬·威廉·霍金（Stephen William Hawking）也曾认为：人们可以将上帝定义为自然规律的化身[137]。但作者提出的智者，与其他学者认为的智者有本质的不同。作者提出的智者，可以理解为比地球

133 弗期克-康拉 H. 病毒的结构与功能. 张友尚译. 上海：上海科技出版社, 1964: 9
134 James Dewey Watson. DNA：生命的秘密. 陈雅云译. 上海：上海人民出版社, 2011
135 玛丽·琼斯, 拉里·弗莱希曼. 探测灵魂入门指南. 周严译. 昆明：云南人民出版社, 2012
136 Zeeya Merali. 一个宇宙学实验验证，整个宇宙都是高级文明编写的代码？王景鹏译. 环球科学, 2019(1)
137 Stephen William Hawking. 十问：霍金沉思录. 吴忠超译. 长沙：湖南科学技术出版社, 2019

人类更智慧的智慧体，它可能与我们共存于地球，或者可能存在于有待探索的滴丸生命中。第三个观点是智者设计目的的唯一性，智者设计信息载体不是为了其他目的，核心目标就是保证信息完整传递下去，这就意味着一旦信息传递出现问题，为了避免造成混乱或者干扰，智者就会创造目的机制导致其毁灭。

　　总体来看，生命信息载体学说可归结为一句话：生命是"智者"设计的信息载体。但为了保证信息的安全和可靠，智者设计了若干的储存形式，智者将需要的信息设计成多种形式，包括动物、植物、微生物等，通过动物、植物、微生物等生命的存在和延续，将其"存"在地球上；人是全信息载体（图 2-28）。

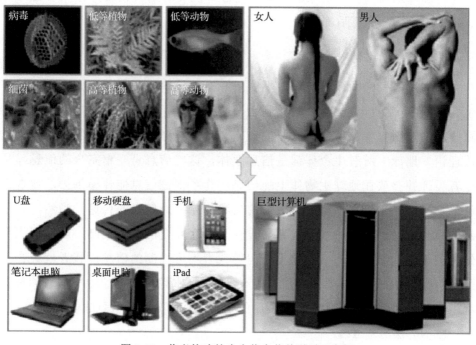

图 2-28　作者构建的生命信息载体学说示意图

三、生命信息载体学说的意义

　　生命信息载体学说的提出，既可以为健康管理提供新理念，又可以为某些在生物体存在但现代科学还不能解释的自然现象甚至疾病提供新的解释思路。

(一)为健康管理提供新理念

我们知道，健康管理是一种对个人或人群的健康危险因素进行全面管理的过程，是调动个人及集体的积极性，有效地利用有限的资源来达到最大的健康效果。但如何理解和推进健康管理，国内外一直没有找到很好的途径。生命信息载体学说的提出将为健康管理提供新理念。

按照生命信息载体学说，所有生命都是信息的载体，那么信息就是生命的根本。这些信息，包括微观的基因信息、蛋白质信息，中观的组织器官的信息，以及宏观的人体健康信息甚至大自然的信息，都是信息。既然是信息，那么我们就可以参照信息领域的管理理念，对这些信息按照信息管理的模式进行管理，从而实现对健康的全方位管理。这是作者提出良好健康管理规范（GHP）的核心，将在后面的章节进行详细论述。

(二)为解决生命科学领域的困惑提供新思路

目前生命科学领域存在很多不能用现有理论解释的现象，如艾滋病的产生、肿瘤的产生、人类对大脑的利用、内含子的存在等，始终是进化论等的障碍。但若用作者的理论，这些现象完全可以解释。根据作者的生命信息载体理论，地球上所有生命体都是信息载体，这些信息是完整完全的信息，是智者设计并存放在地球生物体上的信息。为了保证信息能传递下去，智者设计了信息的传递机制，即通过生命的自我复制完成信息的传递。当然，为了保证完整信息的正确传统，智者又设计了一套安全的保障机制，以实现生命信息的正确复制和传递；一旦出现问题或者不可控制的信息，智者就会让其毁灭。为了保证部分重要核心信息的不可更改，智者又设置了生命信息的部分利用机制，利用信息不能被全部利用的手段保证部分重要信息的安全和稳定。

1. 为什么有艾滋病

艾滋病是一种危害性极大的传染病，是由感染人类免疫缺陷病毒（human immunodeficiency virus，HIV）引起人类免疫系统缺陷的一种疾病（图 2-29）。目前的研究认为，艾滋病起源于非洲，后由移民带入美国。1981 年 6 月 5 日，美国疾病预防控制中心在《发病率与死亡率周刊》上登载了 5 例艾滋病患者的病例报告，这是世界上第一次有关艾滋病的正式记载。1982 年，这种疾病被命名为"艾滋病"。不久以后,艾滋病迅速蔓延到各大洲,目前已在全球夺去 2500 万人的生命,死亡人数超过第一次世界大战死亡人数[138]。因此,艾滋病也被称为"超级癌症"和"世纪杀手"。

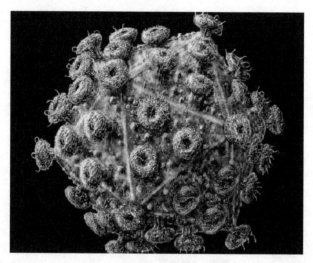

图 2-29　艾滋病病毒示意图(梁陈聪)

作者认为,这是有其根本原因的。按照作者的生命信息载体理论,其实艾滋病毒是确保"智者"原始信息传递的保障手段之一。因为人体是"智者"设计的全信息载体,人是"智者"最重要和最需要保障的全信息载体,所以"智者"设计了男性和女性,是为了让男性、女性在生命过程中,通过交配繁殖后代来实现信息的自我复制和传递;同性恋和吸毒虽然满足了人体的需要(快感等),但不能实现繁殖后代,从而不能达到"智者"所存储的信息的自我复制和传递的真正目的。所以"智者"设计了艾滋病毒来纠正这一"出轨"行为,以保障信息的自我复制,从而实现正确信息的传递和永存。

2. 为什么会出现肿瘤

恶性肿瘤是确保"智者"原始信息准确传递的保障手段之一。人体是"智者"设计的全信息载体,所以智者除要保障人体信息的自我复制和传递外,还要保证信息传递的准确性。但在生命的漫长过程中,各种环境因素的

---

138 梁陈聪. 科学实验首次见证艾滋病病毒诞生过程. http://tech.sina.com.cn/d/2008-05-27/15422220346.shtml [2019-11-18]

影响会造成基因的突变[139]（即 DNA 序列变化），见图 2-30，如突变后的基因继续传递下去，经历若干代后，原始信息将面目全非。因此，为了永远保证原始信息的准确性，"智者"设计出肿瘤以终止错误信息的传递，换言之，肿瘤是"智者"设计的保障原始信息准确传递的"自毁装置"。所以，肿瘤是确保"智者"信息真实传递的保障手段之一。

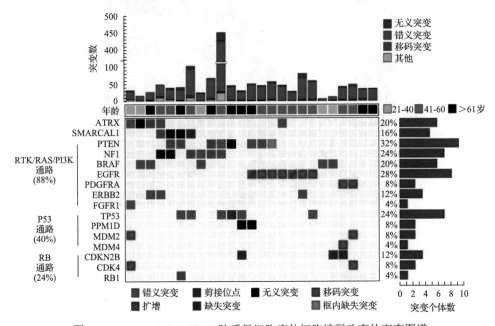

图 2-30　TERTpWT-IDHWT 胶质母细胞瘤体细胞编码改变的突变图谱

3. 为什么进化论不能解释人类对大脑的开发比例不超过 10%

达尔文进化论的基本要点：适者生存，优胜劣汰，用进废退。在人体中有两种现象与之相悖，如人的大脑，在不同的区域，大脑具有不同的功能[140]（图 2-31），但人的一生中大脑开发的比例不超过 10%[141]。若按达尔文进化论"用进废退"的原理，人类的大脑应该逐渐萎缩，但实际上并非如此。这是因为智者只允许使用 10%的信息。在最近的一篇网络文章中，有人宣称人类

139 Diplas B H, He X J, Brosnan-Cashman J A, et al. The genomic landscape of TERT promoter wildtype-IDH wildtype glioblastoma. Nature Communications, 2018, 9: 2087

140 Bear M F, Conners B W, Paradiso M A. Neuroscience: Exploring the Brain. London: Lippincott Williams & Wilkins, 2006: 220

141 联合国教科文组织国际教育发展委员会. 学会生存——教育世界的今天和明天. 北京: 教育科学出版社, 1996

大脑没有被充分开发的主要原因是一些基因被锁死，导致人类大脑不能被100%开发利用[142]。

神经科学研究告诉我们，从神经信号的基本单元，动作、电波、脉冲的产生，到神经信号的编码，再到信息传递等，每个过程也都是信息的传递。目前，在神经元层面，科学家对神经信息处理中的基本编码储存信息、处理某种神经信息功能网络已开始有所了解（图 2-32），但若要对大脑有更为清楚地理解还需要时日。按照作者三元论的观点，人类一定存在第三套信息系统用于人类的信息储存。

4. 为什么进化论不能解释内含子的存在

学过生物学的人可能都知道外显子和内含子。外显子表达序列，是指在基因表达过程中剪接后仍会被保存下来，并可在蛋白质生物合成过程中被表达为蛋白质的序列。内含子是真核生物细胞 DNA 中的间插序列，这些序列被转录在前体 RNA 中，经过剪接被去除，最终不存在于成熟 RNA 分子中（图 2-33）。在 DNA 的序列中，外显子的比例远小于内含子。为什么出现这种现象？因为按照进化论，在长期进化和演化过程中，内含子应逐步消失才对？但在作者看来，这些内含子也是智者储备起来的信息，是不能被使用的信息。

这正像银行的存款储备金一样，我们都知道，银行是没有钱的，银行的钱都来自企业、个人或者其他团体、机构。原理上讲，银行可以将其全部贷出去，但事实上，为了保障安全，银行必须要留出一定的比例，作为储备。这个比例的现金，银行是不能动的。这与内含子和外显子的安排异曲同工。

当然，生命信息载体学说也会为我们了解其他学说提供理论基础。例如，在《生物中心主义》[143]一书中，Robert Lanza 等指出宇宙的结构、定律、力量、常数看起来都是被生命所精细调整的，这表示智慧比物质还要早就已存在；另外，Robert Lanza 等还提出了"意识不会死亡"的观点。生命信息载体学说可以解释此观点。

142　人类原本不属于太阳系？科学家发现人类 80%的基因有可能被锁死. http://k.sina.com.cn/article_3019808433_b3fe9eb100101drup.html?from=science[2019-11-18]

143　Robert Lanza, Bob Berman. 生物中心主义. 朱子文译. 重庆: 重庆出版集团, 2011

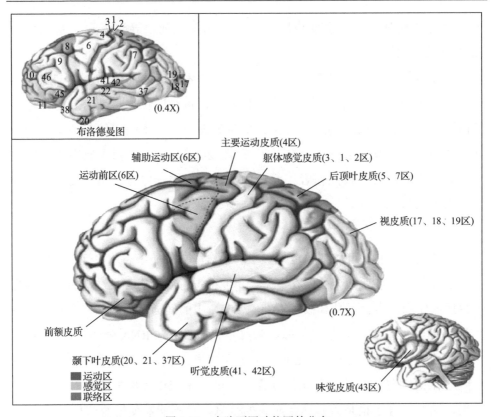

图 2-31　大脑不同功能区的分布

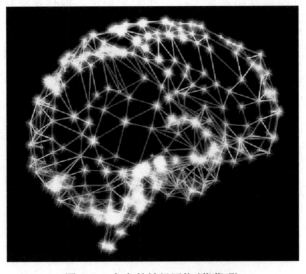

图 2-32　复杂的神经网络(蒲慕明)

部分人类基因中内含子序列所占的比例分析

基因	长度(kb)	内含子数量	内含子所占比例(%)
胰岛素	1.4	2	67
β-球蛋白	1.4	2	69
血清蛋白	18	13	89
胶原蛋白组分VII	31	117	71
VIII因子	186	25	95
萎缩性肌强直因子	2400	78	>99

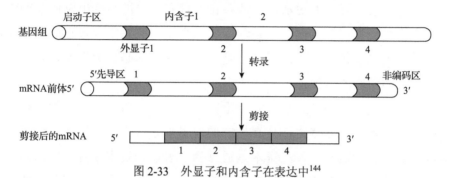

图 2-33　外显子和内含子在表达中[144]

另外，生命信息载体学说还可以为将来科技发展提供新思路。在《生命的未来》中，文特尔认为：作为数字化信息的 DNA，不但能够在计算机数据库中实现不断的积累，而且能够通过生物传送器以一种电磁波的形式以光速或接近光速进行传输，从而在一个遥远的地方重新创造出蛋白质、病毒和活的细胞。生命信息载体学说将为我们认识生命提供了新的视角。

第六节　新资本论

新资本论可归结为三句话：资本控制世界、生命决定资本、基因主宰生命。作者曾经将该理论称为"宇宙中心法则"。

一、资本与资本主义

（一）资本是什么

资本是属于政治经济学或经济学的基本概念。在西方经济学理论中，资

---

144 朱玉贤, 李毅, 郭红卫, 等. 现代分子生物学. 4 版. 北京: 高等教育出版社, 2013

本是指投入的一部分，是能带来剩余价值的价值。按照马克思主义政治经济学的观点，资本体现了资本家对工人的剥削关系。从宏观经济学的角度来解释，"资本"泛指一切投入再生产过程的有形资本、无形资本、金融资本和人力资本。从企业会计学理论来讲，资本是指所有者投入生产经营能产生效益的资金。从经营管理学的角度来看，资本是企业经营活动的一项基本要素，是企业创建、生存和发展的一个必要条件。

以上这些关于资本的说法，都从各自领域和学科的角度出发的，归结起来，资本主要分为三个方面：一是制度或社会生产关系资本，它的提升或增值由社会政治思想等变革来实现；二是人力资本；三是物力资本，包括自然赋予的和人类创造的两种。

当然，资本是与资产、资金完全不同的概念。按照《辞海》的解释，生产资料和货币本身不是资本，只有当它们被资本家占用，并用作剥削手段时才能成为资本；从这点上看，资本是通过物质表现的资本家对工人的剥削关系。资产是企业用于从事生产经营活动并给投资者带来未来经济利益的经济资源。资金是企业为购置从事生产经营活动所需资产的资金来源。从更宽泛的意义上讲，资金与"资产"可以认为是一致的，但它有缩小范围的概念，如特指货币资金，或特指营运资金。

在作者看来，资本是资产之本，没有资产就不会存在资本，资金是资本的货币表现形式，三者是三位一体，最终通过生产具体实现。

(二)资本主义是什么

虽然我们常讲资本主义，但迄今为止世界上并没有形成对资本主义认可的定义，辞海中对资本主义的定义也在不断变化。1909 年出版的《世纪辞典》对其的定义是：拥有资本或者资产的国家；对资本的占有。至于当代，则将其定义为一种经济制度，如在 1987 年出版的《牛津英语词典》中，则将资本主义定义为：占有资本的状况，拥护资本家存在的制度。

不同的经济学家对资本主义也有不同的定义。例如，Friedrich August Hayek 理解的资本主义和亚当·斯密的就明显不同，前者强调的是资本主义在经济上的自我组织特质，依赖自由价格机制来协调资源的模式；后者集中在个人追求各自利益的价值观方面。

但总体而言，多数都赞同如下这个观点：资本主义指的是一种经济学或经济社会学的制度，在这样的制度下绝大部分资本归私人所有，并借着雇佣或劳动的手段以生产工具创造利润；在这种制度下，商品和服务由货币在自由市场里流通；投资的决定由私人进行，生产、销售主要由公司和工商业控制并互相竞争，依照各自的利益采取行动。因此，资本主义也被称为自由市场经济或自由企业经济。

从历史发展来看，资本主义由封建社会发展过来，资本主义的出现，是继人类经济史第一次飞跃（发生在约 10 000 年前的两河流域，定居农业开启了人类文明）之后的第二次飞跃，首先出现在英格兰，标志是 17 世纪下半叶的工业革命：资本主义既是造就创新与进步的引擎，又是带来危机、剥削和异化的源头[145]，导致了生产社会化与资本主义的私人占有之间的矛盾不断冲突和发展，同时也使无产阶级与资产阶级的对抗进一步发展，这是资本主义无法调和的矛盾。随着时间的推移，资本主义才渗透到经济的几乎所有领域中，成为普遍的和占据主导地位的经济形态。

（三）代表作简述

在研究资本的过程中，有两本书引起了世界的轰动：一本是马克思（Karl Heinrich Marx）的《资本论》（Das Kapital），一本是法国经济学家 Thomas Piketty 的《21 世纪资本论》（Capital in the Twenty-First Century）[146]。中国著名经济学家向松祚的《新资本论》[147]也给我们带来了新的视角。

1867 年问世的《资本论》是马克思主义最厚重、最丰富的著作。该书缘起于 1857 年爆发的世界性经济危机，该危机引起了马克思的高度关注。在进行研究之后，马克思认为，随着资本主义生产方式在欧洲社会的迅猛发展，资本主义社会形态下的固有矛盾愈发明显地暴露出来。为了进一步揭示其发展规律，马克思以生产关系作为研究对象，以剩余价值学说为基础，揭示了资本主义生产方式的基本矛盾及其发展的历史趋势，科学地证明了一个真理：资本主义制度只是与生产力发展的一定阶段相适应的特殊历史性的制度，它

---

145 于尔根·科卡. 资本主义简史. 徐庆译. 上海: 文汇出版社, 2017
146 Thomas Piketty. 21 世纪资本论. 巴曙松译. 北京: 中信出版社, 2014
147 向松祚. 新资本论. 北京: 中信出版社, 2014

必将随着生产社会化的进一步发展而趋于灭亡，并指出社会主义的合理性和
共产主义的必然性。

目前来看，虽然《资本论》是 100 多年前的著作，但它的基本理论仍然
是今天人类宝贵的精神财富，特别是它揭示了人类社会发展的规律，即原始
社会→奴隶社会→封建社会→资本主义社会→社会主义社会→共产主义社
会，为共产主义的实现提供了理论依据，被誉为"工人阶级的圣经"[148]。

2014 年以翻译本问世的《21 世纪资本论》是法国经济学家 Thomas Piketty
向马克思的著作《资本论》致敬的一部重要著作。在该书中，Thomas Piketty
利用众多研究人员精心收集的 20 多个国家的数据，对过去 300 年来的工资水
准做了详尽探究，并列出多个国家的大量收入分配数据，结果证实：在 100
年的时间里，有资本的人的财富增长了 127 倍，而整体经济规模只比 100 年
前大 8 倍。究其原因，Thomas Piketty 认为是不加制约的资本主义导致了财富
不平等的加剧，自由市场经济并不能完全解决财富分配不平等的问题，现有
制度只会让富人更富、穷人更穷，因为现在个人财富的多寡不是主要由劳动
所得决定的，而是由继承的财富（即资本）决定。为此，Thomas Piketty 认为，
如果没有巨大的政策调整，按照如今的趋势发展下去，21 世纪很可能又会回
到 19 世纪，贫富差距会越来越大，资本的声音会越来越响亮。

《新资本论》是我国著名经济学家向松祚全面论述全球金融资本主义的
重磅作品，在国际上具有很大影响。该书认为，现在流行的传统教科书中的
经济理论仍是产业资本主义时代的经济理论，认为产业资本居主导地位，决
定经济体系、价格体系和分配制度，实体经济支配虚拟经济。但在目前的金
融资本主义时代，上述一切皆颠倒过来：虚拟经济支配实体经济，货币金融
决定实体经济的价格体系和分配体系；大宗商品价格被完全金融化，与实体
经济供需脱节；企业不再追求利润最大化，而是市值最大化。如果不站到全
球金融资本主义的新视角和新高度，我们就无法理解当今人类经济体系所面
临的根本性难题，更无法找到改革全球经济治理、实现全球经济持久复苏的
正确方略。

---

148 习近平. 在纪念马克思诞辰 200 周年大会上的讲话. 人民网, 2018-6-7

二、社会主义实践

社会主义和资本主义都是人类进步的社会历史产物。从学术发展史考察，划分社会主义和资本主义的根源来自马克思主义，马克思在研究人类社会发展的一般规律的基础上，提出了人类社会形态的阶段划分。社会主义社会是共产主义社会的初级和中级阶段。

从历史角度考虑，世界社会主义发展至今，大致可分为 4 个阶段[149]。

第一个阶段：启蒙阶段。这个阶段主要是空想社会主义阶段，在这个阶段，诸多学者揭露了资本主义的罪恶，但对资本主义的批判缺乏深入系统的理论，既未真正揭示出资本主义的本质及其必然灭亡的内在矛盾和规律，又未找到取代资本主义、实现社会主义的方法、道路、理论和阶级力量。

第二阶段：科学社会主义阶段。这个阶段主要指马克思、恩格斯阶段。这一阶段中，马克思、恩格斯经过深入研究，成功找到了空想社会主义者未能解决的重大理论和实践问题，实现了社会主义从空想到科学的飞跃。

第三阶段是实践阶段。在这一阶段中，苏维埃共和国的建立是开端，由于苏维埃共和国的巨大成功及强力引导干预，东欧、中国等纷纷开始社会主义实践，社会主义实现了从一国到多国的发展，世界社会主义运动在凯歌中行进。

第四阶段是曲折发展阶段。社会主义在东欧的溃败，预示着社会主义实践开始进入低潮，以苏维埃共和国的解体为标志，老挝、越南、古巴、朝鲜和中国成为世界上硕果仅存的几个社会主义国家。但我国通过积极探索社会主义建设道路，逐步完善了政治体制，经济社会取得了巨大发展，推动了社会主义事业在全球的影响，为世界社会主义再创辉煌。

三、共产主义展望

共产主义是人类最美好、最理想的社会。根据恩格斯的《共产主义原理》，共产主义社会最根本的特征表现为三点：一是物质财富极大丰富，消费资料按需分配；二是社会关系高度和谐，人们精神境界极大提高；三是每个人自由而全面的发展，人类实现从必然王国向自由王国的飞跃。

---

149 李景治, 等. 社会主义发展历程. 沈阳: 辽宁人民出版社, 2001

从人类社会发展规律来看，社会主义仅是共产主义的初级和中级阶段，人类的最高级阶段是共产主义社会。从实现过程看，它的最终实现仍是一个遥远而漫长的过程；共产主义社会的整体实现不是一蹴而就的事，但它一定会实现。这是每一个共产党员的初心，也是人类社会的最终归宿。

四、新资本论：作者提出的全新资本论

（一）新资本论

在资本主义的发展中，马克思、Thomas Piketty 及向松祚等的著作都在一定程度上揭示了经济社会发展的规律，尤其是针对现在资本主义的发展方向进行了深刻的论述。但由于受到自身知识结构的局限，他们的分析依然局限在传统经济分析领域，属于传统经济学的范畴。

在现代科学，尤其是生命科学和医学的高速发展阶段，我们对资本的认识也应积极引入生命科学和医学，尝试将生命科学和医学的观念及方法应用于资本的产生、分配与资本的价值上，揭示了资本和生命的关系。这就是作者所提出的"新资本论"。

（二）新资本论的核心内容

新资本论是全新意义上的资本论，是应用生命科学和医学的观点及方法研究资本的形成、资本的作用与资本的决定因素，并得出以下结论，具体表现可归结为三句话：资本控制世界、生命决定资本、基因主宰生命。具体解释是：世界是由资本控制的，但除人以外的任何因素都不能决定资本，所以人是资本的唯一决定者：生命决定资本的来源、生命决定资本的去向、生命决定资本的价值。

1. 资本控制世界

核心理念是指当人类从封建主义社会进入资本主义社会之后，资本控制世界成为当今社会的基本现实。通俗地讲，在资本主义社会中，整个社会是受到资本控制的社会，包括社会、家庭、个人都受到资本的控制。这是资本主义社会的本质，无可更改。

2. 生命决定资本

生命决定资本的核心理念是指资本和生命的关系是生命决定资本而不是

资本控制生命。因为从根本上看，目前资本控制生命的现象完全不符合自然的基本逻辑和规律。

生命决定资本的含义主要包括三个层面：一是指资本是由生命创造出来的，即生命决定资本的来源；二是指资本的去向或者用途只能由生命决定，即生命决定资本的去向；三是指只有生命才能决定资本的价值，具体包括三个方面：①资本的价值因载体而不同；②资本的价值因用途而不同；③资本的价值因生命而存在(生命为 1，资本为 0，1 没了全归 0)。

总而言之，资本的存在与人相关，如果资本的载体(即人)理解了资本的本质并用来服务广大民众，那么人类也将会进入社会主义社会。当然，若我们积极争取资本并用它来服务社会大众、服务广大人民群众，也可以达到资本服务社会主义社会的目的。

结合前面的社会主义实践，我们可以看出，以生命决定资本为特征的社会形态就是社会主义社会。

3. 基因主宰生命

这是作者站在生命科学的角度对世界和未来发展的最终判断，因为从基因的角度考察，地球生物的一切生命行为都源于基因，只有基因才是世界真正的主宰者，人类和其他所有生物不过是基因传递的工具和载体。

既然地球生物的一切生命活动都是由基因控制的，那么这也意味着世界上的人也是如此。学过生物学的人可能都知道单核苷酸多态性(single nucleotide polymorphism，SNP)，它是由基因组上单个核苷酸的变异包括转换、颠换、缺失和插入引起的(图 2-34)。由于 SNP 形成的遗传标记数量很多，多态性丰富，它成为第三代遗传标志，因为人体许多表型差异、对药物或疾病的易感性等都可能与 SNP 有关，因此，继人类基因组计划(Human Genome Project，HGP)之后，国际上又推出了国际人类基因组单体型图计划(International Hapmap Project)[150]。

人类基因组计划结果显示，虽然人体有 2 万～2.5 万个基因，但若从 SNP 考察，人与人之间的差别仅达 0.1%～0.3%。试想一下，既然人与人之间组成

150 Manolio T A, Brooks L D, Collins F S. A HapMap harvest of insights into the genetics of common disease. J Clin Invest, 2008, 118(5): 1590-1605

基因的核苷酸只有 0.1%～0.3%的差别，那也就意味着从基因层面即人类最底层层面看，人与人之间个体的差别基本可忽略不计，整个世界应该是人人平等的世界。

单倍型1　CAGATCGCTGAATGAATCGCATCTGT　[35%]
单倍型2　CAGATCGCTGAATGGATCCCATCTGT　[30%]
单倍型3　CGGATTGCTGCATGGATCCCATCAGT　[15%]
单倍型4　CGGATTGCTGCATGAATCGCATCTGT　[10%]

其他单倍型　　　　　　　　　　　　　　　　[10%]

图 2-34　SNP 标签可以定义常见的单倍型（Teri A. Manolio）
在此简化示例中，用彩色条显示了 SNP（相邻的 SNP 通常隔开更长的距离）

若整个社会能人有此认知，那么整个社会就会处于一种相对平等状态，因为与生命比起来，金钱的多少、地位的高低都不再重要。从基因层面看，既然人与人个体之间的差异如此小，那么人类个体之间应该相互平等和尊重，建立在权力、财富之上的地位差别也应该被取消。事实上，这就相当于人类从思想上进入了共产主义的社会形态，这也是基因主宰生命的真谛。

当然，结合前面的共产主义展望，我们可以做出如下结论：以基因主宰生命为特征的社会形态，将让我们认识到，从基因层面来看，人与人之间的差别几乎可以忽略不计，这意味着人与人之间应该和平相处、平等相待，不应有所谓高低贵贱之分。这种社会形态也就是我们常说的共产主义社会。

五、新资本论的历史意义

作者的新资本论思想（图 2-35），从历史和人类学发展的高度，为我们看待世界提供了新的视角，为实现共产主义找到了生命科学的依据，为世界的未来找到了新的方向。

从社会发展层面考察，新资本论为社会的变革提供了坚实的理论依据。新资本论告诉我们，可以通过资本控制世界的方法，实现生命决定资本的目标，最后证明基因主宰生命的真谛。换言之，我们可用市场经济体系的手段，将资本聚集于具有社会主义或者共产主义思想的人身上，利用这些人来推动社会进步和变革，逐步引导社会进入共产主义社会。

新资本论解析：新资本论与之前的资本论不同的是：它应用生命科学和医学的观点及方法来研究资本的来源、资本的去向和资本的价值。当今世界的基本现实是人类被资本所控制，这不符合生命的本源，生命的本源是生命决定资本：生命决定资本的来源、生命决定资本的去向、生命决定资本的价值。生命决定资本的价值主要包括三层含义：①资本的价值因人而异；②资本的价值因用途而异；③资本的价值因生命而存在(生命为1，资本为0，1没了全归0)。但资本控制世界的现实也为人类实现生命决定资本的目的创造了条件。未名集团将在潘爱华博士的新资本论思想的指引下，通过资本控制世界的方法，依托其世界独有的生物经济体系，大力发展生物经济产业，以实现生命决定资本的目标，再利用未名国家大基因中心的基因组研究结合生物智能海量数据处理技术，进一步揭示人个体之间存在单核苷酸多态性(SNP)，差别仅在0.1%～0.3%，也就说个体间基因的差异是很小的，从基因的角度看，生命应该是平等的，所以生命之间应该互相尊重，这就是基因主宰生命的真谛。这也为人类的最高社会形态——共产主义提供了生命科学的依据。

马克思提出的人类社会发展规律：原始社会→奴隶社会→封建社会→资本主义社会(资本控制世界)→社会主义社会(生命决定资本)→共产主义社会(基因主宰生命)

图 2-35　作者构建的新资本论解析

第七节　经济生物重组理论

经济生物重组理论是作者在利用生命科学和医学的观点及方法提出的一种新型经济重组理论。利用这种理论指导企业与资产重组可以实现共赢和多赢的局面。

一、基本概念

(一)重组的基本概念

按照《现代汉语新词语词典》的解释，重组是指组合或组建，如资产的重组等。《管理学大辞典》对其的定义：为了获得更高的效率或适应市场变化，通过一定的方式使特定资产或产权进行合理变动，形成新的企业组织形式、行业结构与经济结构，实现经济资源优化配置的市场经济行为；在形式上，重组可分为企业间重组与企业内重组：企业间重组有兼并、合并、破产清算、企业分立和杠杆收购等形式；企业内重组有组织结构重组、管理模式重组及债务重组等形式。《营养科学词典》对其的定义：生物体各种事件(包括染色体分离、交换、易位、接合、基因交换、转化、转导等)所导致的基因排布或核酸序列的重新组合及改变的过程。基因工程中的重组则指用人工手段对核酸序列的重新组合或改造。《辞海》的解释也大致如此：重组指由于独立分配或交换而在后代中出现亲代所没有的基因组合；在酶的作用下，把不同来源的 DNA 分子拼接形成一个分子。《现代医学辞典》对其的定义：重组是指独立分配或染色体片段交换时，在后代中出现上一代所没有的基因组合的现象。

(二)经济(资产)重组

根据作者的理解，经济(资产)重组是指资产的拥有者、控制者与外部的经济主体开展的、对企业资产的分布状态进行重新组合、调整、配置的过程，或对设在企业资产上的权利进行重新配置的过程。以资产重组为例，所谓的资产重组[151]，就是通过企业的收购、兼并、分拆、归并、购买、股份的上市交易等方式，把原有的无效或低效配置的资产存量加以整合以重新利用，使之发挥更大的生产或经营效能。

根据经济学领域的理解，重组是市场经济发展中的必然现象和普遍规律。在经济发展过程中，企业经常通过投资形成了各种存量资产，开展生产和经营。但由于认知的差异，或者受到内外环境变化的影响，企业投资并没有带来预期效益，使投资所形成的存量资产无效或低效配置，进而导致即使进一步追加投资也无法盘活存量资产。在此状态下，低效运作的资产在获利动机或追求机会收益的目的驱使下会被重组，从而达到最优配置状态。事实上，资产重组也早已不是新鲜事物，马克思"资本集中"所揭示的"大鱼吃小鱼"就在很大程度上体现了这种资产的重组。

(三)经济(资产)重组的类型

事实上，整个世界的经济都处于一种重组的过程中。对经济(资产)重组的研究文献很多，对重组的研究有资源配资论、产权重组论、流动转化论、制度创新论等观点[152]；重组的动机有规模经济理论、交易费用理论、多元化

151 卫玲. 关于资产重组的若干理论问题的思考. 唐都学刊, 2000, 16(1)
152 黄莉. 关于资产重组的理论研究综述. 中国社会科学院研究生院学报, 2002, (S1)

经营战略理论、企业发展论等多种理论；重组方式包括收购、兼并、联合、分立、托管、租赁、资产置换、破产，以及要约收购、股权转让、上市公司转为非上市公司、经理层并购和职工持股等。

按照自然科学的分类，重组的类型可概括为三大类：数理重组、化学重组和生物重组。

1. 数理重组

数理重组包括数学重组和物理重组。

数学重组只是简单的数量增减。例如，把几个公司合并成一个集团，或把一个公司拆分成几个公司。上市公司整体改组分离模式，即"一分为二"重组模式就是典型代表。"一分为二"重组模式指将被改组企业的专业生产经营管理系统与原企业的其他部门分离，原企业经过重组后已分为两个或多个法人，原法人消亡，但新法人仍然属于原所有者模式。从根本上讲，这种重组模式可理解为资产或资源简单的数量增减，并没有通过重组带来根本性或者新的变化。

物理重组是物理形态的变化，也就是外在表现形式的变化，如一个房地产公司经过重组后变成一个生物高科技公司，但其内在业务没有实质性变化。上市公司的聚合重组模式也属于这种模式，在被改组企业的集团公司和下属公司重新设一个股份有限公司，调整集团内部资产结构，根据一定原则把适量资产(主要指子公司、分公司等下属机构)聚集在新股份公司中，再以此为增资扩股，发行股票和上市的重组模式。

2. 化学重组

化学重组是利用多种元素或化合物组成完全不同的第三种新的化合物，如氢元素和氧元素重组后形成水分子，以这种重组方式进行资产重组会产生新的资产。例如，软件公司和信息硬件生产公司合并重组，打造的信息产业集团就属于化学重组。

从模式上分析，化学重组是比数理重组更为进步的一种重组模式，因为化学重组并不是简单的叠加，而是一种新的结合和变化，从而产生了新的资产。但其组合过程依然是两个化学元素的重新组合，并没有达到生物的有机柔性重组的目的。

3. 生物重组

按照生物学的解释，生物重组指独立分配或染色体片段交换时，在后代中出现上一代所没有的基因组合的现象。

1）生物重组的基本类型

按照《基因Ⅷ》[153]的解释，重组涉及双链 DNA 之间的物质交换，主要可分为以下三种类型。

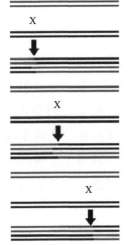

图 2-36　同源 DNA 重组示意图

第一种是 DNA 同源序列之间的重组，这常被称为一般重组或同源重组（图 2-36）。在真核生物中，这个过程发生在减数分裂的"四分体"时期，四条染色单体中仅有两条发生交换。

第二种是发生在特定成对序列之间的重组。这种特定的重组首先发现于原核生物中，也称为位点专一性重组，它能使噬菌体整合到细菌染色体中。此方式主要发生在环状分子和线性分子之间的分子间重组，即环状分子插入线性分子中。如图 2-37 所示，位点专一性重组发生在两条特定的序列（绿色）上，两条重组的 DNA 分子和其他分子不同源。

第三种是不依赖于相似序列的 DNA 序列插入。转座子使某些序列可以从染色体的某个位点易位到其他位点，这涉及 DNA 链的断裂与重新连接，如图 2-38 所示，环状 DNA 分子的两个位点之间发生分子内重组，并释放出两个小的环状 DNA 分子。

2）DNA 重组技术和流程

DNA 重组是 DNA 链的交换以产生新的核苷酸序列排列[154]（DNA recombination is the exchange of DNA strands to produce new nucleotide sequence arrangement）。DNA 重组有时也被称为遗传工程、基因工程或基因操作等，是 20 世纪 70 年代以后兴起的一门技术，其主要原理是用人工的方法把生物的遗传物质（通常是脱氧核糖核酸，DNA）分离出来，在体外进行基因切割、连接、重组等步骤构建杂种 DNA 分子后导入活细胞，以改变生物原有的遗传

153 Benjamin Lewin. 基因Ⅷ. 余龙, 江松敏, 赵寿元译. 北京: 科学出版社, 2005

154 DNA recombination. https://www.nature.com/subjects/dna-recombination [2019-11-19]

特性、获得新品种、生产新产品，创造自然界以前可能从未存在过的遗传修饰生物体的技术。

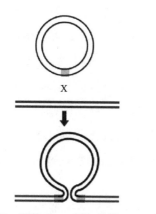

图 2-37　环状 DNA 插入线性 DNA 中

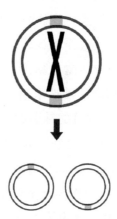

图 2-38　位点专一性重组
位点专一性重组使二聚体环状 DNA 分子产生
两个单体环状 DNA 分子

按照《分子克隆实验指南》基本流程[155]，DNA 重组技术主要包括以下步骤。

(1)目的基因的获得。 获取目的基因是实施基因工程的第一步。目前，获得特定的目的基因主要有两条途径：一条是从供体细胞的 DNA 中直接分离基因，另一条是人工合成基因。

直接分离基因最常用的方法是"鸟枪法"，又称"散弹射击法"。鸟枪法的具体做法是：用限制性内切酶将供体细胞中的 DNA 切成许多片段，将这些片段分别载入运载体，然后通过运载体分别转入不同的受体细胞，让供体细胞提供的 DNA(即外源 DNA)的所有片段分别在各个受体细胞中大量复制，从中找出含有目的基因的细胞，再用一定的方法把带有目的基因的 DNA 片段分离出来，如许多抗虫抗病毒的基因都可以用上述方法获得。

人工合成基因的方法主要有两条。一条途径是以目的基因转录成的信使 RNA 为模版，反转录成互补的单链 DNA，然后在酶的作用下合成双链 DNA，从而获得所需要的基因。另一条途径是利用人工合成技术，再通过化学方法，以单核苷酸为原料合成目的基因。

155 萨姆布鲁克 J, 拉塞尔 D W. 分子克隆实验指南. 3 版. 黄培堂译. 北京: 科学出版社, 2016

(2)基因重组。基因表达载体的构建(即目的基因与载体结合)是实施基因工程的第二步，也是基因工程的核心。

将目的基因与载体结合的过程,实际上是不同来源的 DNA 重新组合的过程。如果以质粒作为载体，首先要用一定的限制性内切酶切割质粒，使质粒出现一个缺口，露出黏性末端。然后用同一种限制性内切酶切断目的基因，使其产生相同的黏性末端(部分限制性内切酶可切割出平末端，拥有相同效果)。将切下的目的基因的片段插入质粒的切口处，首先碱基互补配对结合，两个黏性末端吻合在一起，碱基之间形成氢键，再加入适量 DNA 连接酶，催化两条 DNA 链之间形成磷酸二酯键，从而将相邻的脱氧核糖核酸连接起来，形成一个重组 DNA 分子(简称重组子)。

(3)转化。此为第三步，目的就是将目的基因导入受体细胞。目的基因的片段与载体在生物体外连接形成重组子后，下一步是将重组子引入受体细胞(主要是大肠杆菌、酵母、哺乳动物的细胞等)中进行扩增。

用人工方法使体外重组的 DNA 分子转移到受体细胞的方法很多，如病毒转染、噬菌体感染、电穿孔、转座子技术等，目的是将含有目的基因的重组子导入受体细胞，随着受体细胞的繁殖而复制。

目的基因导入受体细胞后，是否可以稳定维持和表达其遗传特性，只有通过检测与鉴定才能知道。我们知道，在全部的受体细胞中，真正能够摄入重组子的受体细胞是很少的。因此，必须通过一定的手段对受体细胞中是否导入了目的基因进行检测。检测的方法有很多种，如大肠杆菌的某种质粒具有青霉素抗性基因，当这种质粒与外源 DNA 组合在一起形成重组质粒并被转入受体细胞后，就可以根据受体细胞是否具有青霉素抗性来判断耐受。

(4)表达。重组 DNA 分子进入受体细胞后，受体细胞必须表现出特定的性状，才能说明目的基因完成了表达过程。

在生物学中，重组蛋白的生产主要有三大系统：原核表达系统、酵母表达系统、哺乳动物和昆虫细胞蛋白表达系统。利用这三个系统把重组后的 DNA 或 RNA 转入这些表达系统中，通过培养得到重组蛋白的过程就是表达。当然这些表达的蛋白质还需要进一步处理，才能得到需要的活性蛋白。

(5)纯化得到目的产品。将转化细胞进行培养，收集培养培养物并进行破碎，利用蛋白质纯化技术，即可得到需要的目的产品(图 2-39)。

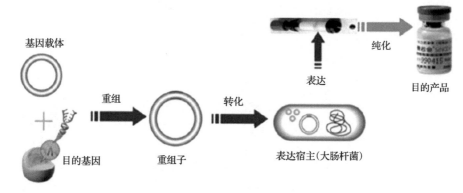

图 2-39　利用基因重组技术获得所需生物制品示意图

二、经济(资产)生物重组

经济(资产)生物重组是按照 DNA 重组原理进行的重组,是最有生命力的一种重组。参照上面生物重组的基本流程,我们可以将生物重组分为 5 个步骤:①目的基因的获得;②基因重组;③转化;④表达;⑤纯化得到目的产品。

根据生物重组的过程,我们可以发现,生物重组具有以下三个方面的优势。

一是有生命,是指通过特定的生物重组环境可以把死的资产重组变成有生命的。例如,资产在股市中通过不断再融资可以焕发出无限的生命力。

二是可分裂繁殖。细胞通过分裂繁殖从 1 个变成 2 个、2 个变成 4 个,以此类推,最后从量的增加达到质的变化,形成一个有机生命体。

三是利益均衡。还是以细胞分裂为例,亲代细胞的染色体经过复制以后,平均分配到两个子细胞中去[156](图 2-40),也就是细胞在分裂之前和分裂之后,细胞中染色体和 DNA 的个数保持不变:每个染色体都形成两个完全一样的姐妹染色单体。在经济(资产)的生物重组过程中,相关上市和套现等过程均是合理合法的,政府、股东、股民的利益是均衡的。

以此理念为模型,我们可以看出,将生物重组的模式应用到经济(资产)重组中,可以通过一定的方式使特定资产或产权进行合理变动,形成新的企业组织形式、行业结构与经济结构,实现经济资源优化配置的市场经济行为。

156　Lodish H, Berk A, Kaiser C A, et al. Molecular Cell Biology. 5th ed. New York: Scientific American Medicine, 2003: 354

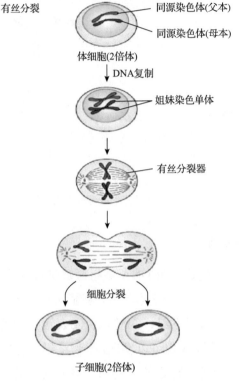

有丝分裂

同源染色体(父本)

同源染色体(母本)

体细胞(2倍体)

↓ DNA复制

姐妹染色单体

有丝分裂器

细胞分裂

子细胞(2倍体)

图 2-40　细胞有丝分裂示意图

经济(资产)的生物重组模式可以一个公司的上市过程为例进行简要描述。经济(资产)重组过程包含 5 个步骤：①目的资产(目的基因)的获得；②通过与一个改制后符合上市条件的股份制公司(载体)重组；③进入股市(转化)；④股市增值或者融资(表达)；⑤通过套现把钱转变为股东的资产(纯化)(图 2-41)。

依据经济生物重组理论可建立生物经济孵化器，其与常规孵化器的区别在于前者可对重组的对象提供全方位、个性化和保姆式服务。

三、经济生物重组理论的意义

相比常规的数理重组和化学重组，经济生物重组理论是典型的绿色经济理论，可以实现了不损他人实现利己的双赢或者多赢的目标。资本是逐利的、资本是邪恶的，这是我们经常挂在嘴边的话，这主要是因为在现在的状态下，资本获得的利益是建立在别人利益损失的基础上的，是把别人口袋里面的钱

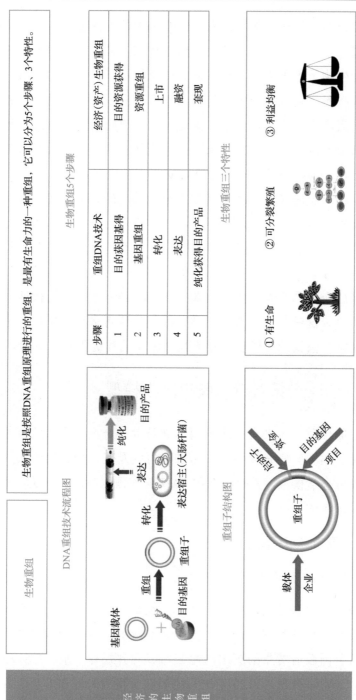

图2-41 作者构建的经济的生物重组模型

掏出来放到自己口袋里面。例如，在中国股市中的大部分人，尤其是庄家的获利，完全建立在散户损失的基础上。但若按照生物重组的理论，这是可以避免的。因为生物重组带来的是有生命力的重组，是可繁殖的重组，是利益均衡的重组。按照生物重组理论，将公司重组做大后，放入股市，随着业绩的增加，公司资产得到增值，从而可满足公司、原始投资者、散户等多方利益的需求。这根本没有给任何人带来损失，从而实现了所有人的增值。其中的关键，就是在生物经济理论的指导下，实现了生物经济重组。

当然，生物重组的模式，既不是简单的数量上的叠加，又不需要化学重组过程中需要提供巨大的能量才能收获新的产物，它是一种生物、温和、无污染且不需要提供高能量的重组过程。所以，在资产或资源的 3 种重组类型中，生物重组是最为高效和最有生命力的一种重组形式。以这种模式指导开展经济、资产或企业的重组，将为企业、产业、经济重组后的快速发展提供新的方法和手段。这种不损他人实现利己的双赢或者多赢的模式，也将会为中国"一带一路"倡议的开展和构建人类命运共同体提供新的参考。

第八节　股市医学模型

股市能不能预测？有没有办法预测？这是世界难题。作者结合生物经济理论，从生命科学和医学角度出发，通过将癌症及基因相关概念引入股市分析，提出了股市医学模型，并提出利用 PAN 值[157]预测股市的方法，为破解这个世界难题提供新的出路。

一、传统理念股票市场不可测性

(一)股市不可预测性是世界级难题

股市投资是世界最难成功的行业之一，也是最复杂的行业，很多聪明人都存在折戟股市的惨痛教训。例如，很多人都曾听说过牛顿炒股血本无归的故事[158]：有着英国政府背景的英国南海公司成立并发行了最早的一批股票。当时人人都看好南海公司，1720 年 1 月的股票价格为每股 128 英镑左右，随

---

157 由于股市医学模型是作者首创，对于如何衡量，作者提出了一个指数，因此称为 PAN 值
158 牛顿炒股血本无归. 中国金融家, 2009, (9)

后很快增值,涨幅惊人。牛顿也在当年 4 月投入约 7000 英镑购买了南海公司的股票。很快,他的股票涨了起来,两个月左右牛顿卖出就赚了 7000 多英镑。但刚刚卖后不久,牛顿就后悔了:因为到 7 月,南海公司股票快速上涨,几乎增值了 8 倍。牛顿在考虑后,决定再次加大投入购买,然而没过多久,南海股票一落千丈,许多投资人血本无归,牛顿也亏了 2 万英镑。这就是天才的牛顿都算不准股市的大致描述。

事实上,不光牛顿算不准股市,后续的诸多大家也纷纷折戟股市(或者债券市场)。美国长期资本管理公司雇佣 1997 年诺贝尔经济学奖得主 Robert Merton 和 Myron Schols,利用他们的理论进行投资,也没有避免最后被收购以免破产的命运。

股市发展至今,虽然很多人从多方面进行了研究、建立了很多种模型,但没有一种模型能得到股票市场的认可、得到多数人的赞同并成功预测股市的发展变化。股市依然在挑战世界的智力。这主要可能是因为他们都是按照传统理念进行的研究,肯定不会找到答案。世界复杂经济学奠基人布莱恩·阿瑟认为,若以传统经济学有序、静态、可知、完美的理念研究股票,必定会在现实世界面前碰个头破血流[159]。

(二)原因探讨

目前,对于股市的研究,大致可分为三个阶段:第一阶段是数理阶段,主要是基于对数据的分析来探讨股市;第二阶段是在数理的基础上,加上个体和群体人为心理因素等分析;第三阶段,是在前两者的基础上,再加上对经济形势、市场状态等影响因素的分析,可以称为复杂因素分析阶段。

事实上,复杂因素分析阶段类似于生物自身进化和演化阶段,是动态的。其基本模式就是在几个普通规则的约束下,参与股市的个人根据自己的经验、判断等因素进行股票的买卖。但由于每个人都在不停地综合自己所得到的消息修正自己的行为,也就是不断根据自己的判断进行进化,除非买卖行动停止,否则每个股市参与人始终不会停止自己的行动,这也就不可能达到收敛或者均衡:当有利好消息时,股票就涨;当出现利空消息时,股票就跌,这

159 布莱恩·阿瑟. 复杂经济学. 贾拥民译. 杭州:浙江人民出版社,2018

是股市铁的定律。

另外，由于投资者是大量的人群，每个人都是自由活动的个体；再加上隐喻导致的羊群效应、莫名其妙的传言等导致的洪流效应等，从杂乱无章的活动个体行动推断其他发展方向几乎不可能，这也是目前几乎所有预测股市模型失败的原因。

复杂经济学的分析方法比较接近真实的模拟，但事实上，由于复杂经济学也不可能穷尽所有因素，故用复杂经济学分析股市也必然面临巨大困难。所以，布莱恩·阿瑟在股票研究试验中，也仅是对股市进行了计算和模拟，没有给出确切的模型和定律。

股市的这种最神秘的现象吸引了不少学者的关注，也出现了不少的研究模型，提出了不少的假说，如有效市场假说(efficient market hypothesis，EMH)、分形市场模型等，以及由这些推导或形成的股票价格的随机漫步效应、噪声交易者风险理论、诺亚效应和约瑟夫效应等。但这些假说、理论和模型等，针对股票市场的分析都会出现很多的反常现象。例如，针对有效市场假说中的随机漫步效应，2017年的诺贝尔经济学奖获得者 Richard H. Thaler 在"股票市场的日历效应"[160]中进行了反驳，并指出了股价的"1月效应""周末效应""假期效应""月度转换效应""盘中效应"等诸多现象与毫无目的的随机漫步效应出现了巨大差异。

股市最重要的是泡沫，荷兰的郁金香泡沫、密西西比河泡沫、南海泡沫等都是大家耳熟能详的典型案例。对泡沫的出现，专家学者也分别从理性和非理性两个方面进行过研究。例如，Frank Horace Hahn、Paul A. Samuelson、Shell Stiglitz 开创的理性泡沫的理论证明，在缺乏一个完全的期限是无限的期货市场条件下，没有一种市场力量能够保证经济不产生泡沫且破裂；Jean Tirole 证明了有限界或有限代理人条件下的泡沫，其中资产价格是由基本因素衍生出来的，这与理性行为不一致，并产生了金融学领域的行为金融学、非线性理论、金融物理理论等学科[161]。

---

160 Richard H Thaler. 赢家的诅咒. 高翠霜译. 北京: 中信出版社, 2018

161 纪晓宇. 国外股市泡沫理论文献述评. 山西广播电视大学学报, 2010, 7(4)

二、股市医学模型

(一)基本原理

既然基于数学、物理学、经济学甚至心理行为学等都不能预测股市的未来，那么是不是意味着世界上根本不存在预测股市的模型？

经验告诉我们：太阳底下没有新鲜事物，也没有不可解释的奥秘，目前解释不了可能是科学没有发展到一定程度，或是科技已经发展了但由于研究者不懂或即使懂一些也没有运用好。事实上，人们常认为自己有独特的想法，有开创性的发现，其实是自己原来视野狭小的缘故。股市是复杂系统，但也是由人驱动的复杂系统，若从生命科学和医学角度分析股市，或许将为股票研究打开新的思路。

在长期的研究过程中，作者意识到这个问题的重要性：由于股票的投资者都是人，若从人的角度分析股票市场，一定会找到新的钥匙。在综合各方面知识的基础上，作者提出了新的股票研究模型：股市医学模型。

股市医学模型有三个基本条件：一是股票的投资者是人；二是每个人都会自主决定购买或卖出手上的股票；三是大量投资者买或卖出股票会决定股市的涨跌。为此，我们在对股市做分析时，一定要考虑这三个基本条件。

(二)PAN 值：股市医学模型的指标

决定投资者买卖股票的主要因素除分析财务数据、影响市盈率内在价值的 8 个主要因素[162]外，必须考虑人的理性和非理性带来的重大影响。为此，作者提出了利用癔症性格指数(PAN 值)分析股市。

要了解癔症性格指数，即 PAN 值，必须了解什么是癔症。按照医学的解释，癔症又被称为歇斯底里症，是由精神因素如生活事件、内心冲突、暗示或自我暗示作用于易病个体引起的精神障碍，它是一种精神障碍性疾病，症状多是功能性的。

按照医学的解释，接受暗示是癔症的最基本特征。为此，作者定义了癔症性格，即接受暗示的性格称为癔症性格[可用癔症性格指数(PAN 值)来度

---

162 Kent Daniel, David Hirshleifer, Avanidhar Subrahmanyam. Investor Psychology and Security Market Under-and Overreactions. 1998

量],除去两种极端情况——自闭症(癔症性格指数 *P*=0)和癔症(癔症性格指数 *P*=1.0)外，80%人群的癔症性格都处于正态分布。

从理论研究方面来看，投资者接受信息后的癔症性格指数，可定义为信息强度，也就是接受暗示的强度，可以用 PAN 值来度量。有些人一旦受到刺激即做出过度反应，就意味着 PAN 值高；有些人不论怎么受到怎样的外界信息刺激，但仍按照既定目标行事，PAN 值就低。例如，PAN 值高的人很容易受到影响，一旦听到社会上有点风声就可能会买进/卖出股票，而 PAN 指数低的人可能会保持冷静态度。既然如此，若能很好地检测到股市群体中个人的 PAN 值，并对其进行分类和统计，我们就可以很好地预测股市的发展(图 2-42)。

在过去，也曾有人提出类似的方式，认为可以通过癔症的临床表现来判断炒股人的疯狂指数[163]，通过疯狂指数研究感染性与不易察觉性就可以对部分人群进行干预，保持股市的稳定。但后期没有针对此现象进行深入系统分析，远没有形成一个系统的理论对股市进行研究。

当然，若将股市医学模型与基因联系在一起，或许能得出更为准确的结论。因为人的行为受基因控制，通过对不同程度的癔症性格的基因测序及个体基因的大队列基因进行分析，科学家一定能找到癔症性格指数与某些基因的对应关系。以此为基础，再通过对大规模投资者人群的大数据处理，我们就会从中找到股市走向的规律，从而使我们对股市的预测较为准确，做出决策逆向干预即可实现股市的长期稳定。

三、股市医学模型的现实意义

在西方社会，股市是经济发展的晴雨表：股市高涨，投资者及整个社会的信心足，敢于消费，社会就会呈现活跃状态，经济社会的发展就会走向好的方面。一旦股市不好，社会信息不足，没有消费的带动，社会发展的信心必然受到影响。

即使在中国，股票市场活跃，也会使社会呈现出高涨状态。因此，对股票市场的预测，无论是在中国还是在西方社会，都是政府、社会，以及经济学家最为关注的领域。在目前各种股票分析、预测模型等存在缺陷的情况下，股市医学模型的引入将会给此研究带来新的思路。

---

163 由炒股看癔症的临床表现. https://www.19lou.com/mip/board-123456806675374-thread-179901362859650482-1.html [2019-11-19]

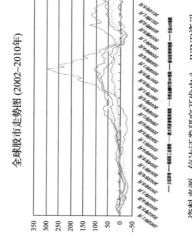

股市的形成和运行是投资者（买卖股票者）行为的集中表现，当有利好消息时，股票就涨；当出现利空消息时，股票就跌。这是股市铁的定律。投资者买卖股票决定了股市的涨和跌；决定投资者买卖股票要从定价主要因素除财务数据和影响市盈率内在价值的8个主要因素外，投资者求得信息后的行为（即买卖股票）还取决于癔症性格指数（即接受暗示的程度），所以通过对投资者的癔症性格指数进行分析，有助于了解股市的走势和对股市的管理。

全球股市走势图（2002~2010年）

资料来源：信达证券研究开发中心，WIND资讯

人都存在癔症性格（接受暗示），可用癔症性格指数P(PAN)来度量：80%人群处于正态分布即$P=0.5$；两个极端情况分别是：抑郁症（癔症性格指数即$P=0$)和癔症（癔症性格指数$P=1.0$)。另外，女性暗示性是最基本的感性本能特征，所以暗示性治疗是治疗分离性障碍的经典方法，特别适用于那些急性发作而暗示性又较高的患者。暗示治疗的方法包括觉醒时暗示、催眠治疗、诱导等疗法等。癔症（分离转换性障碍）是由精神因素如生活事件、内心冲突、暗示或自我暗示作用而易病个体引起的精神障碍。癔病作用于易病个体引起的精神障碍。癔病的主要表现有分离症状和转换症状两种。

癔症性格指数P(PAN)

分布(%)

抑郁症　　　　　　　　　癔病

图2-42　作者构建的股市医学模型示意图

第九节　管理信息不对称理论

管理信息不对称理论是作者在研究信息不对称理论、马斯洛需要层次论等理论学说的基础上，结合生命科学和医学观点及方法提出的管理新模型。

一、基本知识

(一)管理学起源

管理学是系统研究管理活动的基本规律和一般方法的科学，核心是指在一定组织中的负责人(即管理者)，通过计划、组织、协调、控制等职能，协调组织中的其他成员，当然也包括自己，瞄着既定目标开展活动，为实现最终目标采取的方法、技术、手段。按照此定义，管理学研究的核心应该是如何协调责任人和组织内其他成员，也就是管理者和被管理者之间的行动。因此，在一定意义上，管理科学也可定义为研究管理者和被管理者关系的科学。

当然，管理学的出现与经济社会的发展密切相关。例如，在农业经济时代就不存在所谓的管理学，因为农业经济时代是男耕女织的自给自足的生产，是建立在个人基础上的生产，是自我管理的生产，日出而作日落而息，根本用不上所谓的管理学知识。虽然在农业时代也出现过较大规模的生产，但那些较大规模的生产也是宫廷垄断的生产，生产的产品专供宫廷，并没有形成对整个社会的影响，也不存在所谓的科学管理。

我们目前所讲的管理起源于英国的工业革命。18世纪末英国工业革命所开创的新时代，推动形成了大规模、高密度、商业性和社会化的"工业组织"(即企业)，这也形成了对"管理"前所未有的特殊需要，因为在这种早期的企业中管理者是作为雇主的资本家兼企业家，被管理者是除了劳动力其他一无所有的劳动者，企业中人和人的关系处于一种对立冲突状态。为此，管理者必须寻求一种管理上的策略技巧控制工人。

一般认为，Frederick Winslow Taylor 的《科学管理原理》(*The Principles of Scientific Management*)[164]及 Henri Fayol 的名著《工业管理与一般管理》

---

164 Frederick Winslow Taylor. 科学管理原理. 马风才译. 北京: 机械工业出版社, 2014

(*Administration Industrielle Et Générale*)[165]的出版，标志着管理学的诞生。按照这个时间段计算，现代意义上的管理学发展至今也不过 108 年。但就是在这 108 年的时间里，管理学的研究者、管理学的学习者、管理学方面的著作文献等均呈指数上升，管理学作为一门学科已经逐步成熟。

(二)管理思想的演变

前面已经交代过，管理的核心是为实现预期目标进行的以人为中心的协调活动，管理的目的是实现预期目标。这是因为管理者和被管理者，以及各成员之间，经常存在意见和行动不一致的现象，为了能使步调一致，力往一处使、劲往一处用，多快好省完成任务，达到目标，协调就成为必不可少的活动。

从这点出发，我们可以看出：管理的本质是协调，但协调的对象是人；管理的最终目的也就是使个人的努力和集体的预期目标一致。

由于管理的对象是人，这也意味着管理受广义的文化影响，不同历史条件、不同社会背景、不同文化氛围下，管理思维模式、管理方式和管理风格会出现巨大的不同。美国著名管理学家德鲁克曾指出：管理是以文化为转移的，并且受其社会的价值观、传统与习俗的支配。例如，美国的管理模式受美国自由文化的影响，强调自主性；日本的管理强调人情，出现了"J 模式"(即 Japan 模式，强调和谐的人际关系，上下协商的决策制度，员工对组织忠诚与组织对社会负责等)；德国的管理则强调组织性和纪律性。

当然，由于管理者和被管理者都是人，于是很多管理学研究者也逐渐将人性引入管理，认为从管理学出现到现今的过程也是"人"的价值在管理中逐步凸显的过程[166]：早期 Frederick Winslow Taylor 的"科学管理"的基本信条是工人如牛马，效率高于一切，管理就是监控；20 世纪 20 年代至 30 年代，人事管理学派主张在管理中"善待"其雇员，但其追求的最高境界只是雇主与雇员利益关系的整合；20 世纪中后期，特别是 20 世纪 90 年代以来，以"战略性激励"为核心理念的人力资源管理学逐渐成为管理学主流，但人力资源

---

165 Henri Fayol. 工业管理与一般管理. 迟力耕, 张璇译. 北京: 机械工业出版社, 2007
166 李宝元. 回归人本管理——百年管理史从"科学"到"人文"的发展趋势. 郑州航空工业管理学院学报, 2006, 24(5)

管理的实质是要求从战略高度将人作为资财(资源、资产、资本)来运营；21世纪的管理要进一步超越人力资源管理，真正树立"以人为本"的理念，从总体上、动态上、人本精神层面去挖掘员工的"群体精神创造力"。

管理学发展至今，管理思想经历了系列演进。很多学者对管理思想进行了研究，并对其进行了阶段性划分。基于对作者提出的三元论理论，我们认为将管理学分为三个阶段比较合适。为此，我们比较赞同我国著名经济学家马洪提出的阶段性划分[167/168]：第一个阶段是 19 世纪末到 20 世纪初形成的所谓"古典管理理论"，典型代表就是 Frederick Winslow Taylor 等倡导的科学管理；第二阶段是从 20 世纪 20 年代开始的"人际关系-行为科学理论"，关于人的需要、动机和激励的问题是其研究的重点；第三阶段是第二次世界大战以后出现的当代西方管理理论的一些学派，包括社会系统学派、决策理论学派、系统管理学派、经验主义学派、权变理论学派和管理科学学派等，这些学派是随着第二次世界大战以后科学技术的进步、生产力的巨大发展、生产社会化的程度日益提高而产生的。

在管理学方面，我们也不能无视中国的贡献。因为在很多学者的视野里，已知的管理大家、管理思想基本都是以西方为主，中国人没有地位。但事实上，中国是世界最早提出以人为本思想的国家，"以人为本"最早出现在《管子》中，由政治家管仲提出，本意是只有解决好人的问题，才能达到"本理国固"的目的。中国在提出此观念后，并没有形成系统的理论，尽管我国在管理方面尤其在企业和经济管理方面做得不错，但在管理科学史上，基本没有形成流派，也没有典型代表人物，这也是基本事实。所以，在管理学领域，我们既不能妄自菲薄，又不能自鸣得意，只要我们能按照目前的科学理论范式，引入中国人的管理理念和思想，中国人同样也会提出领先的管理理念、方法和模式：管理信息不对称理论就是案例。

(三)信息不对称理论

信息不对称理论的核心内容是指在不完全信息市场上，相关信息在交易双方的不对称分布回到对市场交易行为产生重要影响进而影响市场的行为。

---

167 马洪. 盘点西方管理思想发展史(上). 秘书工作, 2012(3)
168 马洪. 盘点西方管理思想发展史(下). 秘书工作, 2012(4)

例如，市场交易中，掌握更多信息的一方可以通过较多的信息量，比信息贫乏的一方获得较高利润；买卖双方中拥有信息较多的一方会比另一方获取较大收益。

最早对信息不对称现象开展研究的是 George A. Akerlof，在其 1970 年发表的文章中[169]，他首次提出了"信息市场"概念，并从二手车市场入手，发现了旧车市场由于买卖双方对车况掌握的不同而滋生的矛盾，并最终导致旧车市场的日渐式微。

信息不对称理论在 20 世纪 70 年代提出后并没有得到重视。直到在 20 世纪 80 年代，随着信息不对称在金融领域的应用，信息不对称理论才得到关注。目前，信息不对称理论已经被应用到会计、房地产、银行、进出口、工程技术教育等多个领域。

Joseph Eugene Stiglitz[170]、George A. Akerlof[171]和 A. Michael Spence[172]在信息不对称方面也进行了深入研究，正是由于他们在现代信息经济学研究领域做出的突出贡献，揭示了当代信息经济的核心，2001 年度授予他们诺贝尔经济学奖。

二、管理信息不对称理论

(一)概念的提出

管理思想发展历程提示我们：在人类迈向 21 世纪后，管理者已经不能把自己的思维定格于如何创造性地有效整合组织内有限资源了，如何适应新的变化是管理学必须面临的最大挑战。

---

169 章昌裕. 诺贝尔经济学奖介绍(连载之二十五). 管理现代化, 2002(1)

170 Joseph Eugene Stiglitz，美国著名经济学家，美国哥伦比亚大学校级教授，1993～1997 年任美国总统经济顾问委员会成员及主席，1997～1999 年任世界银行资深副行长兼首席经济学家，2011～2014 年任国际经济学协会主席，2001 年获得诺贝尔经济学奖

171 George A. Akerlof，美国著名经济学家，美国加利福尼亚大学伯克利分校经济学教授，专业领域包括宏观经济学、贫困问题、家庭问题、犯罪、歧视、货币政策和德国统一问题

172 A. Michael Spence，美国著名经济学家，1943 年 11 月 7 日生于美国的新泽西州，1972 年在哈佛大学获得博士学位，1972～1975 年在斯坦福大学担任经济学系副教授，之后回到哈佛大学从事研究和教学工作，1983 年当选为美国艺术与科学院院士，1990 年回到斯坦福大学并担任该校商学院研究生院长，并在 1991～1997 年担任国家科技及经济政策研究委员会主席

管理是什么？按照作者的理解，管理是人对人的管理。既然是人对人的管理，必然存在人与人之间需求的差异问题，如有些人从事一项工作是为了养家糊口，有些人是为了打发无聊的时间，有些人是把工作作为一种乐趣等。如何在了解这些信息的基础上进行管理，是最大的问题。只有解决了管理者与和被管理者的信息不对称问题，才能达到管理的最高境界。

为此，作者认为，现代管理一定是从人的基本需求出发，通过对人的管理实现最终的管理。由于管理者和被管理者都是人，因此处理好人与人之间的关系是管理必须要着眼的目标，最大限度地满足被管理者的需求是管理必须关注的核心。因此，研究管理必须从人的角度入手，人是研究人类、组织和管理的基本分析单位[173]，研究人与人之间的差异，即管理者与被管理者之间的差异？能不能将管理者和被管理者视为一个系统，能不能按照系统学的模式进行管理？

这是作者在对管理的长期思考和实践中逐步形成的认识，也就是"管理信息不对称理论"的核心理念。该理论认为，管理者必须要应用生命科学和医学的观点及方法，解决管理者与被管理者之间始终存在的信息不对称问题，只有这样才能尽可能地满足被管理者的追求，充分调动人的主观能动性和潜力，以实现管理者的目标。

(二)核心原理和基本框架

作者的观点与 Abraham Harold Maslow 的需求层次论的观点有些不谋而合。Abraham Harold Maslow 是美国社会心理学家、人格理论家和比较心理学家，人本主义心理学的主要发起者和理论家，心理学第三势力的领导人。在1943 年的 *A Theory of Human Motivation*[174]中，Abraham Harold Maslow 提出了人类需要层次论，并将需求分为生理需求、安全需求、情感和归属的需求、尊重需求和自我实现需求五类(图 2-43)。这些需求是依次由较低层次到较高层次的，像阶梯一样从低到高，按层次逐级递升。

Abraham Harold Maslow 虽然揭示了人类需求的规律，但限于当时科学技术发展水平的限制，Abraham Harold Maslow 没有在生命科学和医学上找到理

173 姚威. 从人性假设的演变看西方管理思想发展史. 台声·新视角, 2005, (1)
174 Abraham Harold Maslow. A Theory of Human Motivation. Psychological Review, 1943, (50): 376-390

论支撑。作者基于在生命科学和医学方面的坚实基础，将 Abraham Harold Maslow 的观点进行了升华，将人生目标归结为三大需求和三大追求。

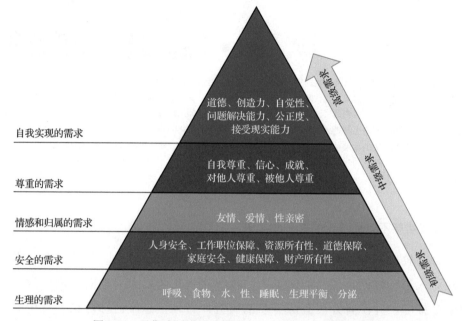

图 2-43　马斯洛需求理论模型（Abraham Harold Maslow）

具体解释是：人是高级动物，具备动物的三大本能——食欲、性欲、自卫，即动物需求；但人又是特殊的高级动物，除具备动物的感觉之外，还具备知觉，由知觉所产生的需求即理性需求，是动物三大本能之上更高层次的需求，是可量化的需求，如工作目标、婚姻家庭等；灵性需求是理性需求之上的更高也是最高层次的需求，是无法量化的需求，如爱情、信仰、美食等。人有需求和追求，需求和追求的异同在于人的需求是客观存在的，但有需求不一定去追求；现实生活中绝大多数两者同时存在。

基于此认识，作者认为，作为管理者，若站在三大需求和三大追求的角度分析被管理者，对很多事情和事件的发展就会逐步趋于明朗化：食欲、性欲、自卫这三个本能需求是最基本的需求，必须给予足够的重视；理性需求是必须具备一定物质条件才需要满足的需求；灵性需求，不是每个人都需要的需求。如此将人分为这三种类型，并分别加以管理，基本可以达到管理的最高境界：无为而治（图 2-44）。

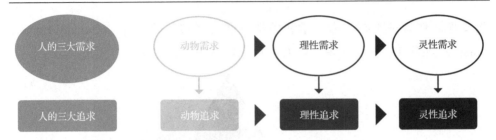

动物需求：人是高级动物，具备动物的三大本能——食欲、性欲、自卫。

理性需求：人又是特殊的高级动物，除具备动物的感觉外，还具备知觉，由知觉所产生的需求即理性需求，
是动物三大本能更高层次的需求，是可量化的需求，如工作目标、婚姻家庭、政治民主等。

灵性需求：是理性需求之上的更高也是最高层次的需求，是无法量化的需求，如美食、爱情、信仰等。

需求和追求的异同：人的需求是客观存在的，但有需求不一定去追求；现实生活中绝大多数(90%以上)
两者同时存在。

图 2-44　作者构建的人类需求模型

三、管理信息不对称理论的前景和未来

目前教科书上讲的管理学，虽然已将人作为核心要素，但并没有从更高层次对人进行解读，现在的最先进的理念也仅是将以人为本的理念逐步在管理学中推广，并没有开展更深一步的研究。管理信息不对称理论，从生命科学和医学的高度，对管理学最为核心的要素——人的需求进行了精确的解剖和分析，将会给管理学的发展带来革命性的变化。

当然，随着科学技术的发展，尤其是生命科学和医学相关理论和技术的发展，我们或许能对个人实现"精准管理"：通过对被管理者的基因测序及个体基因分析，就可在基因水平上揭示被管理者需求和追求的行为基因基础；再通过对大规模人群的大数据处理，从中可发现管理科学的规律，为建立管理效率体系提供全新的管理模式，这终将极大地推动生产力的发展。

第十节　国家公司学说

国家公司学说是基于生命科学和医学的理念，根据生命信息载体学、社会基因学、管理信息不对称理论等作者前面提出的理论学说，从最根本的出发点——人这个最小因子出发，揭示了国家和公司一致性的根源，提出了国家治理和公司治理的核心理念应基本一致，管理者可借鉴公司治理模式开展国家治理的科学指导原则。

一、基本知识

(一)国家

何为国家？不同的人有不同的解释，不同的字典、不同的词典也会有不同的定义。

一是基于统治阶级等意识形态进行的定义。国家是维护一个阶级对另一个阶级的统治的机器、国家是阶级矛盾不可调和的产物和表现等。列宁曾指出：国家是维护一个阶级对另一个阶级的统治的机器，是经济上占统治地位的阶级为了维护本阶级的利益而对被统治阶级实行专政的工具。

二是空间区域的定义。国家是居住于共同领土上拥有主权的居民建立的共同组织，国家是具有一定领土范围、一定居民、管理系统的社会政治实体等。在古希腊，"国家"一词是指城邦；在古罗马，则是指一个城市的全体市民。按照1933年《美洲国家间关于国家权利与义务的公约》第1条对国家所下的定义，一个国家必须具有固定的居民(甲)、一定的领土(乙)、政府(丙)和与其他国家交往的能力(丁)。在资产阶级国家学说中，广泛流传"国家三要素"说：国家是领土、人口、主权三者的总和体。

中国对国家的认识与西方有差异。国家一词在《尚书·立政》已出现：其惟吉士，用励相我国家(意为只有任用善良贤能的人才能治理好国家)。但在中国，国家可以理解为两个词：国与家，如没有国哪有家等。但在初期，在古代，国指的是诸侯统治的疆域，家指的是大夫统治的疆域，后来二者合并，才出现了通称"国家"。

普遍认为，美国成为世界上第一个联邦共和制民主国家，也是普遍认为的第一个真正意义上的民主国家。但也有历史学家认为，古希腊才是世界上第一个民主国家。

(二)公司(企业)

何为公司？公司是企业组织形式的一种，以营利为目的的企业法人。公司的起源最早可以追溯到古罗马时期，后来在中世纪欧洲大陆的地中海沿岸得到较大发展。

最早产生的公司是无限公司。1555年出现了第一个股份有限公司，是在英国女皇特许下，与俄国公司进行贸易而设定的公司。但一般认为股份有限公司起源于 17 世纪英国、荷兰等国家设立的殖民公司，如著名的英国东印度公司和荷兰东印度公司就是最早的股份有限公司。值得一提的是，与英国东印度公司不同，荷兰东印度公司面向所有市民公开发行股票，它实际上成了世界上第一家上市公司。

最早的有限责任公司产生于 19 世纪末的德国。最早的有限责任公司立法是德国的《有限责任公司法》(1892 年)，法国在 1919 年、日本在 1938 年也相继制定了《有限公司法》。

公司的组织发展到目前已经有多种形式，无限责任公司、有限责任公司、两合公司、股份有限公司、股份两合公司等都是其组织形式。在中国国家统计局中，公司的组织分为国有、集体、股份合作、联营、有限责任、私营、港澳台商投资、外资等。

当然，按照目前法律的理解，现代公司需要具备三个基本条件：一是独立法人，可以自己的名义独立运用股东的投资从事生产经营活动，并承担相应的法律责任；二是营利经济组织，其生产经营活动的目的是不断地获取利润并使公司资产增值；三是必须按照法律规定设立，依法进行注册登记取得法人资格。

在长期实践和思考过程中，作者对公司(企业)也形成了自己独特的理解。作者认为，所谓公司就是按法律程序建立起来的企业组织，形式包括有限责任公司和股份有限公司；若按照资产形式和管理模式来分，大致可分为三类：独资公司、有限公司和上市公司。当然，企业是企业法人，享有独立的法人财产权。

二、国家公司学说

国家公司学说是作者在长期的思考、研究和实践，以及对国家与公司相似性和差异性分析的基础上总结出来的学说，基本理念是认为国家和企业的基本元素都是人，都是由基本元素——人构成的群体，即人的集合体的存在。

既然国家和企业都是人的集合，那么在一定意义上讲，无论是公司还是国家，很大程度上都受到"基因"的影响。这是因为人在一定程度上是基因控制下的生命体：人生来自私，与其他生物一样，不过是基因的生存工具[175]。基因在各个生物学尺度上的合作和竞争中所使用的遗传策略，在相当大程度上反映了生命的规律[176]：自私是本能、合作是智慧。

既然如此，作者从生命科学和医学的角度出发，认为既然国家和企业都是人的集合体的存在，区别仅是小群体和大群体而已。那么，企业和国家在管理方面可以相互借鉴。既然"管理信息不对称"为企业管理提供了扎实的理论基础，管理信息不对称原理同样适合于政府/国家的管理。

从1555年发展到现在，企业已经走过了464年的历程。在这464年中，企业管理的理念、模式、方法和手段等都已经相对成熟稳定。按照企业、国家的管理都是以对人的管理为根本出发点，我们可以借鉴公司治理模式，将企业的经验在国家层面进行拓展。这就是国家公司学说的核心内容，即在生命信息载体理论指导下，运用管理信息不对称理论、社会基因学等理论，借鉴管理企业模式来管理国家。

国家公司学说的相关理念，国内外都曾有过相关论述。例如，在1973年出版的 *The State As Entrepreneur*[177]中，Stuart Holland 就曾经提出可以从经营公司的角度来经营国家。我国著名国学大师梁漱溟认为，近代西方文明把国家变成一个大公司，如公司一般组织运作，因而获得组织性、凝聚力与战斗力[178]。但他们没有更深入探讨根源，也没有与生命科学和医学结合进行探讨。

三、国家公司学说与国家治理

世界上哪种治理模式才是最有效的模式？很多人都曾经进行过研究，但都没有得到很好的答案。以世界著名政治学家 Francis Fukuyama 的研究为例，在苏联解体后，福山曾发出了历史的终结的感慨，并认为苏联解体、东欧剧变、冷战的结束，标志着共产主义的终结，历史的发展只有一条路，即西方的市场经济和民主政治[179]，认为只有自由民主制度是"人类意识形态发展的

---

175 Richard Dawkins. 自私的基因. 卢允中, 张岱云, 陈复加, 等译. 北京: 中信出版社, 2012

176 以太·亚奈, 马丁·莱凯尔. 基因社会. 尹晓虹, 黄秋菊译. 南京: 江苏凤凰文艺出版社, 2017

177 Holland S. The State as Entrepreneur. International Arts and Sciences Press. First U. S. Edition. 1973

178 政基于德, 治本乎法——关于法律、政体与文明的对话(许章润教授2016年12月在清华大学明理楼与《经济观察报》记者刘玉海、朱天元和陈丽萍的对话). http://www.sohu.com/a/256381782_100191068[2019-11-19]

179 Francis Fukuyama. 历史的终结. 黄胜强, 许铭原译. 呼和浩特: 远方出版社, 1998

终点"和"人类最后一种统治形式"，但后来他也对这个观点进行了修正，认为世界历史目前还没有终结，并将自己对一国政体的评价从过去单纯只着眼于政制的民主，修改为必须同时关注政府的治理能力。

福山的研究告诉我们：目前对历史的研究，对国家、对政府的研究并没有找到很好的出路。当然，没有好出路就肯定不会找到很好的治理途径。

国家治理有没有好模式、好出路？在对众多学者的研究分析中，作者发现众多学者虽然都进行了很好的研究，提出了系列的理论，但基本都集中在政治体系、决策体系、治理体系等方面，很少有学者从"人"的科学角度出发进行研究。

基于此，作者提出了国家公司学说，核心理念是根据作者对公司的理解：公司所有权发展到现在，经历了从独资到公众公司的转变；基本转型模式经历了"独资公司—有限公司—上市公司"；公司控制权也经历了"完全控制—主导控制—按照股份实施控制"三个历程，这三个历程对应了独裁(完全控制)到按照既定法律法规进行的管理过程，体现了公司管理的民主化进程。

鉴于国家和公司无论在资产形式还是管理模式上都极为相似，作者认为，国家治理可以参照公司的运行模式和管理架构来治理：国家对政府部门的管理可参照公司对各个职能管理部门的管理，国家对产业的管理可参照企业对重点产品的管理，国家对百姓的管理可参照公司对员工的管理等。当然，国家的治理也可参照资产形式和管理模式进行，由王国、专治国家走向民主国家(图 2-45)。

四、国家公司学说的重大意义

"国家公司学说"是作者利用生命科学和医学的理念，在结合了生命信息载体学说、社会基因学、管理信息不对称理论、新资本论等其他生物经济理论的基础上，为国家治理研究提供的新的思路和研究方向。那就是参照企业管理(治理)模式，国家治理也应该走向民主政治。封建管理风格的国家是独裁国家，"合众国""共和国"是部分民主国家，未来的"公国"，即全民参与管理的国家才会是全民主导的国家，才会是国家发展的未来。

图 2-45　作者构建的国家公司学说示意图

这正如企业管理在经历"完全控制—主导控制—按照股份实施控制"的发展历程后才能最终走向上市公司一样，这才是公司的最终归宿，也代表了公司发展的最高阶段。因为与非公众公司相比，上市公司的稳定性远高于非上市公司，因为上市公司必须经过严格的审查和监督，每个重大事务、每个重大决策必须进行公开，容不得隐瞒和欺骗。以此模型为推导：民主国家也相当于上市公司(即公众公司)，必须符合上市的要求，也必须在严格的约定下才能开展相关工作。

从现在来看，目前最接近国家公司学说的民主制国家应是瑞士：①瑞士实行的是"公民表决"(即公民投票)和"公民倡议"形式的直接民主；②瑞士没有总统，也没有总理，联邦委员会是国家最高行政机构，由 7 名委员组成，实行集体领导，任期四年；③联邦主席由联邦委员会 7 名委员轮任，对外代表瑞士，任期一年。就是这种体制，保证了瑞士国家政体的稳定。

中国在国家治理方面也应学习和借鉴他们的经验和教训。按照作者的估计，中国的未来、中国的复兴必须建立在两岸必须统一、三农问题必须解决、政治民主化的基础上，尤其是政治民主化才能为保证中国的长治久安提供重要的保障。

在采用"国家公司学说"进行国家治理研究时，我们也应牢记"物质基础决定上层建筑"，这也就是说，国家的民主政治必须具备一定的物质基础且循序渐进。这正像一个有限公司，要经过改制变成股份有限公司，再根据上市公司的要求，如法人治理机构、主营业务利润及可持续性等才能被批准上市。

当然，利用国家公司学说进行国家治理时，也要充分考虑世界各个国家的差异。世界 200 多个国家，人口数量不同，文化基础不同，治理模式也应有差异。小国家推行民主可参照新三板上市，中等国家可参照创业板，但类似中国、美国、俄罗斯、日本、德国、印度等具有重大影响力的大国家，应该积极参照主板上市模式，必须要高标准、严要求，因为大国治理与小国存在巨大差异。治大国如烹小鲜，烹小鲜者，不可挠，治大国者不可烦，烦则伤人，挠则鱼烂矣[180]；小国则不同。

---

180 胡坚. 学习习近平总书记十八大以来系列重要讲话的体会：实现领导方式方法的转变. 浙江日报, 2013-8-30

第三章　生物经济模式

何为"模式"？不同的人有不同的理解。百度百科认为：模式是主体行为的一般方式，包括科学实验模式、经济发展模式、企业盈利模式等，是理论和实践之间的中介环节，具有一般性、简单性、重复性、结构性、稳定性、可操作性的特征。互动百科认为：模式是指从生产经验和生活经验中经过抽象和升华提炼出来的核心知识体系，是解决某一类问题的方法论，把解决某类问题的方法总结归纳到理论高度。另外，还有人认为，模式是一种指导，在一个良好的指导下，有助于完成任务，有助于给出一个优良的设计方案，达到事半功倍的效果，而且会得到解决问题的最佳办法。《辞海》中介绍：模式也可称为范型，一般指可以作为范本、模本、变本的式样。

综合以上几个解释，作者认为，模式指介于理论和实践中间环节的一种状态，是在一定理论指导下尝试得出的一种具有普遍性和指导意义的范式。

经济模式指各种经济成分的构成形式和调节经济运行机制的一定式样，是撇开经济活动中的次要因素和细节，对现实经济活动和经济增长方式的框架与原则所做的抽象描述；也可以是对国民经济基本运行规则、增长类型及主要经济政策在理论上的一种设计和构建[181]。经济模式发展到现在，有多重分类方法和方式，如资本主义经济模式、社会主义经济模式，亚洲模式、欧美模式，发达国家市场经济模式、发展中国家(地区)市场经济模式和转轨国家的市场经济模式，以及市场导向资本主义、政府导向资本主义和谈判或协商资本主义等。

生物经济模式指在生物经济理论指导下所创造的系列新经济模式。作者在生物经济理论指导下，创造并实践了十大生物经济模式(图 3-1)，分别是生物经济实验区、生物经济社区(未名公社)、大产业、超级良好农业管理规范(Super Good Agricultural Practice，S-GAP)、良好健康管理规范(Good Health-Care Practice，GHP)、森林康养、生物经济孵化器、幸福养老社区、

---

181 邱询旻. 美国、德国、日本经济模式：比较研究与择优借鉴. 财经问题研究, 2003, (3)

生物金融超市、生物实验超市等。

当然，生物经济模式并不局限于目前的十大模式。随着生物经济理论应用的扩展，生物经济模式的种类也随之增加。因此，生物经济模式也可被称为生物经济+，即生物经济可以加任何行业、产业，只要具备生物经济的某些特征并能达到稳定运行，都可被称为生物经济模式。

图 3-1　生物经济的十大模式

第一节　生物经济实验区

作者于 1995 年在世界上首次提出全新的生物经济概念，并于 2003 年 11 月发表了题为《DNA 双螺旋将把人类带入生物学世纪》的科学论文，创立了生物经济理论。在该理论指导下，创造了生物经济十大模式，运用生物经济模式创新发展生物经济产业，初步建立了世界首个生物经济体系。为了更好地发展和实践并完善生物经济相关理念，2013 年在合肥市委市政府的大力支持下，在合肥巢湖经济开发区建立了世界首个生物经济实验区——合肥半汤生物经济实验区。

一、基本概念

(一)实验区/试验区

在了解实验区/试验区之前，我们首先要分清楚两个概念：实验和试验。据《现代汉语词典》释义：实验是为了检验某种科学理论或假设而进行某种操作或从事某种活动；试验是为了察看某事的结果或某物的性能而从事某种活动。从这两个定义中我们可以看出：实验中被检验的是某种科学理论或假设，通过实践操作来进行；而试验中用来检验的是已经存在的事物，是为了察看某事的结果或某物的性能，通过使用、试用来进行的。

其实，按照实验和试验的定义，实验区和试验区应该是两个不同的概念，也应该具有前后的顺序：先有实验区再有试验区，这才符合发展的规律。但就目前的推进而言，无论是实验区还是试验区，都是中国的创新，我国中央政府和地方政府通过优惠金融、财税、人才激励等产业政策快速实现了区域、产业及经济社会的发展。

但在实际运用中，包括国家政府在内的机构和很多学者，在运用时也有不同的理解，如在国家推进实验区/试验区时，运用就比较混乱。初步查询，目前国内既有试验区，又有实验区。例如，在试验区方面，有国家层面的综合配套改革试验区、自贸试验区等，地方层面有粤桂合作特别试验区、瑞丽国家重点开发开放试验区等，以及专业性的(杭州)跨境电子商务综合试验区、国家大数据(贵州)综合试验区、京津冀大数据综合试验区等。再如实验区，国家有可持续发展实验区、国家农村社区治理实验区、国家文化产业创新实验区，地方有平潭综合实验区等。

当然，国家级试验区还包括国家主导的各类新区，如经济特区、开发区、高新区和自贸区四大类。截至 2017 年 4 月，初步数据统计显示，我国有经济特区 7 个、国家级新区 9 个、自贸试验区 11 个、国家级经济技术开发区 219 家、国家级高新技术产业开发区 56 家、国家综合配套改革试验区 2 个、国家级金融综合改革试验区 5 个。

(二)生物经济实验区

目前所有进行的实验区，都是国家及地方政府主导的实验区。在强调市场化的同时，政府主导的实验区也面临一些难以解决的问题，如激励机制问题、可持续性问题等。作者提出的生物经济实验区是与国家主导的实验区完全不同的实验区，它是以观念创新、体制创新、科技创新、产品创新、市场创新、管理创新六大创新为指导，运用社会基因学相关理论，聚焦生物经济产业，将大产业、大市场、大金融一体化协同发展所形成的现代化园区，也是以企业为主导的大型科技园区。

二、理论基础

(一)理论来源

生物经济实验区与目前国内外的实验区有显著差别，它是在生物经济理论体系指导下，以经济基因学、社会基因学、经济生物重组理论和管理信息不对称理论为指导形成的实践。

按照经济生物重组理论，生物经济实验区区别于其他国家实验区的核心标记就是快速、经济，可以为入园企业提供全方位、个性化、保姆式服务，使其以快且经济的方式实现各方利益最大化。当然，为了提供全方位、个性化、保姆式服务，如何突破管理信息不对称、解决其中的限制性因素是关键，只有解决了限制性因素，才能以快且经济的方式达到各方利益最大化的目的。

(二)主要特点

与其他实验区相比，生物经济实验区具有明显差别。

首先，理论基础不同。目前国内普遍开展的实验区，理论基础是传统经济学和产业发展理论、基于产业聚集理论，是建立在竞争优势、比较优势等之上的实验区。生物经济实验区是在生物经济理论体系指导下，以经济基因学、社会基因学、经济生物重组理论和管理信息不对称理论为基础的实验区。

其次，运行模式不同。不损他人实现利己、依靠生态发展经济、工作过程享受生活是生物经济实验区的典型特征。其运行的基本模式是利用任何人都公平、都可利用的基础——太阳能，依靠的是太阳能带来的能量，利用的是青山绿水、优美的生态环境，是一种基于自身优势的发展。

最后，实施主体不同。国内普遍开展的实验区，多由政府主导。这在一定程度上可以显示出政府的优势，因为中国是强势政府，政府主导，有利于调动社会资源。但政府主导也存在很多问题，如激励机制不够等问题严重困扰其发展。生物经济实验区是企业主导的实验区，不会存在激励机制不够等问题。

三、规划案例

由于生物经济实验区是作者提出的新概念，也是作者在践行和推行的模式。为了便于理解，现以合肥半汤生物经济实验区的布局为案例进行介绍。

合肥半汤生物经济实验区是北大未名主导打造的新实验区，规划面积为31平方千米，是在经济基因学、社会基因学、经济生物重组理论和管理信息不对称理论指导下，以生物经济产业为核心的实验区。

根据规划，合肥半汤生物经济实验区实施"1-3-6-9"行动计划。

(一)"1"是一大定位

一大定位即生物经济实验区。所谓的生物经济实验区，就是在生物经济理论指导下，以生物经济产业为核心的产业发展区域。在这个区域内，不再设置其他产业。

(二)"3"是三大部落

三大部落即基因部落、精英部落和金融部落。

基因部落，即生物经济社区，"享受现代文明成果、过着原始部落生活"是其主要特征，是人类最美好的家园。基因部落也是生物经济的十大模式中的一个，将在后续内容中给予较为详细的介绍。

精英部落，即人才社区。产业发展必须依靠人才。引进人才首先要为人才的落地提供必要的条件，精英部落就是为引进人才开发的精品住宅区，为人才提供"全方位、个性化、保姆式"的生活服务，留得下、住得好，使其能安心工作、顺心生活，为生物经济实验区的发展贡献智力智慧。

金融部落，即金融小镇。生物经济产业与信息产业、制造业具有明显不同的产业特征，需要大量资金。在中国目前资金支持创新不够的氛围下，生物经济实验区必须要考虑如何大量引进资金。金融部落就是通过建设金融小镇，实现万亿资金的汇集和流动，打造全球生物经济产业的"华尔街"，为半汤生物谷提供源源不断的资金支持，为合肥乃至安徽和周边提供丰富的资金来源。

（三）"6"即六大园区

医药园：以医药产业为核心的园区。

装备园：以装备产业包括医疗器械装备产业为核心的园区。

农业园：以新品种培育、农业新技术开发、产品深加工为核心的产业园区。

三创园：以创新、创业、创富为目的的园区。

环保园：以环保产业，包括以环保装备产业为核心的园区。

未名公园：打造以生命科学为主题的 5A 级国家公园。

（四）"9"为九大中心

九大中心是主要围绕生物经济产业的核心内容，以世界最新技术、产品为目标，积极引进人才、技术、产品等，打造全球著名生物高技术的"硅谷"。九大中心分别是新药中心、CAR-T 中心、干细胞中心、大基因中心、抗体中心、健康中心、会议中心、动物中心、制剂中心。

从以上规划可以看出，合肥半汤生物经济实验区不仅仅考虑了研发、产业等"硬"设施，还考虑了人才、金融，以及健全的生活配套等"软"基础，是能够独立运行的"小社会"，也就是能独立生存的"小细胞"，是专门为推动生物经济产业发展的实验区，最终实现生物经济的三大特征：不损他人实现利己、依靠生态发展经济、工作过程享受生活。

第二节　大　产　业

一、基本概念

在理解大产业之前，必须要了解什么是产业，以及世界各个国家对产业的理解和定义，在此基础上，才能理解什么是大产业，理解大产业与产业的差别。

（一）产业

产业（industry）一词，在不同的场合和不同的语言环境有不同的理解，不同的词典也给出了不同的解释。《当代汉语词典》《新华汉语词典》对产业的解释是：①指土地、房屋、工厂等财产；②关于工业生产的（用作定语）。《中华法学大辞典》对产业的解释是：国民经济体系中物质资料生产部门和非物质资料生产部门大的行业分类，如第一、第二、第三产业的分类，以及大类产业下的小产业，如工业分为煤炭、钢铁、石油、机械等。《市场经济学大辞典》《新世纪企业家百科全书》等也基本是此解释。《新编财政大辞典》将产业分为两类：广义的概念泛指一切从事生产物质产品和提供劳务活动的集合体；狭义的概念指生产物质产品的集合体。

按照经济社会发展的历程，产业是生产力不断发展的产物，是社会分工的结果。在自然经济占统治地位的情况下，虽然存在许多种类的手工业生产，但都不能称为产业。只有在大生产条件下，各企业向着专业化方向发展，成互相联系的各类生产部门后形成的产业集群才能称为产业。

大家都了解产业常被划分为第一产业、第二产业和第三产业，但在产业发展的早期，是没有这么划分产业类型的。对产业的划分，最早可追溯到20世纪20年代。为了便于统计和比较，国际劳工局将一个国家的所有产业部门划分为初级生产部门、次级生产部门和服务部门，许多国家在划分产业时都参照了国际劳工局的分类方法。但后来发现此分类也存在问题，在第二次世界大战以后，1935年，新西兰经济学家费歇尔(A. G. B. Fisher)首先创立了三次产业分类，此后，英国经济学家、统计学家克拉克(Colin G. Clark)采用三次产业分类对三次产业结构的变化与经济发展的关系进行了大量的实证分析，西方第三产业的理论初具体系[182]。

目前，无论是发达资本主义国家还是发展中国家，均采纳以三次产业分类对产业进行统计。虽然各国对三次产业的划分并不完全一致，但一般都将农业归为第一产业，制造业归为第二产业，凡不属于第一、第二产业而又能带来收入的部门和行业都纳入第三产业，如运输、通信、商业、金融、职业性服务、教育、卫生、文学艺术、科学、行政、国防和个人服务等。

在研究分析不同定义之后，作者提出了如下观点：产业是社会生产力不断发展的必然结果，是社会分工的产物，是具有某种同类属性的企业经济活动的集合，必然会随着社会生产力水平不断提高，内涵会不断充实，外延会不断扩展。

---

182 陈培文, 曹恒轩. 三次产业划分理论评析. 中国未来研究会专题资料汇编, 2002

（二）大产业

在作者看来，所谓的大产业，是与目前产业完全不同的产业，它既不是小产业的组合体或集合体，又不是产业集群。

具体而言，大产业是指以生物产业为核心，将现代科学技术应用于这些生物产业，使第一、第二、第三产业一体化协同发展而形成的产业。

从产业形态分析，大产业是对产业链上所有产业进行整合的产业。因为任何产业都有其产业链，只有在全产业链上进行了部署，拥有前端的原料、中端的加工和后端的服务，才能形成所谓的大产业，也才能立于不败之地，从而推动企业成为该产业的龙头。

具体到生物经济中，大产业就是以生物产业为主导和核心，将现代科学技术应用于生物产业，将第一、第二、第三产业一体化协同发展所形成的产业。

为了便于理解，我们按照图3-2进行简单的讲解。正如图3-2所示，生物经济产业发展至今，形成了三代。其中，第一代是生物经济产业（bioindustry，简称 BI_1），包括生物医药、生物农业、生物服务、生物能源、生物智造等常见生物产业类型，也是目前美国、德国、英国等发达国家都在从事的生物产业。从生物经济理论角度来看，这是最基础的生物经济产业，也是最低端的生物经济产业，所以被称为 BI_1。

第二代生物经济产业就是大产业（big industry，简称 BI_2）。大产业是以生物产业为核心，应用现代科学技术，将第一、第二、第三产业一体化协同发展所形成的产业。例如，BI_2 的医药产业仅为医药制造业，但大产业中的医药产业涉及第一、第二、第三产业，又如，中医药产业涉及第一产业——药物种植业（中药材种植）、第二产业——医药加工业（饮片、配方颗粒等），以及第三产业——医药的运输和销售（中医诊疗、药物处方等）。这与 BI_1 有明显不同。目前，北大未名从事的生物经济产业是第二代生物经济产业，也就是大产业。

当然，在大产业基础之上的是真正的生物经济产业，也就是第三代生物经济产业（bioeconomy industry，简称 BI_3），是以生物经济理论为指导，运用生物经济模式，将大金融、大市场、大产业一体化协同发展所形成的产业。

在以后的内容中，我们会对生物经济产业有较为详细的论述，在此不再做讲解。

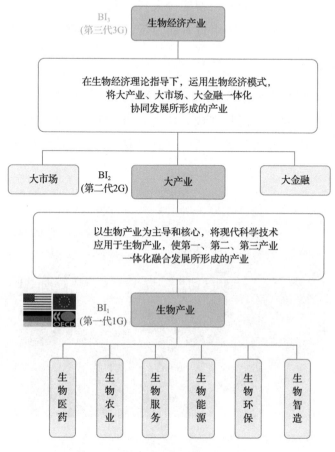

图 3-2　生物经济产业框架结构

二、理论基础

作者提出的生物经济产业，是在生物经济理论指导下，以"生命信息载体学说""新资本论""经济生物重组理论"为核心的模式创新。

生命信息载体学说相关理念告诉人们，世界万事万物都是智者设计的信息载体，人类所能做的就是将这个信息载体发掘出来，提供给地球上目前已知的最高信息体——人类使用。但智者在设计信息载体时，并没有将其割裂开来，而是相互配合、相互作用，共同提高。这也需要我们在发展大产业时，必须要运用经济生物重组理论，将第一产业、第二产业、第三产业融合一起发展。

当然，在发展大产业时，要充分发挥新资本论的理念，将资本运用到为人类提供最大利益上来，利用资本的力量，推动生物经济产业大发展。

三、大产业案例

通道大健康产业示范区（图 3-3）围绕大健康产业的三大内涵，到 2040 年，将通道大健康产业示范区打造成为国内具有影响力、产业配套相对健全的示范区，孵化百个大健康相关项目，创造千亿 GDP，提供万余就业机会（百千万工程）。

图 3-3　通道未名生物产业园设计图

具体规划思路是按照北大未名健康管理的"哑铃模式"，围绕医、药、养、健、游、食六大产业，依托通道(全称通道侗族自治县)优美的生态环境，重点发展医药制造、健康旅游、森林康养、健康食品等产业，打造未名公社。

(一) 医

医疗服务是大健康产业链的中心。示范区医疗服务产业的发展，要围绕"开展全方位健康管理服务，建设全生命周期的健康管理体系；传承发展民族医学，建设具有地域特色的健康服务体系"进行布局。

1. 疾病诊断

一是推动生化诊断、免疫诊断、分子诊断等现代诊断技术在产前检查、重大疾病诊断、遗传病检测等领域的应用，加快第三方临床检验中心服务等的发展。二是推动医学影像信息化及云平台和独立的医学影像中心的发展，加强生物医学图像的获取、分析与处理，满足实时、快速、精确诊断及术中精准治疗等应用需求。

2. 疾病治疗

一是支持大型综合医院、高端专科医院的建设，支持面向南亚、东南亚乃至全球开展医疗服务。二是支持社会力量与公立医院共同组建高水平、规模化的大型医疗服务联合体，支持社会力量开办特色医疗机构。

3. 疾病康复

支持建设集医院康复、社区康复、居家康复于一体的康复服务体系，为残疾人、老年人、慢性病患者等提供康复指导、康复护理等服务。

4. 健康信息服务

一是积极争取国家健康医疗大数据中心落地示范区。以此为依托，加快建设互联互通的人口健康信息平台，形成以居民电子健康档案、电子病历、电子处方等为核心的基础数据库，推动发展大健康数据产业。二是支持可穿戴生理信息监测、具备云服务和人工智能等功能的康复设备的开发应用；整合线上线下资源，引导医疗机构开展远程病理诊断、影像诊断、专家会诊、手术指导等医疗服务。

(二) 药

药品器械制造业是大健康产业价值增值的核心基础。示范区药品器械产业的发展，要瞄准技术含量高、市场规模大、民众急需的重大产品，开展仿制、代工、研发及生产。

1. 生物药和疫苗

一是重点研发和生产肿瘤、免疫系统疾病、心血管疾病、感染性疾病的抗体药物，加快抗体偶联药物、双功能抗体、抗体融合蛋白等新型抗体的研发。二是重点研发和生产针对糖尿病、病毒感染、肿瘤等疾病的重组蛋白药物、细胞因子等产品。三是重点发展 RNA 干扰药物、基因治疗药物及干细胞和免疫细胞等细胞治疗产品，包括 CAR-T 等细胞治疗产品。四是大力发展多联多价疫苗、基因工程疫苗、病毒载体疫苗、核酸疫苗等新型疫苗，积极改造传统疫苗，研发新型佐剂。

2. 化学药品

一是重点发展针对恶性肿瘤、心脑血管疾病、糖尿病、精神性疾病、神经退行性疾病、病毒感染等疾病的创新药物。二是加快临床急需、新专利到期药物的仿制药开发，通过 me-too 或者 me-better 方式，生产高端仿制药。三是重点发展脂质体、脂微球、纳米制剂等新型注射给药系统，口服速释、缓控释、多颗粒系统等口服调释给药系统，经皮和黏膜给药系统，以及儿童等特殊人群适用剂型等。

3. 中药

一是重点发展道地药材现代培育技术，建设中药材规模化、标准化的种植、加工基地；发展特色芳香植物等资源规模化、标准化种植，加快野生植物资源的开发利用。二是针对心脑血管疾病、妇儿科疾病、消化科疾病等中医优势病种，开发复方、有效部位及有效成分中药新药；针对已上市品种，运用现代科学技术深挖临床价值，明确优势治疗领域，开发新的适应证。三是加快挖掘民族药及中药名方验方及经典名药的二次开发；积极引进和购买全国各地的中药配方颗粒产品，打造配方颗粒的聚集地。

4. 医疗器械

一是通过自主研发或引进，重点发展高场强超导磁共振和专科超导磁共振成像系统、高端 CT 设备、多模态融合分子影像设备（PET-CT、PET-MRI）、高端彩色多普勒超声和血管内超声、数字减影血管造影 X 线机（DSA）、高清电子内窥镜等重大产品。二是提高核心部件生产水平，重点研发和引进 CT 球管、磁共振超导磁体和射频线圈，PET 晶体探测器，超声单晶探头、二维面阵探头等新型探头，X 线平板探测器，以及内窥镜三晶片摄像系统等。三是研发植入介入产品和医用材料，包括全降解冠脉支架、心脏瓣膜、人工关节和脊柱、心脏起搏器、人工耳蜗，以及牙种植体、眼科人工晶体、功能性敷料、可降解快速止血材料和医用黏合剂等。

（三）养

1. 森林康养

依托通道良好的森林植被，积极开发利用森林资源在治疗、康复、保健、养生等方面的功能，依托现代医学、传统医学、健康饮食等，开展医疗及康体、休闲养生等服务，打造一批具有吸引力的森林康养体验活动基地，建设慢病小镇，如糖尿病小镇、高血压小镇等。

2. 幸福养老

一是支持养老机构将护理服务延伸到社区、家庭，支持建立健全居家养老服务网点，建设社区"健康小屋"等一体式老年人健康监测管理服务站。二是重点推进智慧养老模式，搭建智慧养老综合服务平台，开发智慧养老管理软件等应用产品。三是发展候鸟式养生养老，建设涵盖医疗康复、养生保健、健康养老等的复合型养老服务机构。

3. 养生养心

一是发展生态休闲度假，开发一批具有通道特色的生态休闲度假基地。二是发展温泉度假基地，提供度假、休闲、商务、会议、娱乐、社交、旅游一站式度假生活体验，倡导温泉与养生、休闲与健康的新理念。三是发展禅修灵修产业，深度开发以"禅修、静心、休闲、减压"为主题的"禅修游"特色旅游产品。

（四）健

1. 体育制造业

一是重点发展户外运动用品、装备及器材等，包括球类、体育器材及配件、训练健身器材、运动防护用具及体育服装鞋帽的制造。二是鼓励与扶持以移动互联网为主体的体育生活云平台和体育电商交易平台的建设，推动体育用品生产技术创新和产业升级，研发并生产体育智能硬件。

2. 体育服务业

一是发展竞赛表演业，支持当地少数民族地区举办少数民族传统体育运动会，广泛开展体现少数民族特色的健身活动。二是发展场馆服务业，建设一批特色项目。三是发展体育中介业，经济引入和培育一批体育经纪人。四是打造体育培训业，开展各种体育培训机构、专项运动俱乐部的体育技能培训（武术、棋类、赛车、气功、航空等）。五是发展体育传媒业等。

3. 其他体育产业

一是体育健康服务，包括体质监测与康体服务、科学健身调理服务、社会体育指导员服务，体育运动医学和创伤医院、体育康复疗养场所服务，以及中医运动康复医疗服务。二是体育彩票服务，主要包括体育彩票相关的管理、发行、分销等服务。三是体育会展服务，包括体育用品、体育旅游、体育文化等各类体育博览、展览或展会及体育博物馆等服务。

（五）游

就广义上而言，旅游业是指为旅游者提供服务的一系列相关行业的统称，是以游客为对象，为游客的旅游活动创造便利条件并提供其所需服务和商品的综合性产业。旅游者的旅游活动主要包括吃、住、行、游、购、娱 6 个方面，涉及的相关产业包括餐饮业、旅馆业、交通运输业、旅游景区业、零售业和娱乐服务业。

1. 健康旅游

健康旅游包括：①体育旅游，包括山地户外旅游、水上运动旅游、汽车摩托车旅游、航空运动旅游、健身气功养生旅游，以及体育赛事旅游和民族特色赛事旅游。②中医药旅游，包括中医药观光、养生体验、中医药疗养康复、美容保健及中医药科普教育等旅游产品。③高端医疗旅游，可提供高端体检、医疗护理、康复疗养、健康养生、医疗美容、抗衰老等服务。

2. 生态旅游

结合当地特色，发展温泉度假、农业观光、生活体验等集观光、游憩、休闲度假于一体的生态旅游。

3. 文化旅游

结合当地传统文化、民族文化及红色文化，开展民族文化旅游、传统文化旅游和红色旅游等文化体验产品。

（六）食

1. 安全食品

一是利用育种新技术，研发品质优、产量高的农作物新品种，提高农产品竞争力。二是积极发展绿色、有机食品，严格按照 S-GAP 规范种植，同时研发有机农药，减少农产品中的农药残留和污染，提高产品质量。三是构建食品溯源数据库，包括食品来源、成分、加工厂家等信息，打造从农田到餐桌能够连接生产、检验、监管、消费各个环节的溯源系统，提高消费者放心指数。

2. 特色食品

特色食品是指有地方特色的食品，打造地方特色食品品牌对促进当地旅游业发展也有一定作用。特色食品的发展主要从以下三个方面推进：一是推动侗乡特有的香菇、木耳、薇菜、竹笋、天麻、腌肉、腌鱼等土特产，与旅游结合打造地方特色农产品。二是打造"通道三宝"小米、辣椒和粉条，以及特色农产品——通道红薯的品牌知名度。三是推动高山刺葡萄种植，发展野生山葡萄酒产业。

3. 健康食品

健康食品的范围包括保健食品、特殊医学用途配方食品（特医食品）和婴幼儿配方食品。产业重点包括：研发几类保健食品，打造我国的保健品和功能性食品产业化高地。积极推动特医食品发展。支持企业发展特医食品，利用已有的黑老虎种植生产基地，积极推动"黑老虎"相关产业的发展。

第三节　生物经济社区[183]

一、基本概念

据西方学者考证，公社（commune）主要是指中古欧洲自治城镇的组织，在该组织中的市民虽然拥有一定的权利（包括财产权、行政权等），但彼此之间互相协助帮忙非常普遍，是一种古代乌托邦的社会原型。

公社的存在，与生产力水平不高、经济社会不发达密切相关。由于生产力不发达，物产不够丰富，且还经常面临恶劣的自然环境，每个人必须与周围的人相互协助，才能使基本生活得到保障。这时的公社，基本是为了克服自然保障生产而存在的，但随着时代的变迁，"公社"一词逐渐与政治、治理等社会形态挂起钩来。

(一)公社的第一次实践

公社的第一次实践是著名空想社会主义的推动者罗伯特·欧文（Robert Owen，1771—1858）。1799 年，欧文与他后来的岳父合伙购买了一家大企业，办起了新拉纳克工厂，欧文任经理。通过观察，欧文决心在自己的工厂进行改革社会不合理状况的试验，并取得了成功：在不长的时间内，企业的价值增加了一倍多，而且一直给企业主带来丰厚的利润。基于在新拉纳克试验的理念，1824 年欧文到美国创办了"新和谐"公社，公社实行生产资料公共占有、权利平等、民主管理等原则[184]。这是公社的第一次实践，虽然免不了失败的命运，但也为后来的社会主义建设提供了不少借鉴。

(二)巴黎公社和人民公社

在人们的认识中，巴黎公社、人民公社是大家都熟悉和了解的两大形态。这两大形态都与"阶级"密切相关。

1. 巴黎公社

巴黎公社（Paris Commune）是 1871 年 3 月 18 日，法国国民自卫军起义胜

---

183 生物经济试验区和未名公社、基因部落同一个事情在不同时期、不同区域内的说法
184 Brue S L, Grant R R. 经济思想史. 8 版. 邸晓燕，等译. 北京：北京大学出版社，2008

利后建立的工人阶级政权，是法国无产阶级推翻资产阶级统治后建立无产阶级政权的伟大尝试，是 19 世纪无产阶级运动的最伟大的典范[185]。巴黎公社是世界上无产阶级武装暴力直接夺取城市政权的第一次探索，是世界历史上推翻资产阶级统治、实行无产阶级专政的第一次探索，是第一个无产阶级政权的雏形，是马克思关于打破旧国家机器的理论的第一次成功实践，为后来的无产阶级运动起到了巨大的示范作用[186]，虽然仅仅经历了短短的 72 天（1871年的 3 月 18 日到 5 月 28 日），但它的影响非常巨大（图 3-4）。

图 3-4　巴黎公社场景[187]

　　再往前追溯，巴黎公社的最初源头与 1789 年的革命有关，当年法国大革命推翻封建君主专制统治后，于 1792～1794 年在巴黎等众多城市建立了命名为公社的城市居民自治组织达 44 000 多个。

　　2. 人民公社

　　人民公社是公社在中国的一次伟大实践。人民公社是我国社会主义社会

185 黄帅. 第一国际与巴黎公社的诞生. 求索, 2017
186 何一通. 马克思眼中的巴黎公社. 改革与开放, 2014
187 转引自：讲历史上的今天——1871 年 3 月 18 日，巴黎公社革命取得了胜利. http://www.sohu.com/a/ 225784747_100028727 [2019-11-27]

结构、工农商学兵相结合的基层单位，同时又是社会主义组织的基层单位，是生产组织，也是基层政权。人民公社也是我党整风运动、社会主义建设总路线和一九五八年社会主义建设大跃进的产物。

　　我国第一个人民公社成立于河南省遂平县嵖岈山——嵖岈山卫星人民公社。为解决 1957 年冬和 1958 年春水利建设与荒山绿化中的矛盾，嵖岈山区高级农业合作社采取"小社并大社"的"联合"行动，收到了显著效果，成立大社逐渐成为讨论的话题，广大农民和基层干部也开始行动起来，递交决心书、请愿书，初步统计显示：各社队共写决心书 1950 份，血书 148 份，申请书 38 410 份[188]。在《关于把小型的农业合作社适当地合并为大社的意见》的号召下，嵖岈山大社应运而生（图 3-5）（大社成立之初称"卫星集体农庄"），并于 5 月 5 日遂平县委书记娄本耀向谭震林副总理汇报了建大社的经过，谭震林对此非常支持，受此启发，娄本耀要求遂平县委办公室主任把全县 8 个农庄改成公社，并按照谭震林副总理的指示，将"卫星集体农庄"最终改为"嵖岈山卫星人民公社"。

图 3-5　嵖岈山大社成立大会的欢庆场面[189]

---

188 杨秋意. 中国第一个人民公社的前世今生. 农村·农业·农民(A 版), 2018

189 杨苏雯. 新中国第一家人民公社：官方镜头下的完美世界. http://pic.history.sohu.com/group-474173.shtml [2019-11-27]

嵖岈山卫星人民公社成立后，受到毛泽东主席和各级领导的高度重视，各大媒体纷纷进行宣传报道，卫星公社简章也刊发全国，嵖岈山卫星人民公社成为全国学习的样板。

1958 年 8 月 6 日，毛主席视察新乡七里营人民公社并赞扬"人民公社这个名字好"，随后中央政治局讨论并通过了《中共中央关于在农村建立人民公社问题的决议》，全国掀起了人民公社建设高潮，不仅在农村，人民公社也逐渐在城市中得到发展[190]。当然，国家也投入了大量资金。研究显示：1959～1979 年，国家投入 125 亿元支援人民公社[191]。

目前来看，人民公社的建设依然是乌托邦，是试图在生产力水平不高的条件下实现共产主义的一种尝试，否定了基本的经济法则与客观规律，失败也是必然[192]。党的十一届三中全会后，以包产到户、包干到户为代表的农业生产责任制在全国各地逐步推开，人民公社逐渐失去了存在的基础。以 1981 年 4 月四川省广汉向阳公社正式摘掉了人民公社的牌子、换上了乡政府的牌子为标记，人民公社开始逐步退出历史舞台。1983 年 10 月 12 日，中央印发《关于实行政社分开、建立乡政府的通知》，提出到 1985 年 2 月全国农村人民公社政社分开、建立乡政府的工作全部结束的目标，人民公社终究被乡或镇取代[193]。

人民公社化运动是我国探索建设社会主义道路的一次尝试，但与巴黎公社相比，人民公社的影响更大，一是时间长（达到 26 年），整整一代人的时间；二是相较巴黎公社，人民公社的控制更为严格，1962 年 9 月 27 日，中国共产党第八届中央委员会第十次全体会议通过《农村人民公社工作条例修正草案》，从国家层面进行了部署；三是范围广，扩展到整个中国。

人民公社是共产主义的雏形，必须基于"生产力高度发达、物质高度丰富、社会高度文明"这"三高"的有形和无形的保障才能实现。但由于当时的历史局限，人民公社也免不了最后失败的命运。

当然，人民公社的历史贡献也不可磨灭。人民公社为克服新中国成立初期农业十分落后、无法完成原始积累提供了无可替代的作用，利用人民公社

190 任庆银. 我国城市人民公社的历史变迁. 党史文苑, 2017, (16)

191 王爱云. 1959～1979 年支援人民公社投资. 当代中国史研究, 2018, (4)

192 高海艳. 农村人民公社化运动失败原因再分析. 安康学院学报, 2018, 30(6)

193 林蕴晖, 顾训中. 人民公社狂想曲. 郑州: 河南人民出版社, 1995

的组织力量和体制优势，我国实施了"以农养工"和"用农民集体力量建设农田水利基础设施"的策略，建成了一大批农田水利基础设施，顺利实现了依靠农业的积累建立工业化的过程。但它也给我国带来了巨大伤痛，忽视了客观的经济发展规律，过分夸大了主观意志和主观努力的作用，使高指标、瞎指挥、浮夸风、"共产"风等错误大肆泛滥，工农业生产遭到极大破坏，国民经济比例严重失调，人民生活产生严重困难。

从巴黎公社到人民公社的惨痛教训，使世界对"公社"一词极为敏感。但事实上，无论是巴黎公社还是人民公社，都是生产力发展程度的局限导致没有找到合适的解决途径的结果。

(三)生物经济社区(未名公社)：人类未来理想家园

人有几个属性是不可能被改变的，其中之一就是人类的群居属性。这与人类早期长期的穴居相关，在长期的穴居过程中，人慢慢形成了相互帮助、相互交流的习性，长期发展演化导致"群居"成为人的本性之一。

我们经常看到和听到的是现代社会中人与人之间的相对冷漠及隔阂，缺乏相互交流，但这并不代表人与人之间不想相互交流。试想一下，当你在自己熟悉的领地，在与朋友相聚的时候，在与家人、朋友、同学等相互熟悉的人一起聚会的时候，是不是感到非常开心和快乐？为什么会出现这种现象？从生物学观点考察，主要是它适合了人的本性。

基于对经济社会的长期观察和思考，作者逐渐发现了这个问题并对其进行了系统研究，最后得出了这样一个结论：生物经济社区(又被称为未名公社，或者基因部落)是中国乃至人类未来的理想社区。这是作者利用自创的生物经济理论，在对人类经济、社会和发展历史研究基础上提出的一个全新概念(图3-6)。

因为在生物经济社区里，是这样一个社会状态的存在：在这个社区中，人人都可享受到现代文明成果，但过着原始部落生活。这应该是人类最理想的家园，因为在现代社会，享受到现代文明成果并不是十分困难的事情，如无论在哪里，只要有网络，基本都可以享受到现代信息技术带来的积极影响(当然也有消极影响)，可以享受到网络、电视带来的影响，可以享受到铁路、汽车带来的影响；但要享受到"原始部落"的生活，难度却非常巨大，因为

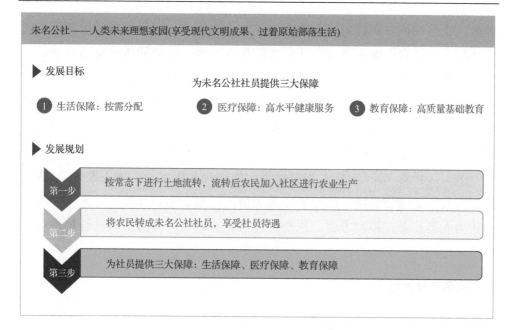

图 3-6　作者构建的未名公社模式图

原始部落具有青山绿水、蓝天白云、新鲜空气。在现在这个世界，这样的环境是稀缺环境，这样的区域是罕见的区域。

根据作者的规划，未名公社可以为社员提供三大基本保障：生活保障、教育保障和医疗保障。由于未名公社能享受到现代的科学技术的成果，这里的生产力高度发展、物质也非常丰富，人人都可以享受到基本的生活保障——生活按需分配、高质量基础教育保障和高水平健康服务。这意味着即使公社社员不需要工作也可满足基本的生存，当然，这也意味着人类不再为生存而劳动，反而劳动成为第一需要。

二、理论基础

未名公社并不是乌托邦，未名公社具有深厚的理论基础。它是在作者的生物经济理论指导下，对未来社会发展的一种探索，核心理论基础主要是"社会基因学"和"新资本论"。

第一，未名公社的建设必须在社会基因学的指导下进行。社会基因学告诉我们，任何一个改革的进行都必须以"社区"为基本单位进行。按照社会基因学"家庭是社会的密码，单位是社会的基因，社区是社会的细胞"基本理念，我们知道，在任何一个独立存在的生命体中，密码子和基因都不可能单独存在，只有细胞在合适的环境中能生存下来。社会的改革也是这样，主要是因为社区集合了具有多种功能的微小"因子"存在，这些微小的因子相互作用，提供了社区存在所需要的物质和能源等。例如，未名公社中的大农业、大工业，以及技术创新等，都属于小的"因子"，这些因子的独立作用，提供了未名公社存在的基础。

第二，新资本论(即资本控制世界、生命决定资本、基因主宰生命)为未名公社提供了操作思路。虽然资本是无情的，但资本若能被"好人"使用，用在为人类社会谋福利方面，也会由无情变有情，从而为广大社会创造更多财富。

三、未名公社规划

对于如何推进未名公社的建设，作者也进行了规划。按照作者的设计，未名公社发展步骤分三步走：第一步是按照常态进行土地流转，流转后的农民加入社区进行农业生产；第二步是将农民转变成未名公社社员，享受社员待遇；第三步是为公司提供三大保障：生活保障、医疗保障和教育保障。

下面以北大未名计划在河北唐县的保定通天河未名公社为例，对何为未名公社及如何因地制宜推进未名公社进行描述。

(一)基本情况

保定通天河未名公社位于河北省保定市唐县石门乡，规划面积75.2平方千米，下辖14村庄，现有人口9827名。

(二)核心理念

生产：充分利用农村有形或无形的资源，发展生物经济产业，形成多元化经济结构、宜业生产空间。

生活：具备完善的基础设施和高品质的生活、教育、医疗保障和服务，拥有悠久的历史文化传统、宜居生活空间。

生态：注重整治生态环境，保护与挖掘山区乡村风貌和田园风光、"绿水青山"的生态空间。

(三)发展目标

以大健康产业为核心,以藜麦、牡丹、中草药种植业为基础,以生物经济产业为支撑,以健康休闲旅游为关联,推进产村深度融合,建成各尽所能、各取所需、配套设施完善的白求恩健康小镇(未名公社)。

1. 各尽所能、各取所需的共产主义实践社区

通过发展生物经济产业,保障居民充分就业,为社员享受生活保障(生活必需品按需分配)、医疗保障(高水平健康服务)、教育保障(高质量基础教育)提供坚实的基础。

2. 以生物经济为产业依托的现代生物经济社区

依托生物经济体系,打造"享受现代科技成果,过着原始部落生活"的存在状态,为当地居民、外来游客及消费者提供各类需求保障,构建主客共享的生物经济社区。

(四)产业支撑

未名公社的产业体系是以大健康产业为核心,融合"医药养健游食"的核心产业,为未名公社提供坚实的产业基础。

1. 大健康

未名小镇的大健康产业主要包括健康管理、医疗服务和养生养老三个方向。

健康管理方向包含中医药医疗保健、健康养老服务及健康体检与咨询管理等。以健康管理为核心,以药品、医疗器械、保健食品、体育健身等为支撑,全面发展科教研发、休闲旅游、文体运动、有机农业等扩展产业,构筑健康管理服务产业综合体。

医疗服务方向是以医疗服务为核心,以药品、医疗器械、保健食品、保健用品等生物医药产业为支撑,发展科技研发、休闲旅游、商务会展等扩展产业,构筑医疗服务产业综合体。

养生养老方向是以养生养老为核心,以高端康复、医疗器械、中医养生等为支撑,全面发展疗养旅游、中草药种植体验等扩展产业,构筑养生养老产业综合体。

2. 大农业

大农业产业主要是打造中药产业和牡丹产业两条产业链，实现生物产业种植、加工、服务三次产业融合发展。

油用牡丹种植产业规模 2142 亩(1 亩≈666.7 平方米)，是主要位于通天河沿线(以和家庄村为核心)的牡丹种植区，致力于建设具有全球影响力的牡丹产业化示范基地。

中草药种植产业规模 800 亩，主要位于于家寨村与和家庄村交界处的药材种植区，旨在建设成为标准化的药草产业基地。

3. 大旅游

未名小镇的旅游产业主要包括森林康养、红色旅游和民俗旅游。

森林康养主要是依托大茂山国家森林公园，伴随人们健康意识的觉醒，充分利用森林所独具的养生疗养性能，打造兼具疗养和旅游功能的参观体验场所。

红色旅游是依托和家庄村晋察冀司令部、白求恩住所旧址等资源，打造集文化体验、滨水休闲、山林度假于一体的红色旅游小镇。

民俗旅游是充分发挥于家寨村与和家庄村两个村落的乡土文化特色，发展民宿、农家乐等民俗旅游业态，发展休闲观光旅游。

(五)社会配套

1. 构建基础教育普惠分级体系

针对当前和家庄村、于家寨村义务教育供给与需求现状、趋势和问题，结合北大未名发展过程中员工子弟就学需求测算，规划新建高标准的未名学校，立足长远，构建基础教育普惠分级体系，打造未名基础教育品牌，形成一定的区域影响力和吸引力。

2. 医疗服务供给模式与分配方案

整体来说，未名公社要构建"医疗中心+教育中心+休闲中心"一体化发展一站式，满足医疗旅游消费者综合需求的同时吸引高端服务机构进驻。

一是新建未名公社医院，其作为医疗中心，为社员提供基本医疗服务。

二是建设健康护理学院，为未名公社和社会提供健康护理教育培训。

三是建设未名度假疗养社区，满足高端人士的度假疗养需求。

四是设计养老服务供给模式与分配方案，发展社区养老和机构养老。

社区养老：社区养老是以家庭养老为主，社区养老为辅，在居家老人照料服务方面，又是以上门服务为主，托老所服务为辅的整合社会各方力量的养老模式。

机构养老：机构养老为老年人提供集中居住、生活照料、康复护理、精神慰藉、文化娱乐等服务，其主要服务对象是失能、半失能老年人。

第四节　良好健康管理规范(GHP)

一、基本概念

(一)健康管理

健康管理是一个概念，是一种方法，更是一套完善、周密的服务程序，其目的在于使患者及健康人更好地拥有健康、恢复健康，并尽量节约经费开支，有效降低医疗支出。因此，很多人都认为 21 世纪是健康管理的世纪[194]。

按照目前学术界和产业界的理解，健康管理是指以预防和控制疾病发生与发展、降低医疗费用、提高生命质量为目的，针对个体及群体进行健康干预、管理和教育，以提高自我管理意识和水平，并对其生活方式相关的健康危险因素持续加以干预的过程和方法。对普通人而言，健康管理指基于健康体检结果，建立专属健康档案，给出健康状况评估，并有针对性地提出个性化健康管理方案的过程。

(二)发展历程

从发展历程上看，美国是最早实施健康管理的国家，也是目前健康管理技术最先进的国家。早在 1929 年，美国蓝十字和蓝盾保险公司就开始推行健康管理，对教师和工人的健康进行管理[195]。20 世纪 50 年代，健康管理作为一个行业及学科开始在美国出现。1969 年，美国联邦政府出台了将健康管理纳

---

194 喻陆, 沙杭, 高岱峰. 新世纪：健康管理的世纪. 健康报, 2003-12-2

195 Kongstvedt P R. An Overview of Managed Care, The Essentials of Managed Health Care. 5th ed. Burlington: Jones & Bartlett Publishers, 2007

入国家医疗保健计划的政策。1973年，美国政府正式通过了《健康维护法案》，特许健康管理组织设立关卡，限制医疗服务，以控制不断上升的医疗支出。1978年，美国密执安大学成立了健康管理研究中心，旨在研究生活方式行为及其对人一生健康、生活质量、生命活力和医疗卫生使用情况的影响。发展到目前，在美国，健康管理已经深入每个人的生活，有效控制了疾病的发生、发展，显著降低了出险概率，减少了医疗保险赔付损失。

当然，健康管理最初的方案主要是基于医疗相关理念，内容也仅限在检测、预警等方面，不系统也没有成体系。但随着实际业务内容的不断充实和发展，健康管理逐步发展成为一套专门的系统方案和营运业务，并开始出现区别于医院等传统医疗机构的专业健康管理公司，作为第三方服务机构与医疗保险机构或直接面向个体需求，提供系统专业的健康管理服务。

(三)核心内容

健康管理的核心是要根据生活习惯、个人病史、个人健康体检等方面的数据，结合现代医疗科技的发展，为个人提供健康教育、健康评估、健康促进、健康追踪、健康督导和导医陪诊等专业化健康管理服务。

健康管理覆盖的人群不仅包括疾病人群、亚健康人群，还包括健康人群。核心内容包括三大类[196]。

一是个人健康信息管理。核心内容是利用大数据、人工智能、互联网及其他信息技术，收集与管理可用于健康及疾病危险性评价、跟踪和健康行为指导的个人健康信息，并对个人的健康信息变化进行跟踪监测。

二是个人健康与慢性病危险性评价。当完成个人健康信息收集后，根据健康信息和规律建立起来的疾病危险性评价模型，对个人健康进行系统分析，准确有效地评估出被评估者的健康状况，以及将来几年内患慢性病的危险程度、发展趋势及相关的危险因素，从而使被评估者准确地了解自己的健康状况和潜在隐患。

三是建立个人健康计划。核心内容是基于个人健康与慢性病危险性评价，为健康的个人提供进一步保持健康生活方式的各种相关建议，对于亚健康、

196 魏炜, 赵亮. 现代健康管理模式浅析. 卫生经济研究, 2006, (5)

高危及患病的个人，通过个人健康改善的行动计划及指南对不同危险因素实施个性化的健康指导。

(四)健康管理的主要特点

相关教科书告诉我们，健康管理有三个特点[197]。

一是以控制健康危险因素为核心。健康危险因素包括可变危险因素和不可变危险因素。可变危险因素是指可通过自我行为改变的可控因素，如不合理饮食、缺乏运动、吸烟酗酒等不良生活方式；不可变危险因素指不受个人控制的因素，如年龄、性别、家族史等。

二是体现一级、二级、三级预防并举。一级预防，即无病预防，是在疾病(或伤害)尚未发生时针对病因或危险因素采取措施，降低有害暴露的水平，增强个体对抗有害暴露的能力以预防疾病(或伤害)的发生或至少推迟疾病的发生；二级预防，即疾病早发现早治疗，在疾病的临床前期做好早期发现、早期诊断、早期治疗的"三早"预防措施。三级预防，即治病防残，可以防止伤残和促进功能恢复，提高生存质量，延长寿命，降低病死率。

三是服务过程为环形运转循环。健康管理的实施环节为健康监测(收集服务对象的个人健康信息，是持续实施健康管理的前提和基础)、健康评估(预测各种疾病发生的危险性，是实施健康管理的根本保证)、健康干预(帮助服务对象采取行动控制危险因素，是实施健康管理的最终目标)。整个服务过程就是通过这三个环节不断循环运行、减少或降低危险因素的个数和级别保持低风险水平的。

(五)中国的健康管理

健康管理的理念自 20 世纪 90 年代进入我国后，无论在学科体系、产业实践还是在人才培养方面都取得了较为长足的发展：健康体检机构以每年25%的速度增长；以休闲、美容、保健、运动健身与康复为主要健康管理服务内容的非医学服务机构已超 60 万家，从业人员达 3000 万人以上。

197 梁万年. 卫生事业管理学. 北京: 人民卫生出版社, 2008

但由于健康管理进入我国较晚，相比欧美日等发达国家，无论在业务模式还是在技术手段方面，我国都亟待完善：理论框架没有形成，缺乏系统、权威的理论支持；没有形成健康评估、鉴定与管理等国家标准；没有统一的健康数据管理标准与规范；健康评估、维护、管理技术和装备、手段参差不齐。另外，从商业方面看，全国尚无一家具有规模且能够系统全面提供健康管理服务的机构，健康管理服务机构良莠混杂，服务市场无序竞争。

(六)良好健康管理规范(GHP)：健康管理新模式

通过以上内容我们可以发现，我国目前正在推行的健康管理主要是基于对现有健康概念理解的健康管理，不系统也不全面。

在长期研究和思考的基础上，作者参照药品研发、临床试验、生产和销售过程中实施的管理规范(GLP[198]、GCP[199]、GMP[200]、GSP[201])，提出了健康管理的新理念，即良好健康管理规范(Good Health-Care Practice，GHP)。核心模式是围绕人类的全生命周期，对个人的健康信息按照既定的程序进行收集、检测、清洗、整理、储存、监测，针对每个人实行"全方位、个性化、保姆式"的"全线条、全流程、大尺度、长周期"健康服务，实现个人的健康、长寿、幸福。

二、理论基础

良好健康管理规范的理论基础是生命信息载体学说和管理信息不对称理论。

---

198 GLP，Good Laboratory Practice，指药物非临床研究质量管理规范，是药物进行临床前研究必须遵循的基本准则。其内容包括药物非临床研究中对药物安全性评价的实验设计、操作、记录、报告、监督等一系列行为和实验室的规范要求，是从源头上提高新药研究质量、确保人民群众用药安全的根本性措施

199 GCP，Good Clinical Practice，指药物临床试验质量管理规范，是规范药物临床试验全过程的标准规定，其目的在于保证临床试验过程的规范，结果科学可靠，保护受试者的权益并保障其安全

200 GMP，Good Manufacturing Practice，指药品生产质量管理规范，是一套适用于制药、食品等行业的强制性标准，要求企业从原料、人员、设施设备、生产过程、包装运输、质量控制等方面按国家有关法规达到卫生质量要求，形成一套可操作的作业规范帮助企业改善企业卫生环境，及时发现生产过程中存在的问题，加以改善

201 GSP，Good Supply Practice，指药品经营质量管理规范，是在药品流通过程中，针对计划采购、购进验收、储存、销售及售后服务等环节而制定的保证药品符合质量标准的一项管理制度

根据管理信息不对称理论，作者认为，由于人对自己的信息了解不够，不能实现自己对自身的完美管理，这就使得人类必须要借助外界的力量，如基因检测、影像学等，实现对自己的了解，从而实现对自己的管理。

根据生命信息载体学说，作者认为，生命是智者设计的信息载体，个体是智者将它需要的信息存在地球上的一种表现形式。为了保证信息的安全性和可靠性，智者设计了若干种储存形式，包括植物、动物和微生物三大类，涵盖从最简单的病毒到最复杂的人体成千上万种类型，这正像从最简单的 U 盘到最复杂的巨型机都是人类储存信息的载体一样。

既然人体是信息的载体，那么对人体的管理，可以参照信息管理的方法进行。根据信息学的定义，信息管理[202]是人类为了有效地开发和利用信息资源，以现代信息技术为手段，对信息资源进行计划、组织、领导和控制的社会活动。简单地说，信息管理就是人对信息资源和信息活动的管理，是指在整个管理过程中人们收集、加工和输入、输出信息的总称。信息管理的过程包括信息收集、信息传输、信息加工、信息储存四大步骤。

从疾病管理的角度，我们知道，疾病特别是慢性非传染性疾病的发生、发展过程及其危险因素具有可干预性，因为疾病的产生并不是突然出现，而是从健康到低危险状态，再到高危险状态，然后发生早期病变、出现临床症状，直到最后形成疾病，这是连续的过程，时间很长，且与人们的遗传因素、社会和自然环境因素、医疗条件及个人的生活方式等因素都有高度的相关性。健康管理的主要手段就是通过系统检测和评估，发现可能导致疾病产生的危险因素，实现阻断、延缓甚至逆转疾病，达到提前预防性干预、维护健康的效果。

三、良好健康管理的规划设计

参照信息管理的流程，按照 GHP 的理念，作者将生命过程管理体系设计为三大系统：生命信息获得系统、生命信息管理系统、生命信息监控系统（图 3-7）。

---

202 李兴国. 信息管理学. 北京: 高等教育出版社, 2007

图 3-7　作者构建的生命全过程的良好健康管理规范示意图

(一) 生命信息获得系统

生命信息获得系统主要是通过现代科学技术的方法和手段，实现生命有关信息的发现和储存。

根据作者的设计，生命信息获得系统包括三个部分：①临床诊断技术；②分子诊断技术，包括基因组学、蛋白质组学、代谢组学；③信息载体储存（永久的生命信息源），目标是通过检查，存储健康完备的信息，建立信息库（图 3-8）。

根据对现代技术的长期跟踪和研究，目前，生命信息获得系统应从两个方面入手。

一是信息载体检测，包括临床诊断技术和分子诊断技术。临床诊断技术主要包括物理诊断、实验诊断、病理诊断等；分子诊断技术主要包括基因组学、蛋白质组学、代谢组学等。

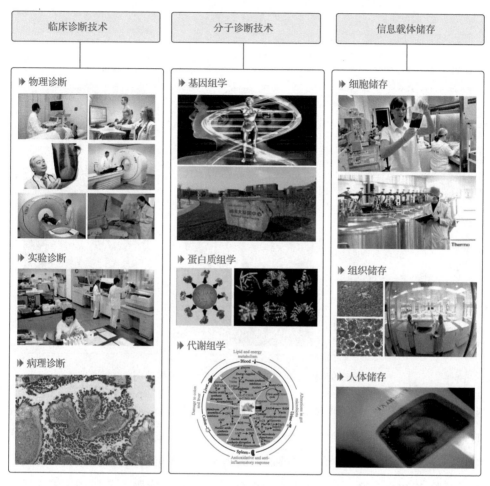

图 3-8　作者构建的生命信息获得系统模式图

二是信息的存储，这类似于目前对信息库进行的管理，通过建立系列的基因库、细胞库、组织库，以及人体库等，按照既定的安排对所有信息进行管理。

(二)生命信息管理系统

生命信息管理系统主要是对生命信息即对疾病前、疾病中和疾病后进行全方位、个性化和保姆式的健康管理服务(图 3-9)。

研究表明，人群的健康状况呈哑铃状分布，即疾病前后为哑铃的两端(占人群的 85%)，疾病状态为哑铃的中间部分(占人群的 15%)。按照作者的理解，

图 3-9　作者构建的生命信息管理系统模式图

生命信息管理系统要按照健康管理的"哑铃模式"进行,即要针对多数人(85%的人群)加强疾病前和疾病后的健康管理与服务,建立完善的健康服务体系。具体思路是:疾病的诊断与治疗主要以西医为主,服务机构主要是医院(中国现有各级医院 27 000 多家),而疾病前和疾病后人群的健康服务应以中医药为主,但目前尚未建立为这两类人群提供健康服务的机构。北大未名将实施"百城万店"计划,在社区建立未名社区健康连锁服务站,为疾病前和疾病后人群提供健康服务。

1. 发挥中医药优势,做好疾病前健康服务

医学界,加强疾病前健康服务实现关口前移已经成为共识,但在操作层面,大多数都认为治未病主要是通过体检等手段在前期发现问题。但事实上,治未病一直是中医的健康观,应当作为关口前移的核心。祖国传统医学有"上医治未病,中医治欲病,下医治已病"的说法,即医术最高明的医生并不是擅长治病的人,而是能够预防疾病的人,"未病先防,已病防变,瘥后防复"。

治未病的理念，对养生保健、防病治病有着重要的指导作用，可将中医药服务的对象拓展到亚健康人群、健康人群，服务范围拓展到"医疗预防，养生保健，康复防变"等各方面。

2. 发挥西医西药优势，加强疾病的诊断与治疗

住院治疗依然是关键。但随着病房与门诊的界限的日趋模糊，以及"门诊手术"等开始出现，"无病房"的新概念医院体系也会逐步出现。基于此理念，医院的模式也逐渐发生了变化。另外，专科医院发展特别迅速，"大专科小综合"，以优质专科品牌作为延伸支点，建设相关的学科群，打造精品医院已经成为共识。随着转化医学等现代科学技术的发展，围绕医院建立学术中心，建立现代化的医学中心也已经成为医院的目标。

3. 发挥中医药优势，做好疾病后的康复服务

疾病后的健康服务与医疗界所谓的"关口下移"类似，主要强调治疗后的康复，体现"三份治、七分养"的理念。这需要发挥中医药在疾病康复中的独特优势。

在中国，很多人都将重心放在了治疗上，对康复关注度不够。事实上，国际对治疗后康复的关注已经得到了医学界的共识。康复医学作为一门新兴的学科，是 20 世纪中期出现的一个新的概念，已经和预防医学、保健医学、临床医学并称为"四大医学"，是一门以消除和减轻人的功能障碍、弥补和重建人的功能缺失、设法改善和提高人的各方面功能的医学学科，也是功能障碍的预防、诊断、评估、治疗、训练和处理的医学学科。运动疗法、作业疗法、言语疗法等是现代康复医学的重要内容和手段。

(三) 生命信息监控系统

生命信息监控系统主要对生命信息进行动态、全天候的监测和干预。具体说，生命信息监控系统就是通过健康物联网对一些重要的生命信息达到及时干预和管理。例如，通过远程医疗、移动健康管理设备等，可实现对健康的 24 小时监测，并进行实时对比，一旦发现相关状况，立即发出警告信息，通过系列安排进行干预。

北大未名正在构建的生命信息监控系统，集成现代科学技术成果，建

立健康物联网，实现健康的在线监控。健康物联网构成的线上服务体系主要包括三个部分：生命信息传感器、未名健康信息处理系统、医疗系统+互联网（图 3-10）。

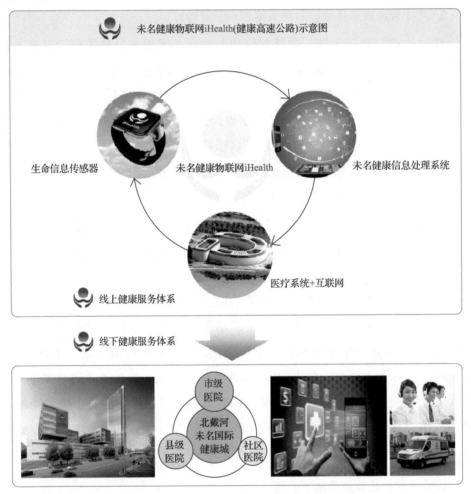

图 3-10　北大未名正在构建的未名健康物联网示意图

健康物联网（线上服务体系）与线下服务体系相辅相成，为客户提供高质量、全面和快速的健康服务。健康物联网的工作模式为：通过生命信息传感器收集人体的主要生命信息，传递到互联网系统，再将数据传输到未名健康信息处理中心，经过个性化的健康信息处理后，指示健康服务体系进行网络健康服务和现场医疗服务，实现全天候的人体在线健康监控和管理。

第五节　森林康养

森林具有涵养水源、释放氧气、防止水土流失等多种功能，是宝贵的生态资源，也是脆弱的生态资源。为了能更好地保护好森林资源，将生态资源转化为经济资源，在长期的思考和探索过程中，作者逐步形成了如何将森林资源与健康之间结合起来的想法，也形成了独具特色的未名森林康养模式。

一、基本概念

森林康养是以森林生态环境、森林景观、森林文化为载体，以森林医学、现代健康管理、疗养康复的理论和技术为核心，整合先进医疗技术、信息技术与健康保险服务，以"养生防病"为服务本质，提供全方位、个性化、保姆式的健康管理、疗养康复和健康养老三大森林康养服务[203]。

森林康养的提出，离不开对森林基本功能的理解，离不开对何为康养、如何康养的探索研究。回归自然、走进森林、修养身心、维护和保持健康等，是森林康养的基本功能要素。

未名的森林康养是全新的森林康养。按照作者的理解，未名森林康养是在生物经济理论指导下，将生命科学和医学理念指导下的良好健康管理规范（GHP）融入森林，使得森林成为实施健康管理的最佳场所，森林资源变成金山银山。

森林康养的提出，来源于人类对森林的科学认知。例如，空气中的负氧离子被誉为"空气维生素"，能降解中和空气中的有害气体，调节人体生理机能、消除疲劳、改善睡眠、预防呼吸道疾病，改善心脑血管疾病、降血压，以及增进人的食欲、增强皮肤弹性，世界卫生组织公布每立方厘米空气中含有 1000 个以上负氧离子是对人体有益的；而森林是负氧离子产生的主要来源，森林中的负氧离子浓度达可达到 10 000～20 000 个。在 2013 年 9 月我国林业局发布的《推进生态文明建设规划纲要（2013—2020）》中，把空气中负氧离子的含量作为人民宜居生态文明建设的重要指标。

203　邓三龙. 森林康养的理论研究与实践. 世界林业研究, 2016, (6)

(一)源起与发展

森林康养是一种国际潮流，在国外被称为森林医疗或森林疗养，主要是因为森林被誉为世界上没有被人类文明所污染与破坏的最后原生态，也是人类唯一不用人工医疗手段就可以进行一定自我康复的"天然医院"[204]。

自19世纪40年代德国在巴特·威利斯赫恩镇创立世界上第一个森林浴基地以来，优良的森林环境对人体健康的维护和促进作用日益受到国际社会与各国政府的高度重视。

1982年日本林野厅首次提出将森林浴纳入健康的生活方式，2004年成立森林养生学会，开始进行森林环境与人类健康相关的循证研究，2007年成立了日本森林医学研究会，建立了世界首个森林养生基地认证体系，截至2013年，日本共认证了57处、3种类型的森林疗养基地，每年近8亿人次到基地进行森林浴。

韩国在1982年开始提出建设自然疗养林，1995年启动森林利用与人体健康效应的研究。迄今为止，韩国共营建了近400处自然休养林、森林浴场和森林疗养基地，制定了完善的森林疗养基地标准、森林疗养服务人员资格认证和培训体系。

2011年以来，美国联邦政府汇集以林业为主的8家机构实施的大户外战略，成为提振美国经济和增加就业的重要部分。目前，美国平均每人每年收入的1/8用于森林康养。

(二)产业模式

国外森林康养产业起步早、发展快，其理论研究和产业体系日趋完善，并逐步形成了几种较具代表性的发展模式，即森林医疗型的德国模式、森林保健型的美国模式和森林浴型的日本模式[205]。

森林医疗模式。在德国，森林康养被称为"森林医疗"，重点在医疗环节的健康恢复和保健疗养，形成了一批极具国际影响力的产业集团，如高地森林骨科医院等。同时，森林康养行业的发展，大大激发了市场对专业人才的需求，对于康养导游和康养治疗师等方面的人才，市场需求空间很大。

---

204 孙抱朴. 森林康养——大健康产业的新业态. 商业文化, 2015, (22): 82-83
205 张胜军. 国外森林康养业发展及启示. 中国社会科学报, 2016-5-16(007)

森林保健模式。美国的森林康养场所通过提供富有创新和变化的配套服务，以及深度的运动养生体验来吸引游客，并能够实现集旅游、运动、养生于一体的综合养生度假功能。同时，美国还通过各种途径促进森林保健信息的宣传，推广森林保健产品。

森林浴模式。日本的森林康养起源于 1982 年，从森林浴开始起步，发展较为迅速，每年有数亿人次在森林康养基地进行森林浴。同时，为了推广森林康养，日本制定了一套科学、全面、统一的森林浴基地评选标准，专门成立了森林医学研究会。目前，日本已成为世界上在森林健康功效测定技术方面最先进、最科学的国家。

（三）国内现状

中国森林康养元年应为 2013 年。2013 年，湖南省林业厅邓三龙厅长以全国人大代表的身份首次向全国人大提交了《关于大力推进绿色供给的建议》，提出要大力发展森林康养产业。同年，在湖南省林业厅邓三龙厅长的支持下，湖南省启动了森林康养工作，在湖南省林业科学院试验林场，湖南省林业厅、北大未名和湘雅医院联合建立了全国首个森林康养基地——湖南林业森林康养中心，制定了我国第一个省级政府森林康养规划《湖南省森林康养发展规划（2016—2025 年）》，并经湖南省政府批准发布实施。

从现有文献查询，我国学界对森林康养的关注应兴起于 2015 年。在国内文献最全的中国知网，在篇名查询"森林康养"，发现截至 2019 年 3 月 7 日，共搜索到 237 条记录，其中最早的一篇是孙抱朴发表于 2015 年的《森林康养是新常态下的新业态、新引擎》[206]。初步统计显示（图 3-11），在标题含有"森林康养"4 个字的文章中，发表文章最多的是四川省卧龙国家级自然保护区的程跃红；发表文章最多的机构是江西农业大学，其次是中南林业科技大学、湖南省林业厅和中国林业科学研究院。

从产业发展来看，在湖南的带动下，国内的其他省市也正在进入小范围的探索中[207]。北京正在建设几处森林疗养示范区；四川省正在通过强化森林康养国际合作交流，借鉴森林康养发达国家在森林康养基地认证、管理等方

---

206 孙抱朴. 森林康养是新常态下的新业态、新引擎. 商业文化, 2015, (19)

207 陈廉焕. 我国森林康养产业发展战略研究. 2015

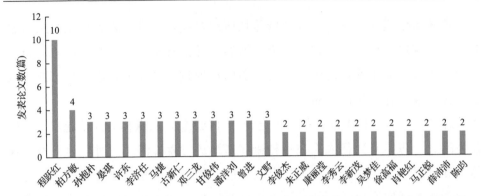

图 3-11　　"中国知网"标题含有"森林康养"的文章分析(查询时间：2019 年 3 月 7 日)

面的经验和做法，探索构建欧亚地区森林康养国际合作交流平台；黑龙江省伊春市正在规划发展森林康养，打造"森林避暑康养度假"产业；湖南省绥宁县拟采取分三步走的策略，构建"平台明朗，布局清晰，重点突出"的集观光、度假、养生、运动于一体的森林康养经济发展体系。

但总体来看，我国森林康养仍处于摸索、尝试阶段，产业也正处于起步阶段，规划滞后、服务设施少、政策支持和要素保障不足、社会资本投入不多等问题突出；已开展的森林康养活动主要停留在以满足感官体验为主要形式的阶段，业态也没有全面展开，远没有形成规模与经济效应，对未来的发展也没有清晰的认识。

(四)未名森林康养

森林康养产业属于康养服务产业，是康养产业的子产业，是属于服务业中的新兴产业，可对众多上下游产业的发展产生强劲的推动效应，具有强大的生命力。这是作者非常看重森林康养的重要原因，也是北大未名在森林康养产业领域进行深入思考、深入实践的重要原因。

经过深入研究分析，基于作者对森林康养内涵和外延的认识，作者提出森林康养必须依靠四大支柱：得天独厚的森林生态环境、丰富多彩的森林景观、绿色安全的森林食品、特色浓郁的森林文化，主打三大服务：健康管理、疗养康复和健康养老，达到养生防病的最终目的，打造绿色健康产业新品牌。

这是作者提出的森林康养 3.0 的核心思想。根据作者的研究，森林康养发展到现在，共经历了三个阶段，分别是森林康养 1.0、森林康养 2.0、森林康养 3.0(图 3-12)。

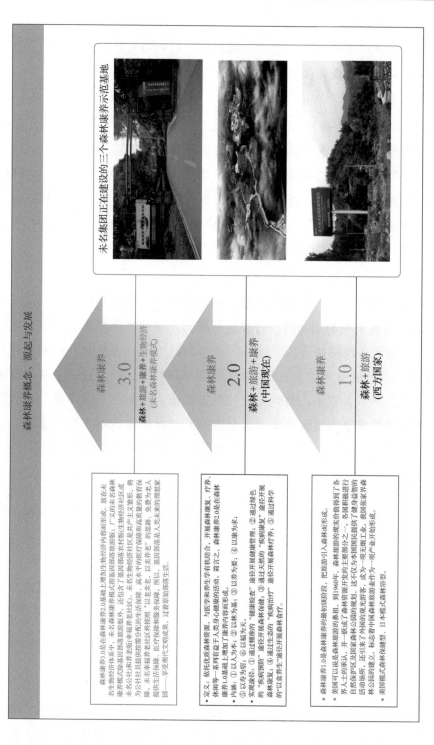

图3-12 未名森林康养模式图

1. 森林康养 1.0

森林康养 1.0 是森林康养的最初级阶段，核心要素是把旅游引入森林，主要模式是美国模式森林保健型、日本模式森林浴型。

2. 森林康养 2.0

森林康养 2.0 是在森林康养 1.0 基础上增加了康养内容而形成的，核心是依托优质森林资源，与医学和养生学有机结合，开展森林康复、疗养、休闲等一系列有益于人类身心健康的活动，主要模式包括：①通过精准的"健康检查"途径开展健康管理；②通过绿色的"疾病预防"途径开展森林保健；③通过天然的"疾病康复"途径开展森林康复；④通过生态的"疾病治疗"途径开展森林疗养；⑤通过科学的"以食养生"途径开展森林食疗。

3. 森林康养 3.0

森林康养 3.0 是森林康养的最新发展，是作者正在践行的新阶段，在森林康养 2.0 基础上增加生物经济内容而形成的，主要表现形式是基因部落旅游版。广义的未名森林康养模式除基因部落旅游版外，还包含了基因部落农村版（生物经济社区或未名公社）和养老版（幸福养老社区）。其中，未名生物经济社区是共产主义雏形，将为公社社员提供按需分配的生活保障、高水平的医疗保障和高质量的教育保障。未名幸福养老社区将按照"以老卖老，以卖养老"的思路，免费为老人提供生活保障、医疗保障和服务保障。

二、理论基础

森林的存在，为人类提供了丰富多彩的生态景观、优质富氧的环境、健康美味的食品，但目前，由于人类对森林的认识不足，对森林的破坏也日趋严重。

基于此调研和分析，作者认为，森林是人类最为宝贵的资源，对森林的开发和利用应建立在保护的基础上，实现在保护中发展，在保护中创造效益，否则，仅仅是保护而不能带来效益也不是长久之计，不具有可持续性。为此，作者基于生物经济学相关理论，提出了森林康养的新思路。

按照生物经济学理论，生物经济具有三大特征：不损他人实现利己、依靠生态发展经济、工作过程享受生活，但如何发展生物经济？根据作者的理解，生物经济就是以生命科学和生物技术研究开发与应用为基础，建立在生物技术产品之上的经济。因此，我们要积极探索利用生命科学和生物技术，积极开发系列生物技术产品，并将森林优势和康养结合，才能真正做到"依靠生态发展经济"，实现森林、生产、生活之间完美的结合。

三、设计规划

目前，北大未名正在湖南怀化市通道县、河北保定古北岳建设森林康养示范基地。

根据作者的设计，基地重点布局了森林医学、森林运动、保健和森林康养三大产业领域。按照"社会基因学"理念，为了维持基地的独立生存，基地按照闭环式健康管理的模式，聚焦养生调理(含营养干预)、健康体检、移动健康管理、医学运动康复、基因检测、专家咨询门诊、国际医疗服务等，进行森林康养建设模式、运营管理模式的探索与人才培训。

目前，基地已经完成了小型体检中心、运动保健中心(MTT)、森林康养营养馆、森林睡眠中心、森林疗养馆、细胞医学中心、森林康养技术交流中心等的建设，配置了国际一流的睡眠中心、健康体检中心、运动保健康复中心、森林康养营养馆、森林康养技术交流中心、细胞医学转化中心等一流的森林康养服务，可提供全方位、个性化、保姆式的森林康养服务。

第六节　生物经济孵化器

一、基本概念

孵化器，原意是指人工孵化禽蛋的设备，后被引升至经济领域，专指为小企业或创办初期的企业提供资金、管理、资源、策划等支持从而帮助企业顺利成长的机构。实质上，企业孵化器的作用就是为创业者提供必需的资源与服务来加速初创和新兴企业成功发展的商业支持过程[208]。

(一)孵化器的提出

从企业孵化器发展历程来看，孵化器是随着新技术产业革命的兴起而发展起来的，以促进经济发展和创造就业为目的的机构。最早的标志性事件是

208　谢艺伟, 陈亮. 国外企业孵化器研究述评. 科学学与科学技术管理, 2010, (10)

Mancuso 1956 年在美国建立了世界上第一个孵化器[209]。在早期，孵化器主要是由政府、大学建立的，同时也有一些私营企业或政府、大学、私营混合的孵化器。《企业孵化器：基于全国的调查》（*Business Incubator Profiles: A National Survey*）[210]曾对孵化器给出了明确的定义，并对美国孵化器的发展进行了详细介绍，现代意义上的孵化器也逐渐出现。

(二)中国的实践

我国最早的孵化器出现在 1987 年，是东湖新技术创业中心。最早的孵化器政策文件是 1994 年出台的《关于对我国高新技术创业服务中心工作的原则意见》（国科发火字［1994］304 号）。目前，我国科技孵化器已经走过了 30 年历程，经历了 3 个发展阶段，即探索扶持发展阶段、多元融合发展阶段、深化辐射发展阶段[211]，形成了三种模式：①完全事业型，政府、事业单位投资，按照事业单位运营；②事业企业型，政府、事业单位投资，企业化经营；③企业型孵化器，孵化器是企业法人，股东投入资本，自主经营、自负盈亏。我国科技孵化器还形成了两种孵化器类型：①托管型孵化器，即面向初次创业者或高科技及互联网创业者，提供办公场地、定期的创业培训、项目路演培训、投资人对接等；②策划型孵化器，即依托大型的咨询策划公司，面向人群为有一定经济基础的多次创业者或者传统中小微企业家，通过搭建企业资源平台，为企业提供一对一的咨询服务、资本服务等，使其可共享孵化器的资本、咨询和人脉等资源。

为了推动孵化器更快更好发展，2010 年，我国科技部还专门印发了《科技企业孵化器认定和管理办法》（国科发高〔2010〕680 号），提出了国家级孵化器的认定条件，全面规范了国家级孵化器的发展。

在国家的推动下，我国孵化器呈现快速发展态势。数据显示，截至 2017 年年底，全国孵化器增长到 4069 家、众创空间 5739 家及加速器 500 多家，在孵科技型中小企业达 17.5 万家，在孵企业总收入 6323.47 亿元，累计毕业企业达 11.1 万家，培育高新技术企业 1.1 万家，累计帮助 4 万家企业获得风

209 梁云志, 司春林. 孵化器的商业模式研究：理论框架与实证分析. 研究与发展管理, 2010, 22(1)

210 Temali M, Campbell C. Business Incubator Profiles: A National Survey. Minneapolis: University of Minnesota Humphrey Institute of Public Affairs, 1984

211 孙启新. 科技企业孵化器从业人员培训指定教材. 科学技术部火炬高技术产业开发中心, 2016: 4-29

险投资 1940 亿元，毕业后上市（挂牌）企业达到 2777 家[212]。

（三）孵化器未来模式

在长期的探索和实践中，作者结合生物经济的理念，提出了生物经济孵化器。这是一种基于生物经济理念建立的孵化器，与原来的孵化器有截然不同的操作和运营模式。

根据作者的理论，生物经济孵化器是在经济生物重组理论指导下所创造的一种新模式，是依据经济生物重组理论建立的新型孵化器，是一种高效和有生命力的孵化器，可为入驻企业提供全方位、个性化和保姆式服务，实现多方的共赢。

二、理论基础

生物经济孵化器是在经济生物重组理论和管理信息不对称理论指导下所创造的一种生物经济模式。

管理信息不对称理论很容易理解，因为任何的管理都会涉及信息不对称，这不需要赘述。

按照经济生物重组理论，经济（资产）的重组形式可以分为 3 种类型[213]：数理重组、化学重组和生物重组，其中生物重组是最为高效和最有生命力的一种重组形式，生物重组是按照 DNA 重组原理进行的重组。

生物经济孵化器的核心就是在经济生物重组理论指导下建立经济孵化器，生物经济孵化器与常规孵化器的区别在于前者可对重组的对象提供全方位、个性化和保姆式服务，从而实现"拎包创业"的一种全新模式（图 3-13）。

个性化服务，是指根据合作方的项目特点、人才特点和企业特点设计个性化的服务系统，具体体现是"一人一议、一事一议、特事特办"，尽可能满足每个人的个性化需求——动物需求、理性需求和灵性需求。

全方位服务，是指通过孵化器自身基础设施和建设，为合作方提供从资金、研发、临床试验、新药报批到新药证书申请，以及生活等提供合作方需要的所有服务。

---

212 首都科技发展战略研究院, 科学技术部火炬高技术产业开发中心. 中国创业孵化发展报告 2018. 北京: 科学技术文献出版社, 2018

213 详细论述见本书第二章第七节：经济生物重组理论

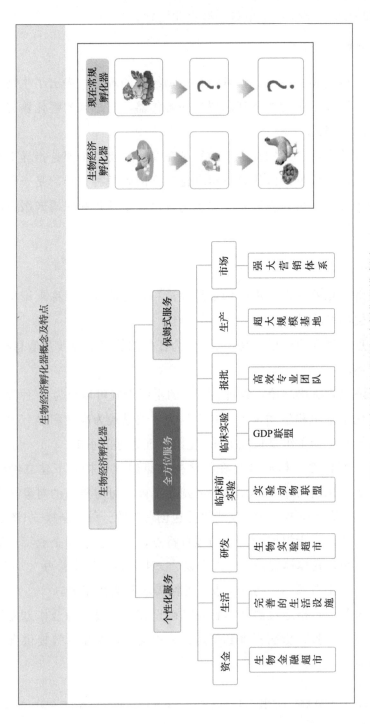

图3-13 作者构建的生物经济孵化器模式图

保姆式服务，以药物创新为例，由于新药研发的项目、人才和企业都处于前期阶段（相当于"婴儿"阶段），需要长时间的培育和呵护，作为孵化器，必须要为其提供保姆式服务，如资金、融资、法律等服务，使其能安心、放心，用心做专业的事情，才能保障其能健康顺利地成长。

当然，生物经济孵化器之所以能做到这点，主要是因为生物经济孵化器是按照经济生物重组理论和管理信息不对称理论进行的孵化器。相比数理重组、化学重组指导下的孵化器，生物重组是高效和有生命力的重组形式，因为生物重组是按照 DNA 重组原理进行的重组，是具有生命、可分裂繁殖、利益均衡三大优势的重组。

三、生物经济孵化器中的新药研发规划

根据生物经济孵化器的理念，为了推动新药创新，北大未名提出建立全新的新药高效研发体系，搭建"新药高速公路"（图 3-14），推动建立"广阔的项目来源""准确的项目筛选""完善的服务体系"。

根据北大未名的设计，广阔的项目来源通过实施三大工程予以实施。三大工程分别为：①通过实施超级协议研发工程（S-CRO），高效整合世界新药研发资源；②通过实施沙滩拾金工程，低成本获得高价值项目，主要做法包括从药物研发的死亡之谷拾到有价值的潜在药物，与世界知名风险基金合作，从他们谈过但放弃的项目中筛选；③通过实施炎黄子孙工程，具体做法是成立"全球华人生物或医药协会/学会联盟"，每年举办"全球华人生物或医药协会/学会联盟"年会和召开"世界生物经济论坛"，收集整理项目信息。

自主创新是指以国家大基因中心为核心，建立高效的新药研发平台。具体做法是：以未名主导建设的国家大基因中心为核心，立足于国家大基因中心在精准医学、新药研发等领域的研究成果、技术平台和人才团队，利用基于新一代蛋白质优化技术建立的 250 亿蛋白质分子库 Pronectin^{TM} 和高通量筛选技术、BioAtla 发展的条件激活生物分子（CAB）第四代抗体药研发技术，以及基于生物智能技术建立的生物知识库、蛋白质空间结构预测和生物智能辅助药物筛选等技术，并进一步全面整合全球新药研发资源，建成新药研发技术体系和平台，高效研发新药。

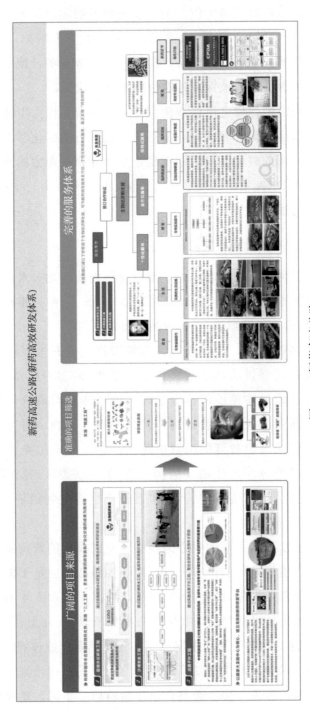

图3-14 新药高速公路

准确的项目筛选，主要是实施"精准工程"，具体做法就是要培养看得懂"基因"的管理者，使之具有"三镜"能力，即广角镜、显微镜和望远镜，完成对项目进行准确筛选，使项目的成功率达80%以上。

完善的服务体系，就是利用生物经济孵化器，打造全方位、个性化、保姆式服务的体系，为北大未名的药物研发提供服务(图3-14)。

根据规划，北大未名已开始建立4个生物经济孵化器，分别是合肥半汤生物经济孵化器、厦门北大生物园生物经济孵化器、北戴河生物经济孵化器、保定通天河生物经济孵化器。预计这些孵化器将于2025年建成，推动北大未名实现如下目标：每年能获批25个左右新药，使每个新药研发的平均成本降至5000万美元以下，使新药研发时间缩短到8年左右。

第七节　幸福养老社区

联合国发布的《世界人口展望》2017年修订版报告预计2030年世界人口将达86亿，2050年将达到98亿，2100年将达到112亿，但老龄化人数也在大幅增加：目前全球60岁及以上人口为9.62亿人，预计到2050年这一年龄层的人口将达到21亿人，2100年则达到31亿人。就目前而言，日本60岁及以上人口已占其总人口的33%，意大利为29%，葡萄牙、保加利亚和芬兰都已经到了28%。老人问题，不仅仅是现在的问题，如何保障老人的健康幸福，还是一个不得不面对的严峻考验。

一、养老基本模式

(一)现有模式

随着老龄的增长，进入老龄化较早的国家政府对如何解决老龄化问题进行了很多探索。尽管各国政府采取的政策、措施有差异，但在养老服务模式上主张的理念是相对一致的，那就是为老人提供良好的健康服务。

1.法国

法国属于高社会福利国家，养老服务业以居家养老为主，养老保险制度实行现收现付制。在促进养老服务发展中，法国主要采取了以下有效措施：利用优惠政策引导市场发展；加强养老服务发展规划和人员培训；加强监督和规范养老服务市场；发挥企业在养老服务市场中的作用。

2. 日本

日本养老服务模式是以家庭或亲属照顾为主体、辅之以公共福利服务和社会化服务的养老服务。日本采取的主要措施有：建立社区老年服务制度；推出"介户保险"；颁布与修订各项法律法规；建立庞大的专业队伍，并严格考核；大力发展老年教育，开办"老年班"和老年大学。

3. 美国

美国老年人的养老问题主要由政府和社会承担，于 1981 年推行了家庭医疗补助和社区服务计划。美国采取的措施有：主要通过完善法律法规；鼓励社会力量兴办养老机构；实施老年保健计划；对老年群体制定普遍适用的优惠政策；设立专门的老年人福利养老院、老人日间托护中心等政策措施保障养老服务业的发展。

4. 瑞典

瑞典建立的是"从摇篮到坟墓"普惠制式的福利保障制度。瑞典采取的主要措施有：实行高福利的养老保障模式；通过建立社区养老服务网络、重视并鼓励老年护理机构商业化经营、鼓励慈善团体/非营利机构兴办公益事业等，充分发挥社会资本在养老服务业发展中的作用。

5. 英国

英国的社会服务体系主要由地方政府组织管理。英国注重监督机制的建立和完善，主要采取的有效措施有：完善评估体制，设置服务监督员；引导私人或志愿组织开办养老机构；开办"托老所""好街坊"活动；享受免费公费医疗，设置专门老年医院。

6. 澳大利亚

澳大利亚建立了由雇主和雇员分别缴费的养老保障体系，实行老年照顾项目(HACC)，以家庭为中心强化服务。此外，政府以购买服务的方式向服务机构拨款，而服务机构则要通过竞标获得拨款并受政府监督。

(二)存在的问题

养老问题是世界都在积极探索的重要课题。但由于创立理念不足，目前各种模式的养老都存在很大问题,养老已成为重大负担。

以中国养老为例,我国十分重视养老产业的发展,密集出台了多个重要文件,对养老服务标准、养老服务市场放开、医养结合、养老互联网建设等做出了明确的规定和说明。2017年3月国务院发布了《"十三五"国家老龄事业发展和养老体系建设规划》,提出到2020年多支柱、全覆盖、更加公平、更可持续的社会保障体系更加完善,基本模式是:居家为基础、社区为依托、机构为补充、医养相结合。

国内养老产业市场规模发展迅速。2016年国内养老产业市场规模约5万亿元,预计到2020年,将达到7.7万亿元,年均复合增长率(CAGR)为11.4%,预计2030年超过20万亿元。

但相比欧美等国家,我国养老面临问题更加严重,具体如下。

一是数量巨大。根据预测,到2020年,我国的失能老人将达到4200万,80岁以上高龄老人将达到2900万,而空巢和独居老年人将达到1.18亿。这部分老年群体是社会重点关注对象,同时也是解决养老问题的关键所在。空巢和独居老人偏向于生活上的照料及情感的陪伴,高龄老人在此基础上更偏向于医疗护理和临终关怀,而失能老人需要重点解决的是专业的医疗和护理问题。

二是需求旺盛但供给能力不足。与老年市场的巨大潜在需求相比,国内养老市场的供给能力并未能与之相配。2014年,我国60岁以上老人每千人床位数27.2张,仅为国际标准规定的50%左右,存在较大差距,养老类社会服务机构严重缺乏。根据国务院的《关于加快发展养老服务业的若干意见》,到2020年每千位老人的养老床位数将增至35~45张,但截至2015年年底我国358.1万张养老机构床位中,年末收住老年人214.7万人,接收的失能、半失能老人仅63.7万人,占总体收住人数的比例仅为29.7%,护理型床位依然不足。

三是服务体系远不够适应需求。第四次中国城乡老年人生活状况抽样调查的相关数据显示,2015年全国失能、半失能老年人占老年人口的18.3%,高龄(80岁及以上)老年人口占13.9%。但是我国养老机构依然维持在以保障基本生活为主、以健康老年人为主、以保障贫困人口为主的传统格局。

(三)幸福养老：未名模式

养老产业不是一个孤立的存在，其各种具体需求会延伸到第一、第二、第三产业，成为集吃、住、行、游、购、娱、修、学、养、疗等多种需求于一体的超级大产业。据全国中老年网的调查，我国城市 45%的老年人拥有储蓄存款，老年人存款余额 2016 年超过 17 万亿元，人均存款将近 8 万元；预计到 2020 年，老年人的退休金总额将超 7 万亿元。目前，我国老年康养产业市场消费需求在 5 万亿元以上，2030 年我国老年康养产业市场消费需求将达到 20 万亿元左右。另据不完全测算，当前每年为老年人康养生活提供的产品在 5000 亿~7000 亿元；全国老龄工作委员会办公室(全国老龄办)在中国康养产业发展论坛的演讲中提到，中国老年产业的规模到 2020 年、2030 年将分别达到 8 万亿元和 22 万亿元，对 GDP 的拉动分别达到 6%和 8%，产业远景十分可期。

但事实上，目前国内养老产业还没有成熟的模式。如何利用好"老年红利"，作者认为，老人不应是负担而应是财富。为此，作者提出了幸福养老新模式。幸福养老是在生物经济理论指导下的养老模式，区别于普通养老，幸福养老的核心是老人不需要花钱但能享受到高水平的养老服务。

幸福养老的基本理念是：根据生物经济理念，人生在每个阶段都有价值，都需要进行价值管理。北大未名设计通过建立生命的健康管理体系、财富的增值管理体系、人生的价值管理体系等服务，将改变老人是负担的观念。

按照作者的理念：青花瓷放到超市，是卖不出价钱的，只有把青花瓷放到古董店，青花瓷的价值才能得到很好的体现。老人也是如此，事实上，老人就相当于青花瓷，若仅考虑老人的养老问题，那就是社会的负担，但若考虑如何充分发挥老人所有资源，将资源进行增值和价值管理，老人不仅不会成为负担，还会成为社会争抢的对象。

二、理论基础

幸福养老模式并不是空中楼阁，它是在生物经济理论指导下的创新模式，理论基础主要是"经济基因学""新资本论"和"生命信息载体学说"。按照"生命信息载体学说"，老人的存在是客观存在，来自智者的设计，既然如此，那么智者不会浪费自己的设计，这就意味着生命的每个阶段都是有价值的，正所谓天生我材必有用，老年阶段也是如此，不应被遗忘或者抛弃，而应该积极挖掘，找到老人的价值点。

但如何将老人的客观存在转化为推动经济社会发展的动能？这就需要新资本论的指导，利用新资本论的"资本控制世界、生命决定资本、基因主宰生命"的基本思路，作者认为，针对养老，一定要用创新的金融模式，将资本运用到养老、为老人谋福利的地方，只有这样才能实现"幸福养老"的目标。

为此，作者设计了养老的新模式，即将老人的"三资"——资产、资金、资源实施管理，通过生物经济体系实现老人价值的最大化，基于"以老卖老、以卖养老"的幸福养老新概念，可以做到老人不需要额外增加现金消费就能得到良好养老服务的目的（图3-15）。

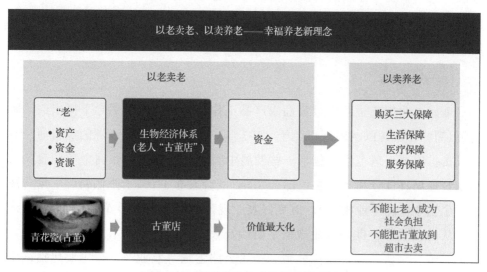

图 3-15　作者构建的幸福养老模式图

三、幸福养老规划

目前，北大未名正在湖南省怀化市通道县、河北保定唐县建设幸福养老中心，主要是定位于研究与教学型的健康养老服务机构，突出医养结合模式。

核心建设包括以下几方面。

一是要建设幸福养老社区，积极推动居家养老等多种养老模式。

二是要发展为老人提供优质护理的医养结合型护理机构，推动高端养老产业发展。

三是积极配合幸福养老社区的发展，设置健康养老研究院，配备老年门诊、健康管理中心、康复中心、信息中心、保险服务中心、养老培训中心等。

第八节　超级良好农业管理规范(S-GAP)

一、基本概念

(一)良好农业规范

良好农业规范(Good Agricultural Practice，GAP)[214]是一套针对初级农产品生产(包括作物种植和动物养殖)的操作标准，是国际通行的从生产源头加强农产品质量安全控制的有效措施。它通过加强对种植、养殖、采收、清洗、包装、贮藏和运输过程中的有害物质和有害微生物的危害控制，保障农产品质量安全。

(二)基本内容

良好农业规范是欧洲零售商农产品工作组在零售商的倡导下提出的一种规范(简称 EUREPGAP)[215]，始于 1997 年，成员起初只是欧洲的零售商，后来成员扩展至全球范围，包括一些发展中国家。1998 年 10 月，美国食品与药物管理局(FDA)和美国农业部(USDA)联合发布了《关于降低新鲜水果与蔬菜微生物危害的企业指南》，对良好农业规范的概念进行了界定。

从内容上看，良好农业规范主要涉及大田作物种植、水果和蔬菜种植、牛羊养殖、生猪养殖、家禽养殖、畜禽公路运输等农业产业，主要包括：生产用水与农业用水的操作规范、肥料使用的良好操作规范、农药使用的良好操作规范、工人的健康和卫生的操作规范、包装设备卫生的操作规范、运输的操作规范、溯源的操作规范等规范。目的是鼓励减少农用化学品和药品的使用，关注动物福利、环境保护和工人的健康、安全和福利，保证初级农产品生产安全。

---

214 卢振辉, 田小明. 良好农业规范与认证: 农产品安全保障体系的基石. 杭州农业科技, 2006, (2)
215 国家标准化管理委员会, 国家认证认可监督管理委员会. 良好农业规范实施指南(一). 北京: 中国标准出版社, 2006

当然，该规范对每个细项都有明确规定。例如，对土壤的规定，提出：通过适宜的土壤管理增加土壤生物活动，补充土壤有机质和土壤水分，尽量减少土壤、养分和农业化学物经侵蚀、径流和淋洗而流失到地表水或地下水中，改善水和养分的供应及植物的吸收，保持和提高土壤生产率。对与水有关的规定包括：增加小流域地表水渗透率和尽量减少无效外流的方法；通过适当利用或需要时避免排水来管理地下水和土壤水分；改善土壤结构和增加土壤有机质含量；利用避免水资源污染的方法使用生产投入物，包括有机、无机和人造废物或循环产品；采用监测作物和土壤水分状况的方法精确地安排灌溉，以及通过采用节水措施和可能时进行水再循环来防止土壤盐渍化；通过建立永久性植被或需要时保持或恢复湿地来加强水文循环的功能；管理水位以防止抽水或积水过多，以及为牲畜提供充足、安全、清洁的饮水点。

(三)我国现状

我国在2004年启动了"中国良好农业规范"(China GAP)认证项目的研究工作；2005年11月，中国的GAP(China GAP)认证系列标准通过审定并公布；2006年1月，中国国家认证认可监督管理委员会(CNCA)公布了《良好农业规范认证实施规则(试行)》，并会同有关部门联合制定了良好农业规范系列国家标准，用于指导认证机构开展作物、水果、蔬菜、肉牛、肉羊、奶牛、生猪和家禽生产的良好规范认证活动，每个标准包含通则、控制点与符合性规范、检查表和基准程序。2007年1月，我国下达了《关于下达国家第一批良好农业规范(GAP)试点项目的通知》，启动了国家层面推动良好农业规范认证的进程。目前，我国已经制定了系列良好农业规范国家标准。

随着对GAP重要性的认识，中药种植业逐步将GAP纳入质量控制体系。2003年我国卫生部制订和发布了"中药材GAP生产试点认证检查评定办法"，作为中国官方对中药材生产组织的控制要求，中药材GAP基地认证从2004年至2014年6月，共有152个基地通过中药材GAP认证[216]。但随着形势发展，以及我国行政管理许可的调整，国家在2016年宣布取消中药材生产质量管理规范认证，将质量管理交给企业自主负责。

216 中药材产业研究院.2014-2018年中国中药材GAP基地发展模式与投资战略规划分析报告.2018

(四)理念拓展：超级良好农业管理规范(S-GAP)

作为一种管理规范，GAP 从农产品质量安全、生态环境保护、员工健康安全和福利及动物福利的层面，针对不同的生产模型比较全面地列出了相应的控制点，并根据对食品安全的影响程度划分为主要控制点、次要控制点和推荐控制点。该理念是不是可以拓展到其他领域，还有待研究。

在长期研究、思考和实践中，作者将 GAP 的理念进行了扩展，提出了 S-GAP (Super Good Agricultural Practice，S-GAP)体系。

根据作者的理念，S-GAP 的核心是沿着农产品生产的整个链条，将 GAP 应用到基因发现—新品种培育—种植—加工—销售等全链条中，并将应用领域拓展到粮食作物、食品作物和中药种植三个方面。

结合 GAP 认证体系，S-GAP 有以下三个核心观点。

一是将应用领域由原来的农业扩展到粮食作物、食品作物和中药材种植三大领域，预计未来还可能拓展到农业其他相关领域。

二是将应用范围扩展到整个农业的链条中。S-GAP 涵盖育种、种子、种植、生长、采集、运输全链条。其中，育种主要是通过生物育种等新技术保证育种质量。种子是通过建立种质资源库，为种子安全提供坚实基础。种植是通过种植环境大数据系统，通过测土测肥、温度环境等数据实施精准调控。生长控制是作物在生产过程中，必须借助互联网技术，实施互联网+，对生长过程中的信息进行实时监控。采集是通过国家权威检测部门的检测，对产品质量进行权威控制，同时通过大数据、区块链等技术，建立产品追溯系统。运输是通过专业物流系统对质量进行把控。

三是对进入市场阶段的产品也要进行管理，包括市场管理、配送管理和加工企业管理，保障食品从"田地到餐桌"全流程的安全。

二、理论基础

S-GAP 是在生命信息载体学说指导下开展的一种创新模式。

按照生命信息载体学说，任何一种种植的农产品都是智者设计的信息载体，因此，将育种、种子、种植、生长、采集、运输等每个阶段的信息全部管理起来，即对农产品实施 GAP 管理，这就是所谓的 S-GAP 体系(图 3-16)。

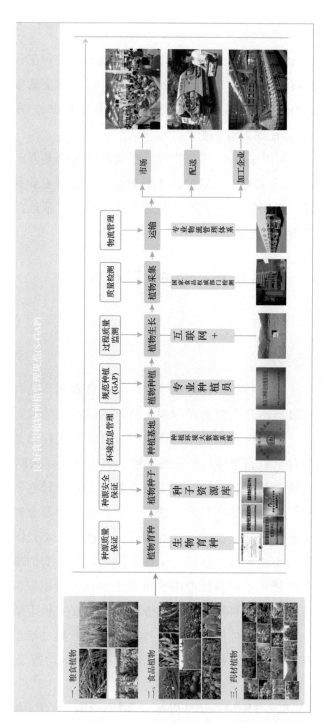

图3-16 超级良好农业管理规范(S-GAP)

三、规划与实践

为了探索 S-GAP 的应用，北大未名以人参种植为例进行了设计。调查显示，虽然人参是 GAP 公告中出现频率最高的药材，但是据文献报道吉林省已通过国家 GAP 认证的人参种植面积仅占全省种植面积的 2%，在药材市场也很难找到通过 GAP 认证的人参药材[217]。

为此，北大未名利用 S-GAP 理论指导，在吉林省抚松县露水河生态区建立了第一个 S-GAP 示范基地，有效突破了有效成分不足、农业残留严重、重金属超标三大问题，为探索解决中药材规范化种植提供了示范，为发展高效高质的林下经济提供了新的思路。

第九节　生物金融超市

一、基本概念

(一)金融与创新发展

金融是现代经济的核心，科技是第一生产力，金融创新是科技进步的先导，科技创新与发展离不开金融的保障和支持，这已经成为世界各国的共同认知。尤其在现在"资本控制世界"的环境下，资本的支持将会带领企业及产业迅速崛起。没有金融的支持，产业的发展必将会受到巨大制约。

但事实上，我国金融对产业的支持明显不够，尤其是对创新性产业的支持不够。虽然国家已制定了多项政策，社会上也存在多种基金和多种资本，但大多数是支持成熟性企业。在进行多地调研后发现，一是我国科技信贷融资面临较多约束，因为商业银行都倾向于选择风险较低、实力雄厚的国有企业和大型民营企业放贷，而对科技型中小企业主动放贷的积极性不高[218]。二是直接融资渠道有待拓宽，科技型中小企业基本无法在主板市场上融资，新三板目前挂牌企业所占比重依然较低，科技型中小企业更是难以涉足。三是创业风险投资发展不足，如创业风险投资阶段后移化、风险投资/私募股权投

217 杨光, 郭兰萍, 周修腾, 等. 中药材规范化种植(GAP)几个关键问题商榷. 中国中药杂志, 2016, (4)
218 曾燕妮, 姚佳颖, 张浩. 金融支持科技创新驱动发展研究——基于北京、上海、成都、杭州的比较分析. 农村金融研究, 2018

资(VC/PE)存在功能异化行为投机化和发展泡沫化的问题，不愿意投资创新企业。

在我们目前的状况下，产业如何寻求金融支持，以及金融如何支持产业，需要探讨新的模式。林毅夫教授在2018金融街论坛年会上，曾提出按照不同产业类型实施不同金融支持的观点[219]，引起了广泛的讨论：追赶型的产业可以靠自有资金、银行贷款，也可以发公司债，甚至以定向发股的方式来进行海外并购或新技术的开发；领先型的企业，可靠自有资金来进行新产品、新技术的研发，也可以通过定向发股支持某个重要领域的新产品、新技术的开发；转进型的产业，通常需要自有资金、银行贷款，也可以通过上市获得资金；弯道超车型企业资金，一部分可以借助于由政府引导的资金，另外就是借助于天使资金、风险资本。

林毅夫教授的理念很正确，分析很到位。但事实上，如何分开类型进行支持，在中国目前的状况下，难度很大，也很难推广；现在很多营利不佳的民营企业很难获得资金支持，很多创新性企业获得支持的难度更大。

(二)生物金融超市：创新的金融支持产业发展模式

生物科技是典型的高技术企业，是世界科技关注的焦点，也是世界发达国家企业和资本投资的重点。但在中国，资金支持生物科技发展的强度远远低于支持信息产业的强度，这主要是由于生物产业具有三高一长的特点：高投入、高风险、高效益、长周期。以医药为例，按照Tufts大学统计，研发一个新药需要15年25亿美元的投资，从化合物选择到成药是万分之一的成功率。基于此，虽然说国内资金对投资医药很感兴趣，但实质投资的金额远不够支持新药创新。

如何能有效支持我国新药创新，破解这个困局？在实践中，作者提出了生物金融超市的理念，即利用一站式金融操作为各类企业和产业发展提供资金需求，并提出要通过建设金融部落进行落实。

按照作者的设计，生物金融超市是通过银行、证券、保险、信托等金融机构与审计、评估、公证、担保等服务机构的协调和合作，将各种金融产品

---

219 林毅夫. 不同产业类型需对应不同创新方式、金融支持方式. 中国证券网,2018

和金融服务进行有机整合，为企业或个人客户提供的一种涵盖众多金融产品与金融服务的一体化经营方式。在这个金融超市中，每一种资金都有其支持的范围，形成整个链条上的先后投资顺序，最后通过上市实现整个推出。

由于生物金融超市和生物经济联系在一起，也和生物经济示范区联系在一起，将会提供新的技术和产品来源，并给予精准的筛选，保证了成功率，也保证了资本的收益。

二、理论基础

生物金融超市的理论基础是《新资本论》，即资本控制世界、生命决定资本、基因主宰生命。按照作者的理解，在目前资本以逐利为第一推动力的状况下，要资本长期服务于创新具有很大的难度，因为创新面临巨大不确定性，且创新的周期较长。但创新也具有吸引资本的优势，那就是一旦成功获利巨大。为此，作者认为，只要能选择好优质的创新项目和重点，完全具有吸引资本的潜力，将创新资本的洼地打造成高地。

由于资本具有多种形式，每种形式的资本都有其支持的重点，为此，作者认为，生物金融超市必须要将多种资本集中在一起，打造针对不同类型的项目的对接平台，为各种各样的创新创业提供全方位、个性化、保姆式金融服务。

三、规划设计

为了推动生物金融超市的发展，作者领导下的北大未名积极着力于打造世界第一个生物金融超市。

以下内容是作者以支持生物产业创新、打造世界第一个支持生物产业创新的生物金融超市为目标规划设计的生物金融超市方案(图 3-17)。

(一)规划理念

整合理念创新、体制创新、科技创新、产品创新、市场创新、管理创新，实施"绿色发展、金融领先、先行先试"战略，以生物经济产业项目 PPP 模式开发、医疗保险结合的健康服务业创新发展、生物经济产业技术开发、人才引进、信息咨询、金融服务等为核心，健全金融体系、丰富金融产品，打造宜居、宜业、宜养、宜游的生态休闲金融小镇，推动形成集保险创新、产业服务和金融商业等于一体的商务综合功能区。

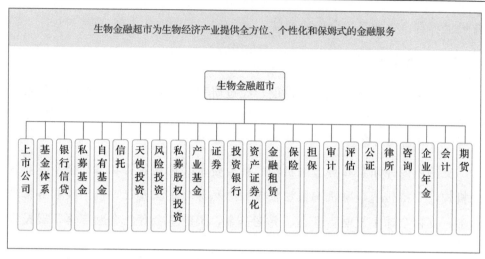

图 3-17　作者提出的生物金融超市模式图

(二)主要布局

生物金融超市主要由四大中心构成：生物金融中心、生物保险创新中心、生物金融服务中心、生物经济金融研究院。

生物金融中心：针对生物经济产业的特点，为生物产业提供最丰富的金融产品和最完善的金融服务——根据每个具体项目的特点，提供最适合、最高效的金融服务，如产业基金、风险投资、银行融资、上市服务等。

生物保险创新中心：以金融保险为核心，并围绕健康产业发展的需要发展相关的商务功能，云集健康保险公司、医疗融资机构、医疗方面的咨询顾问机构等服务型企业。通过多种医疗保障体系建设，提供改善健康、疾病预防、基因测序、慢病管理等多种服务，实现价值创造。

生物金融服务中心：为生物医药、生物能源、生物农业、生物环保、生物智造等生物经济产业的发展提供个性化的政策、市场、法律信息咨询；为产业项目的运营提供数据管理、资金服务、资源保障、设备平台、技术支持等；通过发展生物经济产业的现代服务业，带动生物经济产业体系的建立，打造世界首个全球生物金融服务中心。

生物经济金融研究院：以生物金融研究院为载体，围绕金融如何促进生物经济的发展，定期或不定期举办私募(对冲)基金、保险创新等各种高端论坛、学术研讨会及金融讲座，研究金融促进生物经济产业发展的各类措施，建设世界首个生物经济金融研究院。

(三)政策支持

为了推动生物金融超市的发展，经过研究，作者提出了需要加强的政策措施。

1. 支持机构集聚

支持境内外知名私募金融机构、社会资本等设立各类私募基金及专业管理机构，支持传统金融机构依法依规设立私募金融法人管理机构或业务管理总部，支持全球主权财富基金、养老基金、捐赠基金等在金融部落开展投资布局。

2. 支持业务创新

积极推动私募金融机构在国家金融监管部门、授权管理部门办理登记备案，支持其优先获得私募金融业务资质(资格)；支持私募金融机构开展风险投资、创业投资、私募股权投资、产业并购投资等直接股权投资；支持私募证券、风险投资基金、天使基金、并购基金、对冲基金、专项资产管理计划等业务发展；支持传统金融机构、合规交易场所理财产品创新，支持高端理财业务；支持金融部落构建投资基金、银行理财产品、信托计划、专项资产管理计划、债权投资计划、第三方财富管理等多元产品的"大资产管理"格局。

3. 支持科技金融发展

支持加强科技金融创新和公共政策创新，支持"创投+银行直贷"模式；支持建立科技与资本高效对接的信用激励、风险补偿、投贷保联动、银政企多方合作机制；支持科技创业企业引进社会资本，利用多层次资本市场挂牌、上市和进行股权转让，以股权为纽带，构建科技与资本有效对接的新模式；支持建设科技银行、科技保险的综合考核及动态调整机制；支持科技金融服务商业模式的不断创新。

4. 支持民间资本发展

支持符合条件的民营企业发起设立民营银行、金融租赁公司、消费金融公司等有利于增强市场功能的新型金融业态；支持民营资本发起和参与组建小额贷款公司、融资性担保公司、融资租赁公司等地方金融组织；支持民间资本发起或参与设立创投基金、私募股权基金、产业基金等。

5. 扶持融资租赁产业发展

鼓励设立融资租赁公司和金融租赁公司，支持融资租赁公司、金融租赁公司开展大型设备租赁业务；支持融资租赁产业通过跨境人民币贷款、股权融资、债权融资等方式拓宽融资渠道；支持融资租赁业务创新试点，支持开发覆盖债权与股权、场内与场外、标准与非标准融资租赁产品，以及融资租赁资产交易市场的发展。

6. 支持外资机构的落户

支持跨国公司设立全球性或区域性资金管理中心，实施跨国公司总部外汇资金集中运营管理；支持符合条件的外资银行在金融部落设立子行、分行、专营机构和中外合资银行；试点支持放宽境内外机构设立银行、证券、保险、基金等各类金融机构的股东资质、持股比例、业务范围等限制。

7. 支持外资业务的开展

支持企业在跨境贸易和投融资业务中使用人民币进行结算，支持银行适应市场需求开发创新跨境人民币结算和融资产品；支持银行和企业办理人民币境外放款业务，促进企业国际化发展；支持第三方支付机构取得跨境支付业务资格；积极支持金融部落争取上级监管部门支持，推动完善人民币汇率市场化形成机制，丰富外汇产品，拓展外汇市场的广度和深度；支持开展离岸金融业务创新。

8. 支持外汇管理创新

支持金融部落开展外商投资企业资本金意愿结汇试点，支持开展个人境外直接投资试点，支持金融部落开展合格境内投资者境外投资试点工作，开展包括直接投资、证券投资、衍生品投资等各类境外投资业务。积极研究基金产品、私募股权产品、信托产品等金融资产的跨境交易，扩大资本项下资金境内外投资的广度和深度。

9. 支持金融中介机构的发展

支持会计师事务所、审计师事务所、律师事务所、资产评估机构、投资咨询、资金和保险经纪等专业中介服务机构落户金融部落，支持相关机构开展发展信用评级业务，支持成立全国性和地区性财富管理社会组织。

10. 支持互联网金融

支持银行、证券、保险、基金、信托和消费金融等金融机构依托互联网技术，开发基于互联网技术的新产品和新服务；支持网络银行、网络证券、网络保险、网络基金销售和网络消费金融等业务；支持互联网支付机构、网络借贷平台、股权众筹融资平台、网络金融产品销售平台；支持电子商务企业在符合金融法律法规规定的条件下自建和完善线上金融服务体系。

11. 支持金融从业机构的相互合作

支持鼓励银行业金融机构为第三方支付机构和网络贷款平台等提供资金存管、支付清算等配套服务；支持证券、基金、信托、消费金融、期货机构与互联网企业合作，拓宽金融产品销售渠道；支持保险公司与互联网企业合作，提升互联网金融企业风险抵御能力。

12. 支持信用基础设施建设

支持大数据存储、网络与信息安全维护等技术领域基础设施建设；支持有条件的从业机构依法申请征信业务许可；支持具备资质的信用中介组织开展互联网企业信用评级，增强市场信息透明度；支持鼓励会计、审计、法律、咨询等中介服务机构为互联网企业提供相关专业服务。

13. 支持从业机构融资拓宽渠道

支持社会资本发起设立互联网金融产业投资基金；支持符合条件的优质从业机构在主板、创业板等境内资本市场上市融资；支持银行业金融机构按照支持小微企业发展的各项金融政策对处于初创期的从业机构予以支持。

14. 支持担保业的发展

支持设立中外资再保险机构，支持设立自保公司、相互制保险公司等新型保险组织，以及设立为保险业发展提供配套服务的保险经纪、保险代理、风险评估、损失理算、法律咨询等专业性保险服务机构。

15. 支持利用场外股权交易

支持各类中小企业到"新三板"挂牌，通过定向增发等方式融资；支持探索发展证券公司柜台交易市场，协助构建非上市企业股权转让和价值发现平台。

16. 支持债券及其他创新产品的发展

支持各类债券市场的发展，支持扩大企业债、公司债、中期票据、短期融资券、私募债等金融产品的发行规模，以及发展其他固定收益、资产证券化、资产支持票据、并购债券、超短期融资券、优先股等创新产品。

第十节　生物实验超市

一、基本概念

生物实验超市是作者针对生命科学和生物技术研究开发过程中遇到的诸多问题，从产业和企业层面提出的一个全新的发展理念，目的是协助科研工作者，使其能减少不必要的时间浪费，尽快推进科研创新。

基本做法是借鉴我们普通的大型超市的模式，为科研工作者提供大量的保真商品，如实验室装修、试验耗材和设备采购等"硬件"商品，以及协助实验室运行管理、人员招聘、对外联络等"软件"商品，为生物研发人员提供全方位、个性化、保姆式的实验服务的新模式，科研人员可根据需要进行购买。这种模式就是作者倡导和实践的生物实验超市(图 3-18)。

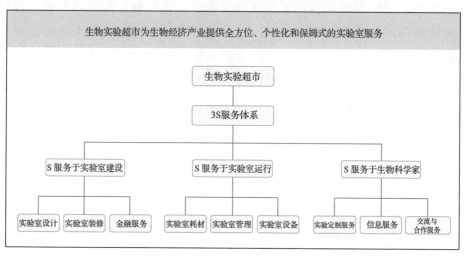

图 3-18　作者提出的生物实验超市模式图

二、理论基础

生物实验超市的理论指导是管理信息不对称理论。做过研究的人基本都知道，每个人开展的研究只有自己最清楚，也只有自己知道自己需要什么样的方法、手段和设备。但在实际的实验室建设、运行及后期维护中，负责人不可能事必躬亲，事事亲自参与实验室的设计、设备选择及安装，以及后期的运行、维护和管理等诸多繁杂的琐事。另外，若负责人亲自参与也会浪费他们的时间。但具体实施建设建造的人，很多没有做过科研，也不知道如何紧贴科研的需要。二者之间的"知识差"就有可能转化为"事事差"，这样既耽误科研又浪费时间和资金。

为此，在充分调研、分析的基础上，北大未名提出生物实验超市的构想，提出服务于实验室建设、服务于实验室运行、服务于生物科学家的三大服务体系(3S)，并通过自己经验的积累，为科学实验和科学家提供个性化、全方位、保姆式的实验室服务。

三、基本构想

生物实验超市的核心内容服务于实验室建设、服务于实验室运行、服务于生物科学家三大服务体系(3S)(图3-18)。

服务于实验室建设。目标是通过全方位、个性化、保姆式服务，为研究人员解决好所需要的基础设施建设，保证研究人员能顺利开展实验。服务内容包括：根据客户的实际需求提供整体项目管理服务，包括项目可行性分析、成本预算控制、起草标书内容、供应商筛选、施工管理、实验室认证、制定行业标准等，以及整体工程设计，整体工程设计包括工作流程及管理方案，家具布置方案，水、电、气布置方案，装饰方案，以及仪器耗材方案等。

服务于实验室运行。服务内容主要包括：实验室耗材管理、实验室设备管理和实验室的整体管理。作为研究人员，实验室耗材、实验室设备都是最为费时、费心也是最重要的维持日常研究最重要的部分；实验室的整体管理尤其是实验室人员管理和水、电、气等管理，这些与核心业务无关的事项都可利用实验室超市由研究负责人进行自由选择专业团队进行。

服务于生物科学家，即对人的服务，主要包括为科学家开展实验室定制服务、实验室信息服务，以及实验室交流与合作服务。实验室在运行过程中，研究人员在开展研究的过程中，需要定制化服务。在目前的状况下，多由研究人员自己进行安排，这浪费了研究人员大量宝贵时间，效率也不高，可由专门的人进行管理。另外，实验室信息服务，以及实验室的交流与合作安排，也可放心由专人进行管理和安排，这样就可大量解放研究人员的时间，使其能专心、安心、顺心进行项目创新和有价值的研究。

第四章　生物经济产业

第一节　生物经济产业基本框架

生物经济产业是作者在深入研究的基础上逐步提出的产业模式。按照作者的理解，生物经济产业分为生物产业、大产业、生物经济产业三个阶段。

一、生物经济产业第三阶段：生物经济产业

生物经济产业是在生物经济理论指导下，运用生物经济模式，将大产业、大市场、大金融一体化协同发展所形成的产业（图 4-1）。

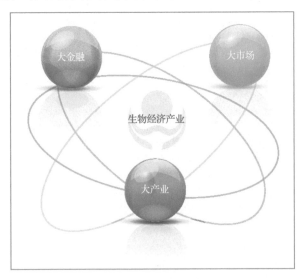

图 4-1　生物经济产业

生物经济产业不同于大产业，也不同于生物产业，它是生物产业的最高阶段，也是北大未名正在规划和践行的产业形态，被称为第三代生物经济产业（bioeconomy industry，BI_3）。

二、生物经济产业第二阶段：大产业

生物经济产业概念告诉我们：大产业是生物经济产业的核心内容。但何

为大产业？

　　作者经过长期研究，提出了大产业的概念，指出所谓的大产业就是在生物经济理论体系指导下所形成的产业（图 4-2）。

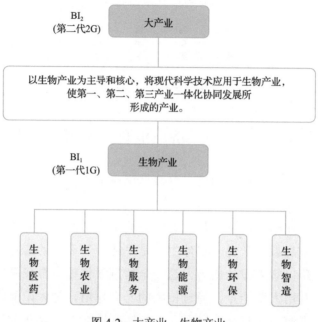

图 4-2　大产业、生物产业

　　根据作者的研究，大产业具有三大特征：一是以生物产业为主导和核心，二是将现代科学技术应用于生物产业，三是将第一、第二、第三产业一体化协同发展。事实上，这是北大未名过去十余年来大力实践的产业形态，是一种较高级的产业形态，被称为第二代生物经济产业，简写为 BI_2。

三、生物经济产业第一阶段：生物产业

　　生物产业是大产业的关键组成部分，主要包括生物医药、生物农业、生物能源、生物环保、生物智造、生物服务等领域。

　　生物产业是目前世界各国正在推进的产业，包括美国的生物经济蓝图、欧盟的生物经济等相关规划重点关注的产业。

　　虽然这些国家重点关注产业从名词看都是生物经济产业，但与作者提出的生物经济产业具有明显的差异，这些所谓的生物经济产业实际上都是传统意义上的生物产业，作者称为第一代生物经济产业（BI_1）（图 4-3）。

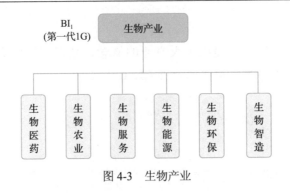

图 4-3　生物产业

第二节　生物经济产业理论和基本原理

生物经济产业的理论基础是生命信息载体学说，即生命是智者设计的信息载体。

生物经济产业的基本原理是：太阳是地球生命及人类活动能源的唯一来源。根据生命信息载体学说，地球生命是"智者"设计的信息载体，而人是全信息载体，所以智者设计出为人这一全信息载体提供自我复制和准确传递的基本条件，利用太阳能量，通过植物的光合作用，将太阳能转换成地球人类活动的能量来源，如石油、煤炭、天然气都是智者 2 亿年前设计的将太阳能转换的能源形式(图 4-4)。

当然，智者在设计时也充分考虑了人类的进化，考虑了科学技术的发展，以及人类对太阳能开发利用的进度，参照地球上人类个体成长的三个阶段——未成年、少年、成年以后，将人类开发利用太阳能分为以下三个阶段(图 4-4)。

第一阶段是人类的未成年阶段：人类直接利用"过去"太阳能已形成的产品提供人类活动能源。

在最先开始的时候，也就是人类发展的早期(相当于人的未成年阶段)，在科学技术不发达的时候，为了保障人类的生产，为了保障信息载体的存在，智者在两亿年前就进行了设计，将太阳能转化并储存为人类可直接开发利用的能源，如石油、煤炭、天然气等都是来自太阳能：石油是古代有机物(海洋动物和藻类尸体)通过漫长的压缩和加热后逐渐形成的；煤炭是古代陆生植物遗体堆积在湖泊、海湾、浅海等地方，经过复杂的生物化学和物理化学作用转化而成的一种具有可燃性能的沉积岩；天然气是储存于地下多孔岩石或石油中的可燃气体，它的成因与石油的成因相似。

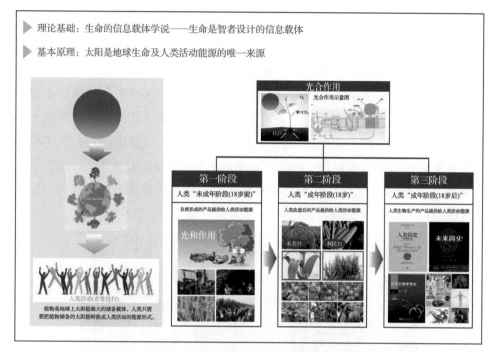

图 4-4　作者提出的生物经济产业示意图

第二阶段是人类的成年阶段：利用改造后的产品提供人类活动能量。

随着人类的发展，今天的人类即将进入成年阶段，这意味着人类必须能够自食其力，通过智慧和辛勤劳动获得太阳能，即通过科技进步将太阳能转换成人类自身所需要的各种能源形式，如农业、林业都是人类活动的成果。在这个阶段，人类应逐步脱离利用自然形成的资源，而应该逐步转向人类改造后的能源。例如，人类应逐步寻求新技术，积极开发农业、林业相关产业，开发出新型能源物质——燃料乙醇、生物柴油，以及人类需要的其他能源，如新型食品。

第三阶段是人类的成年后阶段（或称后成年阶段），人类必须要基于人造生物生产的产品提供人类活动能量。

在这个阶段，人类必须开始利用先进的科学技术，如人类可利用合成生物学技术，通过合成生物学构建高效的生物光合作用有机体，高效吸收太阳能为人类提供能源。在未来，人类一定能够创造出"基因能源"，即通过改变细菌的基因，使得改造后的细菌直接产生可利用的燃料，如燃料乙醇等液体或固体能源，这样才会达到生物经济产业的最高阶段；另外，基因（碱基及DNA 链）本身就能产生巨大能量，这是基因能源的另一种形式。

　　总之，在人类发展过程中，智者设计的是人类逐步过渡到高级利用太阳能的阶段，而不是一直使用自然存在的能源。但人类具有惰性，在可直接利用能源存在的情况下，不愿意逐步探索，开发新的能源来源。一旦人类意识到未来的局限性，人类就会开始逐步寻求其他模式，如核能，但核能不是来源于太阳，按照作者提出的生命是智者设计的信息载体理论，生物能源才是最符合生物经济发展方式的能源，应该是人类的主要能源来源，核能不应是人类开发和使用的主要能源，人类利用核能相当于"偷窃行为"，一旦被"抓"，人类将会"坐牢"。这也表明了人类的发展不能依靠核能的利用，因为一旦世界核电站同时爆炸或出现其他问题，人类将失去家园（图4-5）。

图4-5　日本福岛核电站污染海洋扩散示意图[220]（地理沙龙号）

第三节　生物经济产业统计指标体系框架

　　经济学研究既要有理论模型，又要有数据统计，只有这样才能构成研究的完整体系。例如，宏观经济学的指标有"硬性统计指标"，如国内生产总值（GDP）、人均国内生产总值、投资、消费、出口、第一产业增加值、第二产业增加值、第三产业增加值等；也有一些"软性统计指标"，如各种景气指数、企业家信息指数、消费者信心指数等。这些指标，反映了宏观经济的运行，也为研究者研究宏观经济提供了数据支持。

---

220 洋流：最大规模海水运动，仅墨西哥湾暖流就为所有河流径流的20倍. http://www.sohu.com/a/227109549_794891[2019-11-27]

生物经济产业是作者提出的全新的产业形态。为了能进一步度量生物经济产业的发展，作者参照国民经济行业分类（GB/T 4754—2017），初步提出了生物经济指标体系框架（表 4-1）。

表 4-1 生物经济指标体系框架

1 级指标	2 级指标	3 级指标	含义
生物经济产业	生物医药	疾病预防	健康管理、疫苗制造等
		疾病诊断	医药、医疗器械等产业
		疾病治疗	医疗服务产业等
	生物农业	大产业	农业、农业装备及农业服务业等
		育种新技术	农业新技术研发
	生物服务	基因研究服务	基因检测及相关服务业
		生命健康超市	自主医疗服务业
		生物金融超市	为生物产业发展提供金融服务
		生物经济孵化器	专业生命科学和生物技术园区
		森林康养	森林养护、旅游、医疗及体育等
		生物实验超市	为生物技术和产业研发提供实验室服务
		生物会展	生物相关产业的战略展示及相关活动
		生物信息服务	为推动生物产业发展提供专门信息咨询
		协议研发	合同研究组织（CRO）、合同加工外包（CMO）等服务
		健康医养	健康管理、医学美容
		干细胞	干细胞储存、医学美容、抗衰老等
		健康养老	养老产业
	生物能源	废弃物再利用	餐饮及人类废弃物再利用
		能源植物为原料	生物能源产业
		生物工厂	提供生物能源的设备和基础设施
	生物环保	环境治理	为环境质量提供技术、设施和服务等
		环境保护	为环境保护提供技术、设备及服务等
		环境经营	为环境质量等提供咨询、管理等服务
	生物智造	生物智能	为生物产业发展提供智能化服务的技术和设备等
		细胞工厂	细胞工程等研发及后续生产
		智能机器人	服务于人类发展的智能化机器人产业

当然，指标体系的提出是系统工程，需要集合众多人的智慧，这里提出的指标体系，仅是作者自己的理解，供研究者相互探讨之用。

实　践　篇

第五章 企业实践：生物经济引领北大未名走向世界

北大未名成立 20 余年来，在作者的带领下，秉承"科教兴国、产业报国、健康强国"的理念，致力于"构建生物经济体系，打造生物经济旗舰"，形成了"创新的经济体系""独特的发展思路""坚实的产业基础"三大核心优势，为中国生物产业的发展做出了大量开创性和突破性工作，取得了令世人瞩目的成绩，在中国生物产业发展进程中创造了多个"世界第一"和"中国第一"。特别是北大未名已初步建立世界首个生物经济体系（包括生物经济理论、生物经济模式和生物经济产业），北大未名已成为世界生物经济的策源地。

过去 20 余年来，北大未名探索和发展生物经济，从提出生物经济概念，到创立生物经济理论、创造生物经济模式、发展生物经济产业，直至初步缔造了生物经济体系，生物经济为北大未名发展提供了全新模式，以下作者将从北大未名的过去、现在和未来三个方面阐述北大未名为发展生物经济开展的艰苦卓绝的探索与实践。

第一节 北大未名的过去

北大未名在作者的带领下，经过 20 多年的实践，创造了多个"世界第一"和"中国第一"。以下用北大未名的十大业绩，展示北大未名在作者领导下取得的重要成就。

一、北大未名已发展成为世界生物经济策源地

1992 年，北大未名创办时只是一个拥有十几平方米办公室和几个人的小公司，经过 20 多年的艰苦努力，形成"创新的经济体系""独特的发展思路""坚实的产业基础"三大优势，总结出了一系列发展生物产业的经验，初步探索出一条适合中国生物产业发展的道路，并通过创立生物经济理论、创造生物经济模式，发展生物经济产业，北大未名构建了生物经济体系，已发展成为中国现代生物产业的旗舰企业、中国最具国际竞争潜力的企业集团之一

和世界生物经济的策源地。

(一)潘氏生物经济在国际上的影响

(a)作者荣获 2015 年度伯里克利国际奖，以表彰作者运用生命科学和医学的观点及方法研究社会经济问题创立的生物经济学理论，以及对新医药发展所做出的杰出贡献。

(b)受欧洲议会邀请，作者于 2016 年 6 月 15 日在比利时布鲁塞尔欧洲议会做了题为《潘氏生物经济：理论和实践》的报告。

(c)2016 年 6 月 15 日在比利时布鲁塞尔欧洲议会接受《新欧洲》(NEWEUROPE)记者采访，19 日《新欧洲》全文刊登了题为《2020 年人类将进入生物经济时代》的报道。

(d)作者荣获意大利 2019 度 LE RAGIONI DELLA NUOVA POLITICA 奖。获奖颁奖词如下：我们将很荣幸地与众多知名人士一起，向中国最重要、最负盛名的生物医药产业——北大未名集团董事长潘爱华教授颁发 LE RAGIONI DELLA NUOVA POLITICA 奖。潘教授是神经科学领域"新丝绸之路"的先驱者之一。潘教授的科学研究精益求精，成绩斐然，他的生物医药产业化给中国带来了巨大的社会影响，鼓舞一辈又一辈的医药研发人员。就像他在国内外获得的其他奖项一样，潘教授理应获得 LE RAGIONI DELLA NUOVA POLITICA 奖。

(二)潘氏生物经济在国内的影响

从 1995～2015 年，作者在各类会议、论坛、政府部门等做过上百场生物经济专题报告。以 2001 年在京党政机关领导干部科普报告会报告、2001 年诺贝尔经济论坛报告、2001 年中央电视台《对话》、2005 首届国际生物经济高层论坛主持、2007 第一届中国生物产业大会报告等系列活动，以及中国经济报告、人民网采访等为舞台，作者积极倡导生物经济。这在理论篇中已经有了详细描述。

二、创建生物经济体系

作者于 1995 年在世界上首次提出生物经济的概念，2003 年发表了有关生物经济理论的论文。在生物经济理论指导下，北大未名在实践中创造了新经济模式——生物经济模式，进而运用生物经济模式，将大产业、大市场、大金融一体化协同发展，形成了生物经济产业。生物经济理论、生物经济模式、生物经济产业这三大层面互为支撑、有机融合，构成了较为成熟的生物经济体系。成长于这一体系之下的北大未名，正是生物经济体系的完美例证。

相关内容在理论篇已有详细描述，在此不再赘述。

三、建立世界首个生物经济实验区

在对人类经济、社会和发展历史研究的基础上，北大未名开创了独特的操作模式——生物经济发展方式，即在潘氏生物经济理论指导下，运用生物经济模式，发展生物经济产业。这种发展方式，考虑对方需求，做到不损人也能利己，不牺牲环境也能发展经济，将工作和生活完美结合，这也是人类追求的最理想的境界。目前，在安徽合肥建立了世界首个生物经济实验区——半汤生物经济实验区(图5-1)，重点实践生物经济孵化器模式，将生物经济孵化器模式应用于新药研发，建立新药高速公路，以解决新药研发传统模式所存在的三大问题——项目来源很局限、项目筛选不准确、服务体系欠完善。最终建立具有三大特点的新药高效研发体系(新药高速公路)，即广阔的项目来源、准确的项目筛选、完善的服务体系。

四、成功经营中国第一个现代生物制药企业：深圳科兴

成立于1989年的深圳科兴生物制品有限公司(深圳科兴)，是中国第一家现代生物制药企业。到1995年，由于各种原因公司处于破产倒闭的边缘。1995年5月15日北大未名全面接管深圳科兴，用短短的5年时间创造了多个中国乃至世界第一：中国第一个正式批准上市的基因工程药物、第一个国家"863计划产业化基地"、中国创业板"001号"(由于当时创业板未开而未能上市)、中国最成功的生物制药企业、世界基因工程药物产品最齐全(促红细胞生成素、粒细胞集落刺激因子、胰岛素、干扰素和生长激素)的公司、中国最大基因药物产业化基地，创造了中国生物产业的神话，成为中国现代生物产业发展的一面旗帜。凭借对全球经济和生物工程发展的前瞻性把握和独特思考，作者被誉为具有科学头脑的企业家和具有市场意识的科学家(图5-2，图5-3)。

　　位于合肥半汤未名广场的"生命之光雕塑"，由未名集团董事长潘爱华领衔设计，有三个含义：①整个雕塑像把钥匙，上面是1，下面是地球，而且正面是中国地图，象征在中国的合肥半汤打造世界上第一个生物经济实验区，带给世界经济发展创新的一把钥匙；②地球的背面看到透明的细胞器内部结构，说明实验区是有生命的，是和生命相关的；③整个雕塑坐落在培养皿台基上，说明这个实验区是在生物经济理论指导下的新的经济模式的实践，以期作出示范效应。

图 5-1　作者设计的合肥半汤"生命之光雕塑"图

图 5-2　作者获得的奖项

图 5-3　作者获得的奖项

五、创造了生物产业的多个世界第一和中国第一

北大未名在 20 多年的发展历程中为中国生物产业的发展做出了大量开创性工作，取得了令世人瞩目的成绩，在中国生物产业发展进程中创造了多个"世界第一"和"中国第一"（图 5-4）。

除深圳科兴外，未名医药成功研制并生产出世界上第一个神经创伤的治疗性药物——神经生长因子、世界上第一支预充式干扰素"安福隆"、唯一的干扰素喷雾剂"捷抚"；北京科兴 2001 年成功研制中国第一支甲肝灭活疫苗和中国第一支甲乙肝联合疫苗，2003 年成功研制世界上第一个 SARS 病毒

图 5-4　探寻无数个第一的背后——北大未名 15 年创新之路(科技日报)

灭活疫苗,2008 年成功研制中国第一个人用禽流感疫苗,2009 年成功研制并生产出世界上第一支甲型 H1N1 流感疫苗,2014 年成功研发出世界首个手足口病疫苗;未名天人的"天芪降糖胶囊"是唯一被中西医双指南推荐的降糖纯中药;未名农业 2013 年成为中国第一家通过国际"监管创优"(ETS)认证的企业(图 5-5),成功研发出世界上第一个智能不育水稻;未名农业培育的"利民33"玉米品种是最具潜力的中国玉米良种;未名博思拥有的生物智能(强人工智能)技术处于第五代计算机技术的世界领先水平。

　　北大未名在世界上首次提出并发展生物经济产业,成立世界上第一个生物经济研究中心,成立世界上第一个生物经济集团,主持并担任执行主编出版了中国第一部《中国生物产业调研报告》(图 5-6),落成世界首个生物经济研究院,构建世界上第一个生物经济孵化器,建设世界上第一个生物经济实验区,构建世界上第一个新药高效研发体系,建立世界上第一个良好健康管理规范(GHP)。

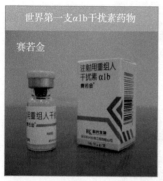
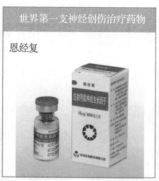
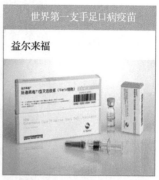

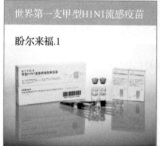
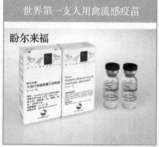
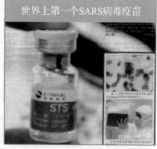

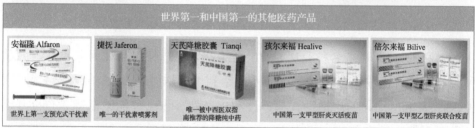

图 5-5　北大未名研制的药品列表

图 5-6　中国第一部最详尽的生物产业报告

六、建立了世界水平的作物育种新技术体系

(一)培育的"利民 33"玉米品种是最具潜力的中国玉米良种

"利民 33"是未名种业历时 10 余年,以优选德国品种为父本、国内品种为母本培育而成,祖群材料自交系能达到 1 万株/亩,经过 10 年选育,"利民 33"表现出优异的广适性、稳产性和丰产性。该品种能够抵御"布拉万台风"而不倒,黏虫不咬,更抗大小斑病,是一个极适合机械化生产、稳产性十分优异的品种。"利民 33"是目前国内唯一可在密度上达到美国本土水平的玉米品种,亩均植株数可达 5500~6000 株。2011~2013 年,连续三年测产,均有标准产量 1 吨以上的表现。2014 年 10 月 8 日,由农业部科技教育司组织的专家测产组到吉林省和黑龙江省再次对玉米品种"利民 33"项目田进行实地测产,经过专家组现场实打实测,结果显示:平均亩产均超过了 1 吨。

(二)建立了智能不育分子设计技术并培育出水稻新品种

一是培育出了水稻新品种"未名 33"。二是研发成功了智能不育分子设计技术(图 5-7),该技术是充分利用了作物不育基因进行杂交制种的新技术,具有三大特点：①从根本上解决杂交育种难题；②改善作物的品质；③杂交种子不含转化基因，是杂交水稻三系及两系育种后的又一次飞跃，将实现中国作物育种的第三次绿色革命。

图 5-7　智能不育分子设计技术

(三)水稻基因改良技术处于世界领先水平

未名农业完成了世界上第一个水稻全基因芯片，建立了世界上最大的水稻激活标签突变体库和世界上最大的水稻全基因组分子育种平台。该平台以高通量分子标记检测为基础，通过对水稻全基因组上重要农艺性状相关染色体片段的精确选择，实现水稻育种由"经验育种"向"精确育种"的战略性转变，已获得上百个高抗逆的株系和功能基因。未名农业还取得了大量的在国内乃至世界领先的技术成果，累计申请 85 项发明专利，其中授权专利 29 项。

1. 建立了世界上最大、质量最好的水稻突变体库

未名农业利用带有 4X35S 增强子激活标签的转移 DNA(T-DNA)和农杆菌介导的转化技术，成功构建了水稻激活标签突变体文库。此库包含 20 多万份株系，覆盖 90%以上水稻基因，具有丰富的可见表型，是目前世界上最大、质量最好的水稻突变体库。

2. 建立了高通量的实验室、温室和田间一体化的功能筛选与基因验证体系

根据实验室、温室和田间试验的特点与目的，未名农业积极创新，优化试验设计、标准化实验操作并改进实验装置，已建立了多个高通量的突变体库筛选平台，还将生物统计学理论与试验设计和结果分析有机结合，使整个筛选体系更加科学和完善。未名农业已筛选了 6 万多个突变体株系，并成功发现了 100 多个抗旱、氮素高效利用、抗冷、抗虫和早开花等重要农艺性状基因。

3. 领先的基因组编辑技术

基因组编辑技术可以说是当今风靡科技界的最流行的生物技术，对农学、医学、微生物学都有广阔的应用前景。CRISPR/Cas9 是目前最广泛应用的基因组编辑技术之一。未名农业已成功在水稻中建立了 CRISPR/Cas9 基因组编辑技术，建立了基于 CRISPR/Cas9 基因组编辑技术的高效多基因载体组装系统，并获得了不含转基因但含有突变目标基因的纯合株系，创立了以基因组编辑为基础的育种技术。

七、生物智能技术（强人工智能）处于第五代计算机技术世界领先水平

北大未名的生物智能技术（第五代计算机的核心技术）处于世界新一代信息技术的领先水平。在生物智能技术方面已取得了重要的阶段性成果：2007 年在《前沿科学》创刊号上发表了题为《第五代计算机及其认知逻辑方法》的科学论文（图 5-8）；2010 年获得国家知识产权局授予的发明专利——一种认知逻辑及其处理信息的方法（专利号：ZL 2006 1 0054817.2 证书号第 656655 号）；在蛋白质空间结构预测方面获得突破性进展，基于全球领先的智能计算机核心技术，北大未名开发了“人脑模拟认知逻辑引擎”，利用该引擎将开发新一代的数据库软件系统“无模式数据库”、新一代计算机编程语言“自然语言”、认知逻辑芯片设计等创新智能计算机软硬件系统模型。北大未名生物智能技术的研发成功将引领一场新的信息产业革命。

2015 年 9 月 18 日《科学》（Science）杂志介绍了北大未名自然智能技术，目前大家看到的一些报道还只是模拟人类智能的分项能力，并没有达到我们理解的真正人类智能的整合逻辑能力，如利用知识和推理做决定（也称为强人工智能）（图 5-9）。目前所谓的人工智能基本还是延续的计算机思维，不是我们人类的思维方式。

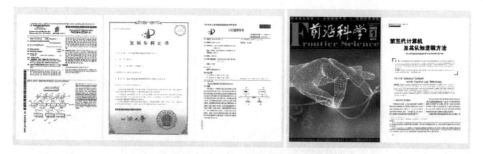

图 5-8　北大未名生物智能专利和文章列表

图 5-9　*Science* 的报道

北大未名认为发展强人工智能的最好方法是模仿人脑的工作原理，进而称为自然智能(NI)。自然智能试图利用计算机实现只有生命体才有的功能，也就是处理知识的演绎和归约方法。北大未名新近的研究希望找到更接近人脑处理知识的数学算法，使得将来的自然智能机可以更省资源(时间、功率和经费)，同时提供与内容相关的答案。

八、北大未名主导建设的国家大基因中心获批

国家大基因中心属于合肥综合性国家科学中心七大中心之一，主要由北大未名和中国科学院北京基因组研究所共同建设(图 5-10)。国家大基因中心的三大目标：揭示生命的本质，发现生命活动的规律，解决人类面临的"人口""健康""粮食""环境""能源""生物安全"六大问题。应用研究主要是利用大基因中心平台，积极开发基因等数据的应用，推动新技术、新方法、新产品规模化应用，主要包括精准医学、精准育种、新药研发、CAR-T、

干细胞、基因编辑技术等领域。形成基因产业集群，带动我国基因产业及基因相关产业的快速发展。

图 5-10　国家大基因中心

综合性国家科学中心是依托先进的国家重大科技基础设施群建设，支持多学科、多领域、多主体、交叉型前沿性研究，代表世界先进水平的基础科学研究和重大技术研发的大型开放式研究基地。2017 年 1 月国家发展和改革委员会与科技部联合批复了合肥综合性国家科学中心建设方案。合肥是继上海之后国家正式批准建设的第二个综合性国家科学中心。2017 年 5 月国家又正式批准北京为第三个综合性国家科学中心，成为代表国家参与全球科技竞争与合作的重要力量。合肥综合性国家科学中心将建设七大中心：①超导核聚变中心；②量子中心；③天地一体化信息网络中心；④联合微电子中心；⑤离子医学中心；⑥智慧能源集成创新中心；⑦大基因中心。

大基因中心由"ATCG"四栋研发大楼组成：A 楼为新药中心、T 楼为CART-T 中心、C 楼为干细胞中心、G 楼为基因中心。四栋研发大楼及相关配套设施总建筑面积 10 万平方米，并于 2017 年 6 月正式启用运行。2015 年 10 月23 日，北大未名和中国科学院北京基因组研究所(BIG)签约共建"未名-BIG联合基因研究院"。BIG 是中国科学院唯一专门从事基因组研究的研究所，也是国际领先的基因组学原始创新研究基地。通过引进 BIG 高水平研究团队和先进技术，共同推进一批精准医学研究成果实现临床应用、建设精准医学数据库和大型医疗健康数据智能分析的生物信息云平台，同时也吸引国际顶尖人才共同建立实验室，目前已设立了两个诺贝尔奖工作站：Ferid Murad,

1998 年诺贝尔医学或生理学奖得主，被称为"伟哥之父"；George Smoot，
2006 年诺贝尔物理学奖获得者，被誉为"宇宙胚胎学之父"（图 5-10）。

九、正在建设三个千亿级的未名生物产业园

为实现北大未名战略目标打下坚实产业基础，集团从 2013 年起着力建设
若干个千亿级产业园，目前已建成和正在建设的千亿级产业园（图 5-11）包括：
合肥半汤未名生物医药产业园、保定通天河未名生物经济产业园、通道未名
生物经济产业园。三大产业园生产和医疗用房总建筑面积超过 300 万平方米，计
划 2020 年全部建成投产，2030 年分别达到年千亿产值目标。

图 5-11　北大未名三个千亿级产业园区

关于三个产业园区，在生物经济模式中已经有了描述，在此不再做讲解。

十、三大预言得到证实或即将得到证实

1998 年作者凭借丰富的知识和独特的思维方式，在世界上首次做出三大预言（图 5-12）。其中对 2008 年北京奥运的预言得到证实，"2020 年中国 GDP 将超过美国"的预言已初步实现。生物经济浪潮正席卷全球，2020 年人类将进入生物经济时代已初见端倪。

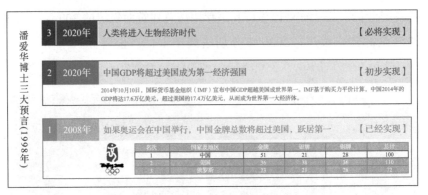

图 5-12　作者提出的三大预言

第二节　北大未名的现在

一、基本业务简介

北大未名旨在构建生物经济体系、打造生物经济旗舰。生物经济体系包括生物经济理论、生物经济模式和生物经济产业三大部分。生物经济产业是指在生物经济理论指导下，运用生物经济模式，使大产业、大金融、大市场一体化协同发展所形成的产业；大产业是指以生物产业为核心，将现代科学技术应用于生物产业，实现第一、第二、第三产业协同发展所形成的产业；生物产业主要包括生物医药、生物农业、生物能源、生物环保、生物服务、生物智造等。北大未名重点投资以上生物产业六大领域（图 5-13）。

二、北大未名三大优势

北大未名在潘氏生物经济理论指导下，经过 20 多年的发展，已经形成了三大优势。

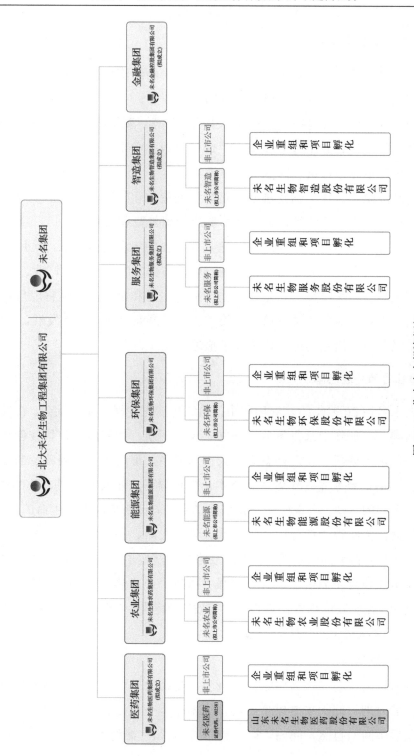

图 5-13 北大未名投资框架

(一) 创新的经济体系

北大未名创建了世界首个生物经济体系。生物经济体系主要包括三个层面：生物经济理论、生物经济模式、生物经济产业。

生物经济理论主要包括十大理论：生物经济学、新资本论、经济基因学、经济生物重组理论、股市医学模型、生命信息载体学说、三元论、社会基因学、管理信息不对称理论、国家公司学说等。

生物经济模式是在生物经济理论指导下创造的新的经济模式，主要包括生物经济社区、生物经济孵化器、良好健康管理规范 (GHP) 等。

生物经济产业不同于生物产业，它是在生物经济理论指导下，运用生物经济模式，将大产业、大市场、大金融一体化协同发展所形成的产业。

大产业具有三大特征：一是以生物产业为主导和核心，二是将现代科学技术应用于生物产业，三是将第一、第二、第三产业一体化协同发展。

相关概念和理论已在理论篇进行了描述。

(二) 独特的发展思路

北大未名在 20 多年的发展历程中，始终坚持在过程中寻找机会，在发展中解决问题，在创新中获得效益，创立了观念创新、体制创新、科技创新、产品创新、市场创新、管理创新等六大创新体系，形成了一系列独特的发展思路 (图 5-14)。特别是在作者"新资本论"指导下，北大未名制定了"通过资本控制世界的方法，实现生命决定资本的目的，证明基因主宰生命的真谛"的战略思路，为实现"探寻中华民族伟大复兴之路、探寻世界经济发展创新之路、探寻人类和平持续发展之路"的战略目标奠定了坚实的基础，并以"生命决定资本"作为企业信念，着力加强"搭建平台、整合资源、引领发展"的顶层设计，在实践中探索出许多行之有效的独特的操作模式和运营模式，开创出一条可行且不同寻常的企业发展道路。

1. 独特的企业信念

新资本论的核心思想为资本控制世界、生命决定资本、基因主宰生命。在新的发展时期，北大未名以生命决定资本作为企业信念，以引领人们在追求经济发展中回归自然，回归"以人为本"，回归生命的本质。

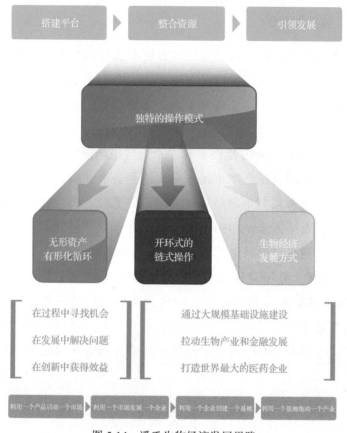

图 5-14　潘氏生物经济发展思路

2. 独特的操作模式

北大未名始终坚持自己的梦想信念，以生物经济理论为指导，在实践中探索出许多行之有效的独特的操作模式：无形资产有形化循环、开环式的链式操作、生物经济发展方式，这种发展方式不损人也能利己、不牺牲环境也能发展经济、工作和生活完美结合。

3. 独特的运营模式

北大未名始终坚持在过程中寻找机会，在发展中解决问题，在创新中获得效益，着力加强"搭建平台、整合资源、引领发展"的顶层设计，逐步落实"利用一个产品启动一个市场，利用一个市场发展一个企业，利用一个企业创建一个基地，利用一个基地推动一个产业"的运营模式。

(三)坚实的产业基础

北大未名始终将实业发展作为公司的根本基石,经过 20 多年的发展,现已建设了北京北大生物城、厦门北大生物园、合肥半汤生物经济实验区、保定通天河生物经济示范区、北戴河未名国际健康城、长沙未名前沿科技园、通道未名生物经济产业园等多个环境优美、交通便利、自然条件优越的产业基地。特别是从 2013 年起着力建设了若干个千亿级产业园,目前已建成和正在建设的千亿级产业园包括合肥半汤未名生物医药产业园、保定通天河未名生物经济产业园、通道未名生物经济产业园。三大产业园生产和医疗用房总建筑面积超过 300 万平方米,2030 年分别达到年千亿产值目标,并在集团重点发展的六大领域拥有世界领先的核心技术,如新药高速公路(新药高效研发体系)、CAR-T 技术、分子育种技术、生物智能技术[强人工智能(AI)、自然智能(NI)]、垃圾热解净化处理技术、纤维素乙醇生产技术等;生物金融超市和生物实验超市初具规模;建立了一支职业化、专业化及知识和年龄结构合理的高水平人才团队。所有这些都为集团战略目标的实现奠定了坚实的产业基础。

第三节　北大未名的未来

人类对自然的探索和研究就像盲人摸象,未能看清世界的本来面目。现代科学技术越来越能为人类提供全方位认识世界的"眼睛"。生物经济将为人类认识世界提供一双眼睛:通过资本控制世界的方法,实现生命决定资本的目的,证明基因主宰生命的真谛。为此,作者带领北大未名,制定了北大未名未来的战略目标、发展思路和战略规划。

一、战略目标

生物经济产业是生物产业发展的最高级形态。人类在第一代生物经济产业(BI_1)发展方面已有了很好的实践,目前北大未名进行第二代生物经济产业(BI_2)的实践,但如何推动第三代生物经济产业(BI_3)的发展、如何推动人类更快进入生物经济时代,必须要进行系统设计、全方位考虑。

按照作者的预测，2020年人类将进入生物经济时代。为此，作者提出，北大未名未来的发展目标是在生物经济理论体系的指导下，探寻中华民族伟大复兴之路、探寻世界经济发展创新之路、探寻人类和平持续发展之路（简称"三个探寻"）。

二、发展思路

通过资本控制世界的方法，实现生命决定资本的目标，证明基因主宰生命的真谛，具体解释是：在作者提出的新资本论思想的指引下，充分利用资本逐利本性，依托其世界独有的生物经济体系，将资本引导到生物经济上面来，使得资本能助力生物经济产业的发展，实现作者倡导的生物经济的目标，从而达到不损他人实现利己、依靠生态发展经济、工作过程享受生活的生活状态，实现资本在生物经济理论指导下为人类的健康、长寿、幸福服务；因为在生物经济理论看来，人是由基因控制的，但整体来看，人与人之间基因的差别很小，那么在生物经济理论指导下将会直接推导出生命的真谛：人人平等也应该是未来社会的最终方向。

三、战略规划

围绕北大未名"三个探寻"的战略目标，按照新资本论制定的战略思路，集团的战略规划是"一步两个脚印，实现三大梦想"。

一步指创立生物经济理论，两个脚印指生物经济模式和生物经济产业。三大梦想是指创立生物经济体系、解决中国三农问题、解决中国健康问题。生物经济体系包括：生物经济理论、生物经济模式和生物经济产业。解决中国三农问题的基本思路是：通过发展育种新技术，解决粮食安全问题（储粮于技）；通过发展生物经济产业，解决农业问题；通过建立生物经济社区（未名公社），解决农村和农民问题。解决中国健康问题的基本思路是：通过发展生物医药产业，建立健康产品供给体系；通过发展现代中医药，建立中国特色的健康服务体系；通过实施GHP计划，建立生命健康管理体系。

按照集团的发展规划，到2022年也就是集团成立30周年的时候，为三大梦想实现打下更加坚实的基础，到2030年，初步实现三大梦想。

四、解决中国健康问题：未名大健康产业规划

(一)健康概念的演变

从古至今，人类健康观念转变经历了从"生理"到"心理"再到"精神"的进程。在古代人那里，健康是以避免和祛除身体上的疾病为标准，以生命长久延续为目标，身体状况始终是衡量和判断健康与否的唯一对象。随着自然科学的发展及其技术的进步，人类的健康观念也发生了巨大变化。物质繁荣意味着"活着"不再是人生(至少对社会中部分人来说)最紧迫的事，人的需要层次也不会停留在"生存"的层次上，而是由"生理"需要跃升到"心理"需要的层次；另外，近代以来的科技发展，在满足人的物质欲望和需要有利于身体健康的同时，也引发了新的需要和新的问题——心理需要和心理问题，"心理健康"被提上人类发展的议程，这进一步推动了人类对"健康"的理解。为此，世界卫生组织(WHO)对健康的概念进行了调整：健康是指一个人在身体健康、心理健康、社会适应健康和道德健康四个方面都健全。其中，心理健康和社会性健康的提出，摆脱了人们对健康的片面认识，既考虑到人的自然属性，又考虑到人的社会属性，是对生物医学模式下的健康的有力补充和发展。

但随着人类认识水平的提高，作者发现目前 WHO 的健康理念依然不够全面，健康应该是立体化、全方位的健康。为此，作者经过长期思考，提出了健康的新模式，并指出健康应包括三个方面：健康是指人个体身心的健康、人与人关系的健康和人与自然关系的健康。

事实上，作者提出的健康新理念，契合了我们正在践行的习近平总书记提出的新时代中国特色社会主义思想：个人身心的健康符合了健康中国的发展理念，人与人关系的健康契合了和谐中国的发展方向，人与自然关系的健康也是生态文明的最终方向。只有达到三者都健康才能实现最终的目标：实现中国人的健康、长寿、幸福，实现中华民族的伟大复兴。

(二)大健康产业发展思路

根据生物经济理论，结合 20 多年的实践，作者提出了我国发展健康产业的发展思路、实现路径和主要内容，主要包括以下三方面内容(图 5-15)。

图 5-15　北大未名解决中国健康问题的规划

1. 通过发展生物医药产业，建立健康产品供给体系

1）整体规划

整体规划即通过建立药物制造、新药研发、产品配送三大系统，建立完善的健康产品供给体系。

具体步骤包括：一是积极实施新药高速公路，降低新药研发投资，提高新药的数量；二是积极实施大规模的 CMO；三是要积极推动智能化运输系统和基地建设，打造省-地/市/州-县三级药品交通物流体系。

到 2030 年实现如下目标：未名医药占中国医药市场总销售额的 10%、占生物医药市场总销售额的 50%；通过新药高速公路每年获得 25 张以上新药证书；未名医药上市公司(002581)市值万亿元；通过国际化的企业重组并购，使北大未名成为世界上最大的医药企业集团(图 5-16)。

2）基础条件

北大未名之所以能提出这个规划，是因为北大未名有坚实的基础：已在北京、合肥、保定、厦门、深圳、天津、常州等地建成和正在建设的厂房超

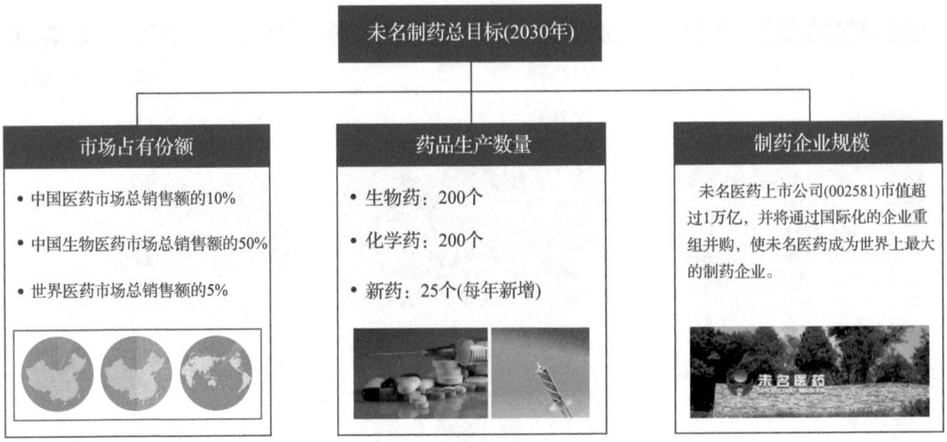

图 5-16　　未名制药 2030 目标规划

过 200 万平方米；计划建设世界上规模最大、品种最齐全的高质量药物生产基地，到 2030 年建成符合中国 GMP、美国 GMP、欧盟 GMP 和世界卫生组织 GMP 标准的厂房 500 万平方米。

(1) 山东未名生物医药股份有限公司

山东未名生物医药股份有限公司是北大未名控股的在深圳证券交易所上市的 A 股公众公司，证券简称：未名医药，证券代码：002581。公司于 2015 年 10 月 19 日经重大资产重组"原淄博万昌科技股份有限公司"更名而成。公司拥有未名生物医药有限公司（厦门）、天津未名生物医药有限公司、北京科兴生物制品有限公司、山东未名天源生物科技有限公司、北京未名西大生物科技有限公司等下属企业或生产基地。

北大未名三大梦想之一是"解决中国健康问题"：通过发展生物医药产业，建立健康产品供给体系；通过发展现代中医药，建立中国特色的健康服务体系；通过实施 GHP 计划，建立生命健康管理体系。未名医药将重点发展药物制造、新药研发、产品配送三大系统，建成完善的健康产品供给体系，通过实施"百千万亿工程"（图 5-17），推动未名医药成为世界上最大的医药企业集团。

(2) 未名生物医药有限公司（厦门）

未名生物医药有限公司（原厦门北大之路生物工程有限公司）成立于 1998 年 12 月，是北京大学和厦门市政府在生物医药科技领域合作的结晶、北大未名

图 5-17　北大未名百千万亿工程规划

六大产业中生物医药核心企业、国家高技术产业化示范工程和厦门市高新技术企业，设有国家人事部批准的博士后科研工作站。2001 年 12 月，时任福建省省长的习近平同志视察未名医药并出席北大生物园开园仪式。

　　公司致力于神经生长因子系列产品的开发，其中第一个产品为注射用鼠神经生长因子（恩经复®Nobex®），主要在研项目有：①神经生长因子深度开发（共 10 项）；②治疗脑卒中的一类新药——泰瑞拉奉；③基于调节神经再生的新型靶点 SOX9 的新药研发（5 个候选药物）（图 5-18）。未名医药投资建设的北大生物园，占地 150 余亩，毗邻厦门岛地理中心忠仑公园，是厦门火炬高新区"一区多园"中唯一一个以生物产业为主题的核心园区及产学研合作的典范，厦门北大生物园将建成世界生物医药经济总部基地。

　　（3）北京科兴生物制品有限公司

　　北京科兴生物制品有限公司（以下简称北京科兴）于 2001 年在北京中关村国家自主创新示范区注册成立，是唯一一家在北美上市的中国疫苗企业。北京科兴（图 5-19）先后推出了我国第一支甲型肝炎灭活疫苗，中国第一支、

▶ 注射用鼠神经生长因子(一类新药)——恩经复®

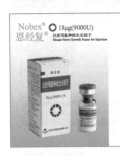

世界上第一支获准正式用于临床的神经生长因子药品

第一个由中国人率先产业化的诺贝尔生理学或医学奖成果

唯一的神经损伤治疗药物

★ 唯一直接促进轴突定向再生的药物
★ 唯一拥有儿童用药安全性观察证据的NGF
★ 唯一获得安全性与有效性专家共识的NGF
★ 获得卫计委《临床路径治疗药物释义》权威推荐
★ 被收录于《中华人民共和国药典》的NGF

主要在研项目R&D

▶ 神经生长因子深度开发

- 重组人 NGF 治疗视神经损伤
- 重组人 NGF 治疗急性周围神经损伤(机械性损伤)
- 重组人 NGF 治疗慢性酒精中毒引起的周围神经病变
- 无痛重组人 NGF 开发
- 长效化重组人 NGF-FC 融合蛋白开发
- 重组人 NGF 透鼻剂治疗老年痴呆
- 球后注射重组人 NGF治疗视神经萎缩
- 重组人 NGF 治疗烧、烫伤
- 重组人 NGF 水凝胶治疗压力性溃疡
- 抗人 NGF 单抗

▶ 泰瑞拉奉(一类新药，治疗脑卒中)

- 以依达拉奉为先导化合物改进的新结构分子，依达拉奉为现有脑卒中治疗指南中唯一推荐的注射型脑保护剂，急救用药
- 泰瑞拉奉提高了消除氧自由基的能力，药效明显优于依达拉奉
- 产品剂型为冻干粉针，具有比依达拉奉注射液更好的稳定性
- 为中国自主化合物专利药物，拥有日本、美国专利
- 2017年7月获临床批件(2017L04387)，为一类新药，具有独家定价优势

▶ 基于调节神经再生的新型靶点SOX9的新药研发

基于拥有专利的调节神经再生的新型分子靶点SOX9，未名医药和加拿大西安大略大学合作开发筛选了5个候选药：(1)两个多肽药物：PEP1和PEP2，专一性作用于SOX9；(2)两个小分子药物：OPC1和OPC2，为其他疾病的临床治疗药物，兼有SOX9靶向作用；(3)小分子RNA药物：专一性调控SOX9的表达。上述药物和相关疗法在脊柱损伤、脑卒中、创伤性脑损伤等神经损伤动物模型中显示了良好的治疗效果。

图 5-18　北大厦门之路的主要产品和在研产品

主要产品

▶ 肠道病毒71型灭活疫苗——益尔来福®

▶ 甲型肝炎灭活疫苗——孩尔来福®

产品优势：
中国第一支甲型肝炎灭活疫苗
不含防腐剂
中国使用量最大的甲肝灭活疫苗
享牌WHO EPI使用的甲肝灭活疫苗
北京市自主创新产品
北京市著名商标(孩尔来福)

▶ 流感病毒裂解疫苗——安尔来福®

产品优势：
唯一不含防腐剂(硫柳汞)的国产流感病毒裂解疫苗
免疫效果超过欧盟标准
7天快速产生抗体
北京市自主创新产品

▶ 甲型乙型肝炎联合疫苗——倍尔来福®

产品优势：
中国第一支，全球第二支甲型乙型肝炎联合疫苗
同时预防甲型和乙型肝炎两种疾病
减少接种次数、减轻接种痛苦、是甲肝和乙肝疫苗单价甲肝疫苗和乙肝疫苗应定双的补充
北京市自主创新产品

▶ 大流行流感病毒灭活疫苗——盼尔来福®

产品优势：
中国第一支大流行流感疫苗(人用禽流感疫苗)
北京市自主创新产品
中国政府唯一储备人用禽流感疫苗

图 5-19　北京科兴主要产品线

全球第二支甲型乙型肝炎联合疫苗，中国第一支与全球同步的大流行流感疫苗(人用禽流感疫苗)，唯一不含防腐剂的国产流感病毒裂解疫苗，以及全球第一支甲型 H1N1 流感疫苗和手足口病疫苗。北京科兴已成长为一家拥有创新研发和产业化经验、具有极大发展潜力的专业疫苗公司。

北京科兴以"为人类消除疾病提供疫苗"为使命、以"让中国儿童使用国际水平的疫苗、让世界儿童使用中国生产的疫苗"为目标，在传染病疫苗研发中始终保持着领先地位，已在北京昌平建成了世界最大的手足口病疫苗生产基地，年产3000万支。通过研发新发传染病疫苗，与国际疫苗巨头齐头并进，受到全球关注并赢得广泛认可。

(4)天津未名生物医药有限公司

天津未名生物医药有限公司(以下简称天津未名，原天津华立达生物工程有限公司)创建于1992年，是我国率先进入基因工程制药产业化领域的企业之一。公司位于天津经济技术开发区，占地面积76 000平方米，总建筑面积约18 000平方米；公司建立了符合国际cGMP标准的现代化干扰素生产车间，生产的干扰素原液符合欧洲药典标准，拥有国内规模最大、全部进口设备组成的干扰素冻干粉针剂和预灌装玻璃注射器装注射液生产线。天津未名主要产品安福隆(重组人干扰素α2b注射剂)(图5-20)，包括注射液和冻干粉针，

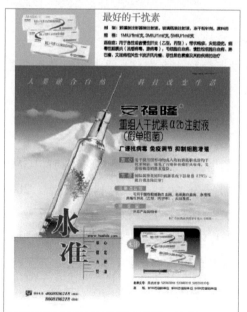

图5-20　天津未名主要产品线

现有 6 个规格。安福隆注射液为公司自主研发，攻克了蛋白质在水溶液中不稳定的技术难题，填补了国内该领域的空白，并且在国际上率先采用先进的预灌装注射器包装形式，可以直接注射。安福隆注射液拥有自主知识产权，并在英国、法国、德国等多个国家获得发明专利授权。公司的另一产品捷抚（重组人干扰素 α2b 喷雾剂）通过非接触性定量给药方式，可以满足病毒性皮肤病患者治疗的需要。天津未名作为未名医药的重点企业之一，将重点发展干扰素系列及升级换代产品。企业愿景是让 α 干扰素成为抗病毒市场的"青霉素"，让中国老百姓用上国产、高品质、价廉的抗病毒药物。

(5)深圳未名新鹏生物医药有限公司

深圳未名新鹏生物医药有限公司（以下简称深圳新鹏，原深圳新鹏生物工程有限公司）是经国家科学技术委员会批准，于 1992 年在深圳成立的生物技术高新企业，是中国最早从事生物药物研究和产业化的企业之一。2016 年通过企业重组，成为北大未名下属制药企业。公司主要产品为重组人粒细胞刺激因子注射液、重组人促红素注射液。在研项目包括一类新药"重组人肿瘤坏死相关凋亡诱导配体"及艾曲波帕（Eltrombopag）和富马酸替诺福韦艾酚拉胺（TAF）片（图 5-21）。

(6)中山未名海济生物医药有限公司

中山未名海济生物医药有限公司（以下简称未名海济，原中山海济医药生物工程股份有限公司）成立于 2004 年，落户于中山市火炬区国家健康基地，是一家拥有自主知识产权的基因工程生物制药企业。2015 年通过企业重组，成为北大未名下属制药企业。

未名海济在 2005 年取得了国家食品药品监督管理局颁发的"药品 GMP 证书""药品生产许可证"，2006 年 11 月被评为"广东省民营科技企业"，2009 年获得了"广东省高新技术产品"证书，2012 年被评为"广东省高新技术企业"，2016 年被评为"广东省高新技术产品"。未名海济主导产品为海之元（注射用重组人生长激素 rhGH）（图 5-22），属于基因重组蛋白药物，为国家二类新药，应用于因内源性生长激素缺乏所造成的儿童生长缓慢等多个治疗领域。

图 5-21　深圳新鹏主要产品线

注射用重组人生长激素——海之元®

中国第一支应用于临床试验的重组人生长激素

海之元与人垂体分泌的生长激素结构完全相同
海之元具有高质量及高纯度，更安全，更有效

【适应症】
• 儿童生长激素缺乏症(矮小症)
• 重度烧伤

【规格】
2.5IU/vial, 4IU/vial, 8IU/vial

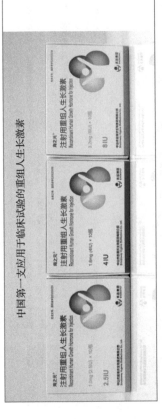

主要在研项目R&D

• 青少年矮小症：
用于内源性生长激素缺乏、慢性肾衰竭及特纳氏综合征所致儿童生长缓慢。

• 生殖：
人生长激素能够使睾丸激素恢复到正常人的水平，促进精子和卵子的生成。用于治疗男性ED及男女不孕不育等生殖类疾病。

• 外科术后、重症烧伤：
人生长激素有利于增加机体蛋白质合成，提高机体免疫能力，使营养物质得到充分利用。在术后用于促进伤口生长修复，加快术后疲劳的恢复，使身体更快得到恢复。

• ICU：
提高机体免疫能力，改善负氮平衡，缩短住院时间。

• 心衰：
人生长激素能够加厚加大心室的壁厚，加强心室出血的能力，减少心肌对氧气的需求量，增进病人的心活动能力。

• 增强记忆力：
HGH促进脑细胞中乙酰胆碱的制造，促进脑部血管的新生；同时，HGH能够刺激脑细胞的再分裂生长、修补及再生，从而有助于增强记忆力。HGH对脑部的作用还表现在某些精神、帮助稳定情绪、使心情好转，进而帮助睡眠。

• 艾滋病：
对艾滋病的恶性消耗给予营养支持。

• 抗衰老：
人生长激素能够延缓由衰老引起的脂肪积累、肌肉力量减小、运动能力下降、血脂升高、性功能减退和骨密度下降等症状。

• 美容：
促进皮肤细胞的新生及分裂，加快伤口的愈合，同时经过肾脏促成钠及水分的再吸收。使皮下结缔组织增加，最终使皮肤更光滑，更有弹性。

• 运动：
HGH能够增加肌肉中瘦肉量，促进细胞DNA及RNA的合成，促进细胞外蛋白质的吸收，同时可以增加糖类及氨元素的储存。

• 肝病：
人生长激素纠正肝硬化病人的低蛋白血症，调节免疫，促进肝细胞的生长及代谢，改善慢重肝病人的症状，延长存活时间。

• 提高免疫力：
HGH可以使胸腺恢复到年轻人的水平，并对免疫系统有许多方面的改善。

图 5-22 中山海济主要产品线

（7）安徽未名生物医药有限公司

安徽未名生物医药有限公司是北大未名下属专门从事抗体药研发、生产、销售的核心企业，位于合肥半汤生物经济实验区生物医药园，占地1500亩，总投资200亿元，总建筑面积100万平方米，到2030年项目全面建成后，将实现年产值1000亿元、利税300亿元。项目于2014年8月26日正式开工，已完成抗体药研发、生产和配套用房建设，面积为40万平方米，项目累计投资超过50亿元（图5-23）。公司实施三步走战略：第一步，2020年生产出第一个抗体药；第二步，至2022年生产出全球10个畅销抗体药；第三步，到2030年生产出100个抗体药、建成50万升抗体药CMO体系及每年研发成功10个新抗体药，将发展成为世界上最大的抗体药生产基地，为未名医药"百千万亿工程"战略万亿市值目标的实现奠定坚实基础，并为我国"中国制造2025"战略做出应有的贡献，特别是为我国成为世界医药制造强国做出突出贡献。安徽未名生物医药有限公司的产品线见图5-24。

此外，基地建筑群的设计独具匠心，由抗体的大写英文单词ANTIBODY组成（图5-23），其中Y楼以抗体的分子结构为造型，这也是世界上第一次将抗体ANTIBODY写在大地上。该建筑群的建成将成为建筑史上的典范，也将开创建筑设计领域一个新流派。

图5-23　安徽未名生物医药有限公司规划图

正在开发的产品

序号	品种	适应征	目前状况	预计投产年份	备注
1	巴利昔单抗	预防肾移植患者的急性器官排斥反应	Ⅲ期临床结束	2020年	与上海张江合作
2	重组抗CD3人源单抗	治疗器官移植急性排斥反应	Ⅱ期临床	2021年	与上海张江合作
3	阿伦珠单抗	慢性B型淋巴细胞白血病(B-CLL)	Ⅰ期临床	2022年	与上海张江合作
4	阿达木单抗	类风湿关节炎	临床批文	2024年	与上海张江合作
5	奥马珠单抗	哮喘	临床前	2024年	自主研发
6	艾库组单抗	阵发性睡眠性血红蛋白尿症	临床前	2024年	自主研发
7	优特克单抗	银屑病	临床前	2024年	自主研发
8	地诺单抗	骨质疏松症	临床前	2024年	自主研发
9	卡那奴单抗	冷吡啉相关的周期性综合征(痛风)	临床前	2024年	自主研发
10	重组抗PCSK9单抗	高胆固醇血症	临床前	2024年	自主研发
11	阿柏西普	湿性年龄相关性黄斑变性	临床前	2024年	自主研发
12	杜拉鲁肽	2型糖尿病	临床前	2024年	自主研发
13	托珠单抗	中重度类风湿关节炎	临床前	2024年	自主研发
14	伊匹单抗	转移性黑色素瘤	临床前	2024年	自主研发
15	CAB-AXL-ADC	胰腺癌	临床前	2025年	与BioAtla合作
16	CAB-ROR2-ADC	三阴性乳腺癌	临床前	2025年	与BioAtla合作
17	CAB-PDL1-ADC	胃癌	临床前	2025年	与BioAtla合作
18	CAB-PD1	非小细胞肺癌	临床前	2025年	与BioAtla合作
19	CAB-anti-EpCAM-ADC	结直肠癌	临床前	2025年	与BioAtla合作
20	CAB-anti-HER2-ADC	三阳性乳腺癌	临床前	2025年	与BioAtla合作
21	CAB-anti-PD-L2	食道癌	临床前	2025年	与BioAtla合作
22	CAB-B7-H4	卵巢癌	临床前	2025年	与BioAtla合作

图 5-24　安徽未名生物医药有限公司的产品线

(8)江苏未名生物医药有限公司

江苏未名生物医药有限公司(以下简称江苏未名)正在建设的世界上最大胰岛素生产基地位于江苏常州生物医药产业园，占地 230 亩，计划年生产胰岛素原料 5000 千克、胰岛素制剂 10 亿支。整个工程计划于 2020 年前全部建成。北大未名将创建世界上最大的胰岛素工厂，江苏未名是集团胰岛素重点生产基地(图 5-25)，主要生产第二代和第三代胰岛素原料与制剂。由于各方面原因，该项目进行了些调整，但北大未名建设世界最大胰岛素的战略目标没有改变。

常州未名胰岛素生产基地规划图

一期厂房实景图

生产用发酵罐

包涵体收集系统

纯化系统

质检实验室

发展步骤　第一步 世界产能最大　第二步 世界产量最大　第三步 世界市场占有率最大

未名集团将创建世界最大胰岛素生产基地

图 5-25　江苏未名生物医药有限公司战略规划

(9) 漳州未名博欣生物医药有限公司

漳州未名博欣生物医药有限公司是北大未名旗下多肽药物研发及原料药生产基地。公司位于漳州招商局经济技术开发区，是国内最早从事多肽产品开发的企业之一。公司建有符合 GMP 标准的多肽原料药生产线及科研用多肽生产线，积累了近 20 种的多肽原料药生产工艺，多肽药物年产能已达国内领先水平，并拥有多克隆抗体生产技术及高通量科研用多肽平台。公司可根据客户需求，生产近万种科研用多肽产品，客户遍布欧美 20 余个国家。

公司 2016 年 9 月完成重组，是北大未名生物医药板块中多肽药物的核心企业，将在集团的支持下，按照"利用一个产品启动一个市场、利用一个市场发展一个企业、利用一个企业创建一个基地、利用一个基地推动一个产业"

的发展思路，逐步为未名医药开发 20 个多肽药物，为未名医药成为世界上最大的医药集团做出应有的贡献(图 5-26)。

主要在研项目

序号	产品名称	肽链长度	治疗领域	拟开发剂型	注册类别	专利到期时间	获批临床	获批生产
1	特利加压素	12aa	胃肠道出血	冻干粉针	3.4	已过期	预计可免	2022年
2	去氨加压素	9aa	胃肠道出血	注射液	3.4	已过期	预计可免	2022年
3	利拉鲁肽	31aa	糖尿病、减肥	注射液(注射笔)	3.4	2017年	预计可免	2022年
4	卡贝缩宫素	8aa	妇产科	注射液	3.4	已过期	预计可免	2022年
5	西曲瑞克	10aa	妇产科	冻干粉针	3.4	已过期	预计可免	2022年
6	特利帕肽	34aa	骨质疏松	注射液(注射笔)	3.4	2018年	预计可免	2022年
7	阿托西班	9aa	妇产科	注射液	3.4	已过期	预计可免	2022年
8	生长抑素	14aa	胃肠道出血	冻干粉针	3.4	已过期	预计可免	2022年
9	曲谱瑞林	10aa	生殖系统肿瘤	冻干粉针(微球)	3.4	已过期	2020年	2023年
10	奈西利肽	32aa	心血管	冻干粉针	3.3	已过期	2020年	2023年
11	鲑降钙素	32aa	骨质疏松	注射液	3.4	已过期	预计可免	2023年
12	格拉替雷	聚合物4aa	多发性硬化症	原料药	国际注册	已过期	预计可免	2023年
13	艾塞那肽	39aa	糖尿病	冻干粉针	3.4	已过期	2020年	2023年
14	亮丙瑞林	9aa	生殖系统肿瘤	冻干粉针(微球)	3.4	已过期	2021年	2024年
15	地加瑞克	10aa	生殖系统肿瘤	冻干粉针	3.3	2021年	2022年	2025年
16	卡非佐米	4aa	多发性硬化症	冻干粉针	3.3	2019年	2022年	2025年
17	戈舍瑞林	10aa	生殖系统肿瘤	注射液(微球)	3.4	2022年	2023年	2026年
18	普利卡那肽	环肽16aa	便秘型肠应激	冻干粉针	3.3	2023年	2024年	2027年
19	利那洛肽	环肽14aa	便秘型肠应激	口服胶囊	3.3	2024年	2024年	2027年
20	索玛鲁肽	37aa	糖尿病	注射剂	3.3	2026年	2025年	2028年
21	克胰素	55aa	急性胰腺炎	冻干粉针	1	2023年(自主)	2021年	2027年
22	蛇毒镇痛肽	62aa	炎性疼痛	冻干粉针	1	2035年(自主)	2021年	2027年
23	米可欣	23aa	白血病	冻干粉针	1.1	2027年(自主)	2021年	2027年
24	抗癌活性肽纳米颗粒	23aa	恶性肿瘤	注射液	1.1	2037年(自主)	2021年	2027年
25	蜘蛛抗菌肽	23aa	耐药菌	冻干粉针	1.1	2027年(自主)	2021年	2027年
26	蜘蛛抗菌肽	25aa	恶性肿瘤	冻干粉针	1.1	2037年(自主)	2021年	2027年

图 5-26　漳州未名博欣生物医药有限公司战略规划

(10)安徽未名细胞治疗有限公司

安徽未名细胞治疗有限公司于 2014 年 10 月在合肥巢湖经济开发区成立，主要从事嵌合抗原受体 T 细胞(CAR-T)免疫疗法研发、应用。公司已建成超过 10 000

平方米符合 GMP 规范的细胞治疗研究中心和细胞制备中心，从美国贝勒医学院、中国科学技术大学、南京医科大学等科研机构引进最新研究成果和临床治疗技术，已成为国内高水平细胞治疗技术研发、服务和推广基地。2016 年 4 月 26 日，习近平总书记视察中国科技大学先进技术研究院，在考察生物医药展区时，听取关于 CAR-T 治疗技术的汇报后，明确表示："未名细胞，能促进人民群众健康，了不得！"

(11) 上海未名旭珩生物技术有限公司

上海未名旭珩生物技术有限公司(以下简称上海未名旭珩生物)正式成立于 2016 年 5 月，主要从事实体瘤治疗的 CAR-T 技术研发、生产和销售，通过投资约 1.5 亿美金引进了世界上最顶尖的美国生物科技公司 BioAtla 及 F1 oncology 的全新 CAB(条件激活生物分子)技术及 CAB-CAR-T 平台技术，拥有该技术与产品在大中华区研发和商业化的专有权利，现已成功开发出第三代和第四代"床旁"CAB-CAR-T 系统(CCT3 和 CCT4)(图 5-27)。公司已建立了 GMP 标准病毒生产包装基地和细胞培养生产基地。

(12) 合肥半汤未名生物医药产业园

合肥半汤未名生物医药产业园位于合肥巢湖经济开发区半汤生物经济实验区内，一期项目占地 386 亩，2014 年 8 月 26 日全面开工建设，2016 年 5 月底，一期建筑竣工，已完成建筑面积近 40 万平方米，主要建设抗体药研发中心、中试生产线、GMP 生产线及配套检验、仓储、动力、环保、生活办公设施，2019 年年底正式投入运营，计划建成 100 条符合中国、美国、WHO、欧盟 GMP 标准的生物药生产线，到 2030 年建成世界上最大的生物药制造基地(图 5-28)。

2. 通过发展现代中医药，建立中国特色的健康服务体系

1) 战略规划

解决中国健康问题，离不开中国特色中医药的支持。为此，我们必须要发挥中医药在中国健康保障体系中的重要作用，做好三大方面的工作。

(a) 计划在全国建设若干个大型中医药基地，每个基地主要包括三大中心：①现代中药生产制造中心；②传统中医药健康旅游中心；③道地中药材市场交易中心。

主要产品

▶ 第三代CAR-T(CAB-CAR-T3)——实体瘤治疗史上最具突破性进展

　　第三代CAB-CAR-T是基于一代或二代CAR-T基础之上的CAR-T细胞治疗技术,在血管性实体瘤中具有活性,而在正常组织或血液等非肿瘤组织微环境中不具有活性。

CAB-CAR-T 系统解决了常规CAR-T遇到的核心问题

常规CAR-T核心问题	CAB-CAR-T技术优势
脱靶效应	靶点+肿瘤微环境激活有效解决脱靶效应,避免或有效降低对非肿瘤组织造成的损伤。
靶点选择	可供选择的特异性靶点极广,不受肿瘤组织表达谱限制,可以选择广谱肿瘤靶点,更可以选择靶点突变少、与肿瘤扩增存活更相关、更有效的靶点;可以扩展到绝大多数实体瘤,应用范围广;
实体瘤治疗效果差	不受肿瘤特异性抗原限制,肿瘤靶点选择多样;CAB技术利用在肿瘤微环境理化性质的特性;
细胞因子风暴	除常规的CRS解决方案外,另有更多的安全性控制措施: ——碳酸氢钠的注射液短期改变微环境pH,暂停CAB-CART过度反应,不清除活性CAB-CART细胞 ——CAR分子带有自杀基因tag,可以有效清除活性CAB-CART细胞,保障患者安全。
规模化生产	CCT4(第四代CAB-CAR-T)可以实现数小时内床旁治疗,以病毒供应方式解决CAR-T行业规模化生产问题。
商业纠纷与法律诉讼	200多项专利全方面保护,CAB技术具有难复制的独特性,知识产权壁垒高。

CAR-T技术发展历程

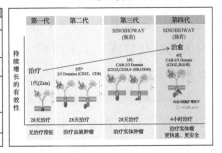

▶ 第四代CAR-T(CAB-CAR-T4,又称床旁CAR-T)

　　第四代CAR-T治疗技术(CAB-CAR-T4,又称床旁CAR-T)——世界首创的更快速、更安全、更有效的实体瘤CAR-T治疗技术,解决了CAR-T治疗后因抗原逃逸引发的疾病复发及抗原阳性的再度恶化,是一种"床旁"CAR-T细胞技术,可实现4小时内完成抽血、细胞修饰和培养、输入体内治疗。

未名旭珩与世界领先的CAR-T技术公司在技术方面的对比

竞争者	生产	CAR-T靶点	控制	研发进度
未名旭珩 Sinobioway Sunterra	床旁(4小时内完成抽血、细胞修饰和培养;输会体内治疗,如稍微一样操作简单,效率高;集中工厂生产,无须专家细胞培养中心的建设和操作(自体移植)	基于CAB技术平台,靶点选择范围广、靶点多样(针对实体瘤)	肿瘤微环境条件性激活;体内激活手段;过度激活"自杀清除"安全控制手段。	4个治疗实体瘤的CAR-T产品 2017~2018年陆续进入临床试验
诺华 Novartis	集中的,(血源性移植)	CD19等(血源性的)	无(终身IgG治疗)	治疗难治阳性B细胞急性淋巴细胞白血病,2017年8月31日获FDA批准上市
凯特 Kite Pharma	集中的,(自体移植)	CD19等(血源性的)	无(等待移植)	治疗急性细胞阳血病KTE-C19,2017年5月27日获FDA优先审评资格
朱诺 Juno Therapeutics	集中的,(自体移植)	CD19等(血源性的)	Tamoxifen 转换系统(临床前阶段)	治疗非霍奇金淋巴瘤,2015年12月11日获FDA批准进入一期临床试验

CAR-T将使癌症成为可治愈的疾病或变成可控制的慢性疾病

图 5-27　上海未名旭珩生物主要产品线

图 5-28　合肥半汤抗体药 CMO 基地规划图

(b) 通过实施"百城万店"计划 (图 5-29)，利用中医药适宜技术，在全国建立 1000 家社区中医药健康连锁店。

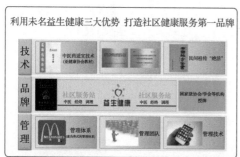

图 5-29　北大未名百城万店规划图

在全国重要道地药材产区建道地药材种植基地，涵盖最常用的 300 种道地药材，成为最大的道地药材生产及供应商 (图 5-30)。

2) 基础设施

(1) 保定通天河未名生物经济产业园

通天河未名生物经济产业园位于保定通天河生物经济示范区的通天湖核心区，占地 1500 亩，规划建筑面积 200 万平方米，其中生产用房面积 100 万平方米、实验室面积 30 万平方米、住宅面积 20 万平方米、其他配套用房 50 万平方米。

➤ 中药材种植

未名集团将成为世界最大的道地药材供应商

未名集团通过实施超级良好中药材种植管理规范(S-GAP)计划，建立道地药材可追溯体系，推动建立国家道地药材质量检验鉴定中心，整合中药材资源，打造中药材着名品牌。利用未名集团的核心优势，在全国重要道地药材产区以联盟的方式建立100个道地药材种植基地，涵盖最常用的500种道地药材，成为最大的道地药材生产及供应商。

中药材产业发展战略及计划

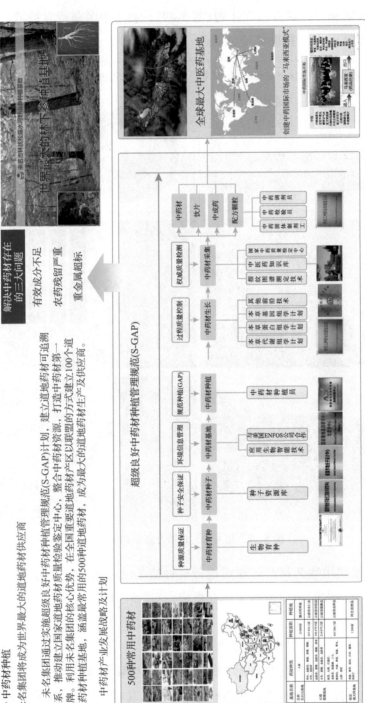

图5-30　北大未名中药材种植规划

项目主要包括：生物经济孵化器、医药生产基地、现代中药基地及综合配套区。通天河未名生物经济产业园建成后将成为世界上最大的中药生产基地（图 5-31），年产值将超过 1000 亿元，实现利税 200 亿元。

图 5-31　保定通天河生物经济示范区

（2）中药材种植基地

北大未名建立的第一个 S-GAP 示范基地位于吉林省抚松县露水河生态区，面积超过 1000 公顷，存苗量约 340 万株，苗龄 3～10 年，是世界上面积最大和存苗最多的林下参基地（图 5-32）。北大未名在保定通天河生物经济示范区也将建设 S-GAP 示范基地，主要种植油性牡丹、多种道地药材、蔬菜等。

图 5-32　未名吉林抚松露水河林下参种植基地

3. 通过实施 GHP 计划，建立生命健康管理体系

1）战略规划

根据作者的"生命信息载体学说"：生命是智者设计的信息载体。人体是全信息载体，对它的管理可以按照信息管理的方法进行。

结合信息科技的管理体系，生命过程管理体系包括三大系统：生命信息获得系统、生命信息管理系统、生命信息监控系统。

(a)生命信息获得系统包括三个部分：①临床诊断技术；②基因组学、蛋白质组学、代谢组学；③组织储存（永久的生命信息源）。

(b)生命信息管理系统主要是对生命信息即对疾病前、疾病中和疾病后进行全方位、个性化和保姆式的管理服务。

(c)生命信息监控系统主要对生命信息进行动态、全天候的监测，具体说就是通过健康物联网对一些重要的生命信息达到及时干预和管理。

2）基础设施

(1)北戴河未名国际健康城（联合国亚太生命健康产业创新示范区）

北戴河未名国际健康城总规划面积 55 平方千米（包括生物医疗综合保税区），其中七里海及周边生态景观区域约 23 平方千米，国际会议中心区域约 12 平方千米，拟合作开发健康城核心区域范围约 20 平方千米，是世界首个按 GHP 管理模式运营的示范区，对生命健康进行全方位、个性化、保姆式服务。

北戴河未名国际健康城现已被列为联合国亚太生命健康产业创新示范区项目，将由联合国项目事务署、北戴河新区、北大未名共同打造，旨在依托北戴河新区得天独厚的地理和环境优势，利用联合国项目事务署平台的资源优势和渠道优势，将建成世界一流、中国第一的生命健康产业基地，成为带动河北经济社会发展、京津冀协同发展和经济结构调整的引爆点。2016 年 9 月 28 日，示范区正式被国家发改委批准成为国家首个生命健康产业创新示范区。

北戴河未名国际健康城计划到 2020 年初具规模、2030 年建成，形成国际化、高端化、现代化的健康服务全产业链，成为引领全球、代表中国的生命健康产业最高水平综合示范区（图 5-33）。

(2)北戴河国际肿瘤医学中心

北戴河国际肿瘤医学中心位于北戴河生命健康产业创新示范区，宗旨是"让癌症成为可治愈的疾病或变成可控制的慢性疾病"。

图 5-33　北戴河未名国际健康城规划图

医学中心将按照世界顶级肿瘤医学中心的标准进行规划和建设，包括：①顶级人才，成为世界顶级肿瘤医学人才集聚地；②顶级技术，成为世界最前沿肿瘤诊断、预防、治疗技术创新、试验和应用基地；③顶级设施，成为世界先进的肿瘤诊断、治疗设备的创新、试验和应用基地。

医学中心总建筑面积 50 万平方米，将围绕肿瘤医学建设成为多中心综合体，主要包括：治疗中心(北戴河国际肿瘤医院)、诊断中心、康复中心、细胞制备中心、细胞治疗研究中心、装备研发中心、精准医疗中心、干细胞中心、诊断技术中心、疫苗研发、疫苗研发中心、药物研发中心、教育中心、科学中心、国际学术交流中心(图 5-34)。

图 5-34　北戴河国际肿瘤医学中心规划图

(3)长沙"未名健康谷"

北大未名打造的首个以健康管理为核心的大健康服务业综合体"未名健康谷"项目已在长沙启动(图 5-35)。

图 5-35　"未名健康谷"设计图

项目计划建筑面积约 50 万平方米，总投资约 50 亿元，致力于建成集健康管理、健康养老、健康保险、健康科技、健康生态等于一体的现代化专业健康管理服务、培训与研究机构，可为中国健康产业发展提供样本参考。

项目充分整合医学和现代生物技术，依托北大未名生物经济体系，兼具面积达 3000 余亩湖南试验林场得天独厚的森林资源，将打造成高技术、高品质、高品位的中国健康管理服务业旗舰。在践行全方位、个性化、保姆式健康服务理念的同时，"未名健康谷"项目努力探索"大健康、大服务、大产业"的模式。项目将运用现代健康管理的理念，为疾病前与疾病后不同个体或群体健康提供个性化的检查、监测、评估、咨询、干预等健康管理服务。

建成后的"未名健康谷"将包括：湘雅未名健康体检中心、湘雅未名健康干预中心、国际免疫医学中心、社区健康服务中心、基因检测中心、转化医学中心、干细胞中心、生物医学工程中心、新药研发中心、健康保险(金融)中心等；设置未名健康管理研究院、未名健康养老研究院、未名健康养老院，由活力社区与持续护理养老社区(CCRC)及完善的配套设施组成。

(4)长沙未名康复医院

长沙未名康复医院(持续护理养老社区)位于长沙市雨花区三福谷，定位于研究与教学型的健康养老服务机构，突出医养结合模式。项目用地 50 亩，总投资 2 亿元，预计 2020 年年底建成。

项目规划设置养老床位 267 张(其中老年痴呆、护理床位 110 张)；设置健康养老研究院，配备老年门诊、健康管理中心、康复中心、信息中心、保险服务中心、养老培训中心等(图 5-36)。

图 5-36 长沙未名康复医院

(5)合肥半汤未名肿瘤医院

合肥半汤未名肿瘤医院位于合肥巢湖经济开发区半汤生物经济实验区内，秉承"让癌症成为可治愈的疾病或变成可控制的慢性疾病"的宗旨，根据三级甲等专科医院标准进行建设，配备国内外先进的医疗、康复等专科设备，形成世界一流的集医疗、康复、疗养、教育、科研等于一体的完整的肿瘤医疗体系。医院占地 100 亩，建筑面积 10 万平方米，配置床位 500 张，年门诊能力 22 万人次。医院计划于 2020 年开工建设(图 5-37)。

图 5-37　合肥半汤未名肿瘤医院规划图

(6) 保定古北岳未名森林康养基地

保定古北岳未名森林康养基地位于河北省唐县古北岳国家森林公园,占地 60 平方千米。基地按照北大未名森林康养模式,在大力保护森林资源、自然和人文景观的前提下,充分发挥古北岳国家森林公园奇特的自然景观和丰富的人文景观等优势特色,主要建设健康管理中心、疗养康复中心和健康养老社区,整合 "药""医""养""健""游""食",实现旅游产业和健康产业的有机结合,可提供全方位、个性化、保姆式的森林康养服务(图 5-38)。

(7) 湖南通道大健康产业示范区

通道大健康产业示范区(图 5-39)围绕大健康产业的三大内涵,到 2040 年,将通道大健康产业示范区打造成为国内具有影响力、产业配套相对健全的示范区,孵化百个大健康相关项目,创造千亿 GDP,提供万余就业机会(百千万工程)。

图 5-38 古北岳未名森林康养基地设计图

图 5-39 通道大健康产业园规划图和奠基仪式(2018 年 7 月 22 日)

具体规划思路是按照北大未名健康管理的"哑铃模式"，围绕"医""药""养""健""游""食"六大产业，依托通道优美的生态环境，重点发展医药制造、健康旅游、森林康养、健康食品等产业，打造未名公社。

通道大健康产业示范区具体的产业部署、产业重点见本书第三章生物经济模式中的第二节大产业：大产业实践。

五、解决中国三农问题：未名大农业产业规划

(一)生物经济是解决"三农"问题的根本出路

"三农"问题是指农业、农村、农民这三个问题，是农业文明向工业文明过渡的必然产物。但如何解决好中国的三农问题？世界各国都没有寻找到很好的出路，包括当年的美国、日本等，在工业高速发展的过程中，都出现过农村萧条冷落的局面。

在总结和探索过程中，作者在生物经济理论的指导下，对如何解决中国三农问题进行了思考，提出了"生物经济是解决三农问题根本出路"的观点，并对解决的路径进行了设计。

第一，解决三农问题的三步走战略。第一步，为农业工业化、农村城镇化和农民工人化的道路。第二步，工业农业化、城镇农村化和工人农民化的阶段。第三步为一体化，即工农一体化、城乡一体化、全民一体化。作者认为，如果一下跨越到第三步可能会犯一个错误，因为任何事件的转变都有一个过程，生命就是这样。为什么要生命、生物经济才能解决？这就是我们走的"三元经济"的道路，所以三元经济结构应该是这样的三步走战略。

第二，创新引领中国农业转型。怎么解决，只有靠创新。没有创新就没有希望，所以党中央强调要坚持走中国特色自主创新道路、实施创新驱动发展战略，当然也包括农业。所以，作者提出"建立六大创新体系，建设农业高速公路"。六大创新：一是观念创新，二是体制创新，三是科技创新，四是产品创新，五是市场创新，六是管理创新。六大创新才能建成一条高速路，也就是把六大创新体系放在一个平台，高度和谐、高效地配置资源，而不是碎片化的分散管理，所以称为农业高速公路，农业高速公路是生物经济社区模式的具体实践。现在我们国家在农业或三农问题发展上，从政府部门到下面市场运作都是碎片化的。对于深化体制改革，从政府部门来考虑，如果不调整，可能有大的问题。

农业高速公路是北大未名建设的三条高速公路之一。另外两条高速公路，第一条高速公路是"新药高速公路"，主要是生物经济孵化器模式的应用，即利用中国和北大未名独特的优势，创建新药高效研发体系，把全世界新药研发具有产业化价值的成果为我所用，整合世界医药资源，建立"新药高速公路"，解决人类健康问题。

第二条高速公路是健康物联网模式的应用，称为"健康高速公路"。通过生命信息传感器收集人体主要的生命信息(脉搏、血压、体温、心电图及血液学指标)传递到卫星导航系统，再将数据传输到信息处理中心，经过个性化的健康信息处理后，指示健康服务体系进行网络健康服务和现场医疗服务，实现全天候的人体在线健康监测和管理。这也是颠覆性的，北大未名正在北戴河新区建设占地 55 平方千米的国际健康城，这也是联合国亚太生命健康产业国际创新示范区。

　　第三，生物经济是解决三农问题的根本出路（图 5-40）。因为北大未名有着"一步两个脚印，实现三大梦想"的企业发展战略。"一步"就是生物经济理论，这是北大未名一切工作的理论基础；"两个脚印"就是在生物经济理论指导下的生物经济模式，以及运用生物经济模式发展的生物经济产业，这是我们的两条腿，稳健前行，每一步留下两个脚印。三大梦想是"创立全新的理论体系、解决中国人吃饭问题、解决中国人吃药问题"。其中的一个梦想是未名农业集团以解决中国人吃饭问题为使命，在生物经济理论指导下，大力发展生物经济产业。

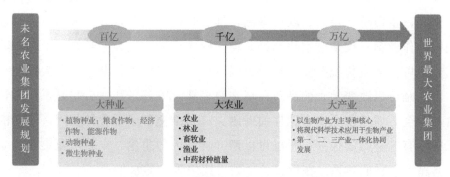

图 5-40　农业的根本出路在于发展生物经济

（二）北大未名农业发展思路

　　未名生物农业集团有限公司（以下简称未名农业）是北大未名六大投资领域中生物农业板块的核心企业，主要从事农业生物技术研究及产业化。

　　未名农业围绕北大未名的三大梦想，致力于解决中国三农问题，最终使"农民成为社会向往的职业、农村成为人们向往的地方、农业成为真正的第一产业"。

　　未名农业已发展成为中国农业生物技术创新的展示窗口和农业前沿技术的领跑者。这主要得益于作者对解决中国三农问题的思考，并提出了"生物经济是解决三农问题的根本出路"的观点。在一次采访[221]中，作者谈道：生物经济产业也是解决三农问题的核心，也许将是解决中国农业问题的最重要途径；北大未名将通过实施"百千万亿工程"，大力发展生物经济产业，打造世界上最大的农业集团。通过发展育种新技术解决粮食安全问题，通过发展生物经济产业解决农业问题，通过建立生物经济社区解决农民和农村问题。

在作者的指导下，北大未名制定了大农业产业的发展思路。

1. 通过发展育种新技术解决粮食安全问题

中国粮食安全可以通过两个途径解决：储粮于地、储粮于技。其中储粮于技的核心就是通过发展育种新技术解决中国粮食安全问题。

在中国新闻网的一次谈话中，作者谈到北大未名在育种方面的优势。目前，北大未名已经培育出玉米良种"利民 33"，它具有"五高"的优势，即亩产量高、蛋白质含量高、糖含量高、油含量高、秸秆量高；未名农业与杜邦先锋合作的第三代杂交水稻已经获得了巨大成功，因为它具有三个基本特征，一是可以解决传统杂交育种中光温敏的问题，可以使杂交水稻大规模地推广。二是可以改变粮食的品质，现在我们要求吃好，那怎么吃好，作者认为食品安全、质量安全也有这样的问题。三是杂交种子不含转基因，即它的子代中没有转基因的成分，所以可以避开转基因的争论。未名农业集团建立了一套精准育种的体系，在世界上也处于比较领先的水平。

2. 通过发展生物经济产业解决农业问题

生物经济产业为解决农业问题提供理论和现实方案。生物经济产业是在生物经济理论指导下，运用生物经济模式，将大产业、大市场、大金融一体化协同发展所形成的产业。未名农业集团通过实施"百千万亿工程"，以观念创新引领农业转型，整合六大创新体系，建设农业高速公路，发展生物经济产业，打造世界最大农业集团(图 5-41)。

这主要是由于生物经济产业基本原理基于一个基本的理念，太阳是地球生命及人类活动能源的唯一来源。若从这方面考虑，农业应该是"真正的第一产业"。

221 王艺璇. 生物经济是解决三农问题的根本出路——专访北大未名集团董事长、北京大学教授潘爱华博士. 中国经济报告, 2015, (11)

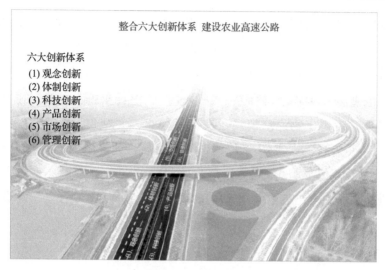

整合六大创新体系　建设农业高速公路

六大创新体系
(1) 观念创新
(2) 体制创新
(3) 科技创新
(4) 产品创新
(5) 市场创新
(6) 管理创新

图 5-41　作者构建的六大创新体系

目前，未名农业也已经进行了探索和尝试。在一次谈话中，作者讲到[222]：举几个例子。第一，从玉米来看，如何从现在亩产效益 30 元提高到 300 元甚至 3000 元。通过玉米的全产业链来完成，把所有的部分都变成产品，特别是秸秆，我们现在能做到秸秆变成纤维素、半纤维素、木质素等，全部变成产品，这样就可以提高效率和降低成本。现在我们正在做试验基地。另外，我们的"利民 33"玉米良种有 5 个特征：第一，亩产高，可以达到 1000kg；第二，蛋白质含量高，北大未名做过 600 吨的测试，比一般的玉米蛋白质含量高出 20%以上；第三，糖含量高；第四，油含量高；第五，秸秆量高。秸秆含量为下一步的大产业奠定了基础，届时可以一亩玉米产生 3000 元的效益。

第二个例子就是生物林业。生物林业是将生物技术及成果应用于林业，实现林业生态与产业和谐发展所形成的产业。简单说，就是把现在通过光合作用产生的绿色的东西都变成产品。我们有国家林业局颁发的"国家林油一体化示范基地""国家林下经济示范基地"，我们正创建世界首个生物林业示范基地，通过植物茎、叶、果实来生产产品。所以我们也大胆地预言，继中石油、中石化、中海油之后中国未来会产生第四大石油公司——中林油。

另外一个例子，因为中国中药材非常丰富，所以我们也通过中药材种植

222 潘爱华. 生物经济是解决三农问题的根本出路, 中国新闻网, 2015

及在线质量检测系统(SGAP)，建立一套从育种到整个物流全产业链的监控，这样使得我们的中药材能保证质量，保证人们的健康安全。

3. 通过建立生物经济社区(未名公社)解决农民和农村问题

未名农业依托生物经济体系，打造现代生物农业旗舰企业，在生物经济理论指导下，运用生物经济模式，按"大种业、大农业、大产业"三步走发展战略，将大金融、大市场与大产业协同发展，建立"农业高速公路"。通过实施"百千万亿工程"，大力发展生物经济产业，打造世界上最大的现代农业企业，为解决中国三农问题和实现中华民族伟大复兴的中国梦贡献力量(图 5-42)！

▶ 发展目标　　　建立生物经济社区(未名公社)，率先在中国农村实现共产主义

▶ 发展思路　　　发展生物经济 解决三农问题

▶ 发展步骤

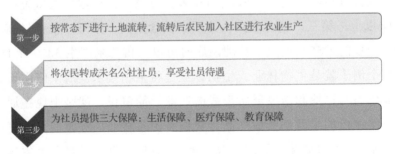

第一步　按常态下进行土地流转，流转后农民加入社区进行农业生产

第二步　将农民转成未名公社社员，享受社员待遇

第三步　为社员提供三大保障：生活保障、医疗保障、教育保障

图 5-42　未名公社的发展目标、思路、步骤

(三)未名农业产业发展规划

未名农业以国家发展目标与市场需求为导向，以技术创新为宗旨，建立了科学的研发体系和管理体制，构建了具有国际水平和竞争力的植物基因研

究与作物改良技术平台，成为"产、学、研"优势集成的农业生物技术创新及产业化基地。

1. 技术基础

未名农业已获批准了 4 个国家级技术中心和两个国家级示范基地，4 个国家级技术中心即国家作物分子设计中心、国家植物基因研究中心、国家现代农业科技城良种创制中心、国家作物分子设计工程技术研究中心；两个国家级示范基地即国家林油一体化示范基地、国家林下经济示范基地。未名农业于 2013 年成为中国第一家通过国际"监管创优"(ETS)认证的企业。

未名农业已取得一系列突破性科技成果：引发第三次农业革命的智能不育分子设计育种技术、基于基因组编辑技术的作物农艺性状改良技术、世界领先的水稻基因发现平台，以及世界上最大的水稻突变体库。通过育种新技术已获得多个玉米、油菜、水稻优良品种；累计申请发明专利 85 项，其中授权专利 50 项(图 5-43)。

已经申请或获得了相关的核心专利5项

序号	申请号	专利名称	备注	
1	201010563552.5	一种利用红色荧光蛋白用作水稻转化筛选标记的转化法	已授权	
2	201010563555.9	一种有效降低转基因植物通过花粉介导基因漂移的方法	已授权	
3	201010563586.4	一种鉴别转基因水稻中外源转基因和受体内源基因的方法	已授权	
4	201010564132.9	一种用于鉴定水稻隐性核不育突变基因ms26及其野生型等位基因的特异性分子标记序列	已授权	
5	201310347764.3	水稻育性调控构建体及其转化事件和应用(优先权号：201310097416.5)		

图 5-43　已申请或获得的相关核心专利

(1)智能不育分子设计育种技术

自 2009 年 7 月起，未名农业在科技部 863 计划(批准号：2009AA101201 及 2011AA10A107)的支持下，通过与杜邦先锋的合作，率先将玉米种子生产技术(SPT)在水稻中得到了证实和运用，并成功建立了水稻智能不育技术。

从 5000 余个转化事件中选择出一个最优良的转化事件 SPT-7R-949D。该转化株系在遗传稳定性、农艺性状、环境安全和食品安全等方面的综合评价均完全符合设计的各项技术指标并符合产业化要求。

此外，利用新创制的不育系过渡材料，已组配出多个具有增产潜力的杂交组合。与对照相比，这些组合在湖南、江苏、海南种植中已展现出了明显的产量优势，进一步验证了"水稻智能不育技术"的可行性和优越性。

(2)建立了世界领先的水稻基因发现平台

水稻不但是重要的粮食作物，而且因其高效的遗传转化体系、较小的基因组、已知的全基因组序列、与其他禾本科植物存在广泛的共线性及丰富的遗传资源等特点成为很好的功能基因组学研究工具。水稻、小麦、玉米、高粱、谷子等重要农作物均为禾本科植物，从水稻中发现的功能性状基因可以应用于改良水稻和其他粮食作物。

水稻基因发现平台，以激活标签突变体库为基础，致力于水稻农艺性状基因的发现、鉴定和应用，主要从事抗旱、氮素高效利用、抗冷、抗虫、高产等性状的改良(图 5-44)。期望通过提高水稻、玉米、油菜等农作物的抗逆性和产量等性状，增加单位面积产量，达到高产和稳产的目的。

(3)世界一流水平的植物生物技术研发平台

未名农业已建成了世界一流水平的植物生物技术研发平台，并成为国家重要的植物生物技术研发中心和基地：①科技部国家作物分子设计工程技术研究中心；②国家现代农业科技城良种创制中心；③863 计划国家作物分子设计中心；④农业部国家植物基因研究中心北京分中心；⑤国家林业局国家林下经济示范基地；⑥国家林业局林油一体化示范基地。未名农业还建立了世界一流的实验室、温室和田间一体化的生物技术研发体系(图 5-45)、严格的研发管理系统(RMS)、生物安全管理制度、实验记录文档管理制度和知识产权管理制度等。2013 年 7 月，公司通过国际第三方审核认证，成为中国首家"监管创优"(ETS)成员企业。

(4)发展太空育种

2016 年 10 月 10 日，北大未名搭载物(未名 33 水稻种子和利民 33 玉米种子)在中国酒泉卫星发射中心装入神舟十一号飞船返回舱。2016 年 10 月 17 日 7 时 30 分，神舟十一号飞船在中国酒泉卫星发射中心由长征二号 FY11 运载

建立了高通量的实验室、温室和田间一体化的功能筛选和基因验证体系

　　根据实验室、温室和田间实验的特点与目的，积极创新，优化实验设计、标准化实验操作并改进实验装置，已建立了多个高通量的突变体库筛选平台，并将生物统计学理论与实验设计和结果分析有机结合，使整个筛选体系更加科学和完善，已筛选了6万多个突变体株系，并成功发现了100多个抗旱、氮素高效利用、抗冷、抗虫和早开花等重要农艺性状基因。

建立了一系列先进高效的基因克隆、表达和遗传转化体系

　　构建了准确高效的T-DNA定位、基因克隆、构建载体、基因表达分析系统，成功建立了基于CRISPR/Cas9基因组编辑技术和高效多基因载体组装技术，节省了构建载体的时间和成本。植物遗传转化是最重要的农业生物技术之一，已建立了一个高效的水稻遗传转化体系，这个转化体系的特点之一是单插入效率高达80%，大大简化了基因功能验证和产品开发的流程。

图 5-44　未名农业构建的一体化的功能筛选和基因验证体系

建立了一套完整的抗虫基因筛选和验证体系

　　建立了完整的抗虫研究方法和系统，用于挖掘广谱和高效的植物抗虫基因；在室内成功饲养玉米螟、二化螟、黏虫等多种重要的作物害虫；从实验室到温室，建立了三种试虫交互验证的筛选体系，已获得多个抗三种害虫的基因。

提交了多项功能基因和新技术发明专利申请

　　建立健全的知识产权制度，及时将科技成果转化为专利成果是保护公司利益、鼓励研发人员积极创新的重要环节。未名农业积极的进行知识产权教育、鼓励创新、相互配合，及时保护研发成果，已提交了3件功能基因和新技术相关国家专利申请和8件PCT国际专利申请。

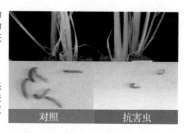

对照　　抗害虫

多种农艺性状突变体和基因

高产　　直立穗　　对照　　抗旱　　早花　　矮秆　　高秆　　单蘖　　多蘖　　不育

图 5-45　未名农业构建的转基因筛选和验证体系

火箭发射升空，2016 年 11 月 18 日 13 时 59 分，神舟十一号飞船返回舱在内蒙古自治区中部主着陆场回收着陆。2016 年 11 月 20 日 12 时返回舱运至中国空间技术研究院。2016 年 11 月 22 日 15 时，返回舱开仓，取回搭载物，其中北京北大未名生物工程集团有限公司搭载的种子共 4 种，重量共 80 克（图 5-46）。

图 5-46　未名农业太空育种

2. 核心产品

（1）秸秆转变成工业产品

传统农业以保障粮食供应为主，附加值低。所谓的观念转变，就是发展颠覆式农业，通过发展生物经济产业解决农业问题。举例来说，一颗玉米长成收获时，大致划分为三个层次，玉米粒、秸秆及秸秆中的液体，每一个成分都可变成产品（图 5-47）。玉米深加工可产出淀粉、氨基酸、乙醇等产品。但若对秸秆进行充分利用，价值超过玉米三倍。秸秆主要有三种成分：纤维素、半纤维素和木质素。由于现在的加工低效，成本很高，木质素还存在技术壁垒，很难实现。而依靠科技革命，这些都可以加工提取。此外，秸秆里面的液体部分也可以利用。以利民 33 玉米为例，它的液体含糖量约 10%，将其变

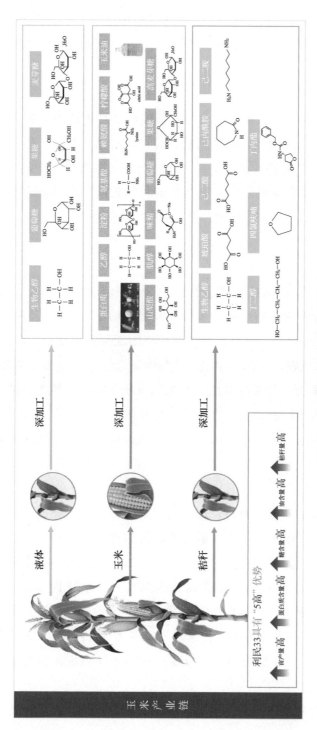

图5-47　未名农业农业发展规划案例

成糖又增加了价值。一亩地可产出一吨玉米和0.67吨秸秆，利用最先进的现代技术，一吨秸秆纯盈利约3000元，比肩玉米的价值。所以，发展生物经济产业能够使农业产品价值最大化。

(2)牡丹产业链及产品

北大未名在保定通天河未名公社发展油用牡丹种植和深加工项目，以"公司+合作社+农户"的模式，将油用牡丹育苗、种植、加工、销售产业一体化发展，油用牡丹产业成为农业发展、农民脱贫致富的支柱产业。项目将最终建成油用牡丹标准化栽植示范基地2万亩和辐射推广种植基地23万亩。2016年11月完成栽植，2019年开始产籽，2023年基地进入盛果期，牡丹籽产量达到5万吨/年。

(3)林油产业链

2012年10月，国家林业局授予公司"国家林业局林油一体化示范基地"。示范基地不仅为中国生物能源的可持续发展指明了方向，还为林油一体化的科研、应用、推广树立了标杆，对于改变中国能源需求格局，调整油品结构，以及彰显绿色、低碳、环保、可再生的生物能源的意义深远。北大未名在湖南省多个市县区种植40万亩能源林基地，并且完成从生物能源林的种植、采集、提炼、精制到油品的混配、应用等林油一体化的科研、生产、应用全过程。林油一体化示范基地发展前景广阔，将带来良好的经济效益、环保效益和社会效益。

(4)藜麦种植

藜麦属于双子叶植物藜科，原产地主要分布于南美洲的玻利维亚、厄瓜多尔和秘鲁，具有耐寒、耐旱、耐瘠薄、耐盐碱等特性。

藜麦是一种营养价值较高的食品，富含20种氨基酸，其中包括人体必需的赖氨酸等9种氨基酸，蛋白质含量高达12%～22%(牛肉20%)，是大米的2倍多，矿物质含量超过普通食物的3倍以上。同时，藜麦富含多种维生素和有益化合物，是零胆固醇食物，被营养专家视为"营养黄金"和"素食之王"，被联合国粮食及农业组织(FAO)列为唯一一种可以满足人体的基本营养需求的单一植物。

目前，北大未名已经联合中国农业科学院等机构，将在河北唐县积极推进藜麦的种植。

(5)林下参种植

未名天人中药有限公司林下参种植基地位于吉林省抚松县露水河生态区，面积超过 1000 公顷，存苗量约 340 万株，苗龄 3～10 年，是世界上面积最大和存苗量最多的林下参基地。2013 年 9 月，国家林业局授予公司"国家林下经济示范基地"。

3. 主要大农业产业基地

通道未名森林康养基地以得天独厚的森林生态环境、丰富多彩的森林景观、绿色安全的森林食品、湖湘浓郁的森林文化为载体，以森林医学、现代健康管理、疗养康复的理论和技术为核心，整合先进医疗技术、信息技术与健康保险服务，以"养生防病"为服务本质，提供全方位、个性化、保姆式的健康管理、疗养康复和健康养老三大森林康养服务，打造绿色健康产业新品牌。

六、解决中国养老问题：未名幸福养老产业规划

养老问题是世界性难题。一是老龄人口会越来越多，数据显示，全球 60 岁及以上人口已经达到了 9.62 亿，2050 年将达到 21 亿人。二是银发经济没有稳定的支撑，这主要是老人在退休后除去退休金外没有其他稳定的收入，这种状况导致老人不愿意花钱。三是世界范围内还没有找到很好的模式。很多人推崇美国、日本和北欧养老模式，但事实上，无论是美国、日本还是北欧，养老都是福利性的，背后都有政府的大量投入。

这些内容，在"幸福养老社区"一节中有较为详细的介绍。

(一)幸福养老：养老新尝试

作为一个未富先老的发展中国家，中国的老龄化问题也日趋严重。如何解决？作为以发展大健康为己任的企业——北大未名，在经过多年研究、思考、学习后，逐渐探索出了一条理论和操作上都可行的模式，那就是不再把老人作为老人看待，而应该把老人阶段看成人生第二春，我们也应该像维护中青年人的健康一样，保持老人的长寿、健康、幸福，这也应该是老人第二春的核心。

为此，作者基于生物经济理论，提出了幸福养老，并指出了"幸福养老是解决中国养老产业的最终方向"的观点。具体操作模式如下。

1. 通过实施森林康养推广计划，建立幸福养老的技术和产品保障体系

具体做法：以生物经济理论为指导，利用 GHP 理念，针对老人康养，建立从诊疗—治疗—康复—康养的全套老年健康保障体系，为老人提供全方位、个性化、保姆式的健康管理服务。

2. 通过实施金融部落建设计划，建立幸福养老的资金和资本保障体系

生物经济可以对个人实现三个管理：生命健康管理、财富增值管理、人生价值管理。按照作者的理解，目前把老人作为负担主要是没有找到很好的模式。若能充分把老人的资产、资金、资源充分发挥出来就可能解决好养老问题。但这个需要金融创新，需要金融部落作为依靠，具体做法可参照有关章节。

3. 通过实施基因部落建设计划，建立幸福养老的基础设施和物质保障体系

除健康问题外，老人最大的问题是如何解决老人的时间，因为老人退休后时间充裕，如何打发时间？作者认为，老人可以通过在基因部落选择自己合适和喜欢的事情，如养花、种植等，寓劳于愉、寓劳于心，真正达到幸福、健康、长寿的目的。

(二)未名幸福养老的实践

1. 古北岳幸福养老基地

河北古北岳国家森林公园位于河北唐县大茂山，即中国古北岳恒山，又名神仙山，是华夏五岳之一。到清代顺治十七年(公元 1660 年)，其北岳的名分被移至山西浑源(现北岳恒山)。大茂山海拔 1898 米，山高林密，动植物资源丰富，面积 4873.33 公顷。原始次生林郁郁葱葱，遮天蔽日，森林覆盖率达 56.6%，是建设养老社区的理想胜地。

以北大未名下属企业投资运营的幸福养老社区(古北岳森林康养特色小镇)，通过发展生物林业(生态林业、民生林业、经济林业)，全面实践"以老卖老、以卖养老"的幸福养老新理念。

具体做法是：按照北大未名森林康养模式，在大力保护森林资源、自然和人文景观的前提下，充分发挥古北岳国家森林公园奇特的自然景观和丰富的人文景观等特色优势，建设景观休闲游步道、森林艺术小镇、健康管理中心、疗养康复中心和幸福养老社区，整合发展"医-药-养-健-游-食"产业，实现旅游产业和健康产业的有机结合，以"养生防病"为服务本质，提供全

方位、个性化、保姆式的健康管理、疗养康复和健康养老三大森林康养服务，打造绿色健康产业新品牌，实现人个体的健康、长寿、幸福(图 5-48)。

图 5-48　古北岳幸福养老社区规划图

2. 通道幸福养老基地

通道位于湖南省怀化市最南端，湘、桂、黔三省(区)交界处，素有"南楚极地、北越襟喉"之称。县境属于亚热带季风湿润性气候区，四季分明，但夏少酷暑，冬少严寒，是全国绿化模范县、全国生态示范区、全国最佳休闲旅游县、国家全域旅游示范区创建县、中国最具潜力的十大县域旅游县，也是北大未名重大打造的产业基地。

养老产业是北大未名在通道重点发展的产业。根据规划，通道县幸福养老基地主要位于正冲水库，以未名森林康养中心为依托建设，规划总面积约为 186.9 亩，森林蓄积量大，属于中亚热带向南亚热带过渡的季风湿润气候区，中心内植被丰富，生物多样性程度高，富含植物精气的树种多且覆盖面广，空气中负氧离子含量高，空气质量好，是幸福养老的最佳选择(图 5-49)。

图 5-49　通道幸福养老基地设计图

第六章 区域实践：生物经济为山区发展提供新思路

第一节 沿山经济带和沿山经济特区是中国经济未来的增长极

中国经济发展到现在，出现了"南稳（沿江经济带）、东强（沿海经济带）、西快和北衰（沿山经济带）"的现状（图6-1）。按照作者的理解，这是中国经济发展的必然。中国40年的改革开放，先发展的是南部沿江经济带，建立和发展了若干特区，其次发展的是东部沿江经济带，分别是中国经济发展的第一和第二阶段，带动了中国经济的高速发展。为了保持后续的接续力，中国应

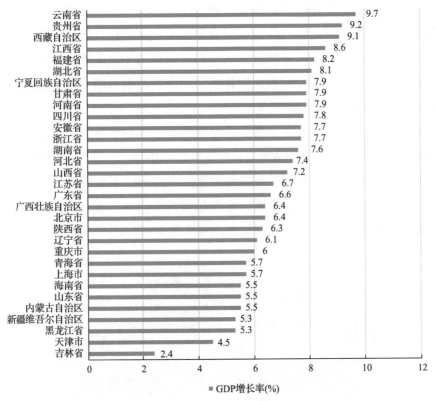

图6-1 2019年第一季度中国分省市GDP增长率

积极考虑备选方案，也就是找到后续的增长极。按照三元论，作者认为经济发展将进入第三阶段，必将大力发展沿山经济，将建立若干沿山经济带和沿山经济特区。

作者将上述观点在 2018 年 9 月 5 日人民日报社的采访中进行了充分表述，在此通过采访记录节选以阐述作者的宏观战略思想。以下是其采访记录。

节选一："山区已从过去的老少边穷成为中国经济重要的增长极"

乡村振兴战略是以习近平同志为核心的党中央着眼党和国家事业全局、顺应亿万农民对美好生活的向往，对"三农"工作做出的重大决策部署。今年 5 月31 日，中共中央政治局召开会议审议了《乡村振兴战略规划（2018—2022 年）》，标志乡村振兴这一重大战略全面进入落地实施期。

7 月 31 日，中共中央政治局召开会议，分析研究当前经济形势，部署下半年经济工作，中共中央总书记习近平主持会议。这次会议召开正值国内政策拐点期和中美经贸摩擦关键期，备受国内外瞩目。

在这一大背景下，会议在研判和部署下半年经济工作时，突出"补短板"作为下半年工作的重要部署、作为供给侧结构性改革的重点任务，并要求加大基础设施领域的补短板和"实施好乡村振兴战略"，从而对冲总需求的下行压力。

国家接连传递出的推进乡村振兴的积极信号也令潘爱华博士振奋不已。

潘爱华博士说，"乡村振兴实际上最难振兴的就是山里，我自己就是大山里长大的孩子，深有体会。"潘爱华博士进一步指出，中国发展经历了三个浪潮：沿海、内地和山区，现在正处在往山区发展的第三个浪潮阶段。同时，进入新时代，中国的新时代高质量发展出现三个极：京津冀协同发展、粤港澳大湾区和沿山经济特区。如今，山区已从过去的老少边穷成为中国经济重要的增长极。

节选二："为了践行'两山论'，落实乡村振兴战略，建立沿山经济带和沿山经济特区势在必行"

1979 年 4 月，邓小平同志首次提出要开办"出口特区"。后于 1980 年 3

月，"出口特区"改名为"经济特区"。1980 年 8 月，中共中央、国务院正式批准在深圳和珠海建立经济特区，随后汕头、厦门、海南三个经济特区相继建立。经济特区特别是深圳经济特区对中国改革开放、对中国经济发展的作用和意义有目共睹。

党的十八大以来，中国特色社会主义进入了新时代，这是我国发展新的历史方位。新时代本质上是中华民族由富起来到强起来的时代。习近平总书记先后提出了"以人民为中心"的发展思想和创新、协调、绿色、开放、共享的新发展理念；增进民生福祉是发展的根本目的，深入开展精准扶贫、精准脱贫，保证全体人民在共建共享中有更多获得感；树立和践行绿水青山就是金山银山的理念，实行最严格的生态环境保护制度，建设美丽中国等一系列新思想。

潘爱华博士认为，改革开放 40 年后的今天，在习近平新时代中国特色社会主义思想指引下，为了践行"两山论"，落实乡村振兴战略，建立沿山经济带和沿山经济特区势在必行。

武陵山盘踞湖北、湖南、重庆、贵州四省市的交界地带，属云贵高原云雾山的东延部分。根据国家提出的"加快老、少、边、穷地区经济发展"战略构想，国务院 3 号文件明确要求，协调渝鄂湘黔毗邻省市地区发展，成立国家战略层面的"武陵山经济协作区"，加快推进以土家族、苗族、侗族等聚居主体的武陵山老、少、边、贫地区的经济协作和功能互补。

"武陵山经济协作区"达 10 余万平方千米，集中了重庆、贵州、湖南、湖北等四省市的区域，辖区人口近 3000 万，主要聚集了一些少数民族。目的在于谋致富新出路，为全国民族地区、贫困地区协作发展探索新路。"武陵山经济协作区"已成为西南地区重要的区域性合作组织之一。

潘爱华博士表示，将"武陵山经济协作区"升级为"武陵山沿山经济带"，并在此经济带设立若干沿山经济特区，符合国家战略，具有很好的示范和带动作用。

第二节　北大未名为中国乡村振兴战略提供"未名方案"

乡村振兴是历史发展的必然。乡村的兴衰关系到中国历史的发展和强盛。

唐宋时期是中国乡村的黄金时代，同时也是中国历史发展的辉煌朝代。但后来，随着地理大发现、工业革命，以及后来的城市化的兴起，世界范围内几乎所有乡村都逐渐衰落。中国更是如此，近代的中国乡村，先后经历在鸦片战争、列强入侵、国内战争等，在封建主义、帝国主义的压迫下，逐渐走向了萧条。

中国的伟大复兴必须建立在乡村振兴的基础上，乡村振兴已经成为解决新时代我国社会主要矛盾、实现"两个一百年"奋斗目标和中华民族伟大复兴中国梦的必然要求。党的十九大报告指出，农业农村农民问题是关系国计民生的根本性问题，必须始终把解决好"三农"问题作为全党工作的重中之重，实施乡村振兴战略。

北大未名一直把解决中国三农问题作为核心战略目标，在 20 多年的发展中，不断思考、积累、尝试，已经形成了较为成熟的未名方案，现已在湖南通道进行布局，并于 2018 年 9 月 5 日在人民日报社·人民论坛网的专题报道中给予了充分表述。以下节选此次采访的部分内容，以阐述北大未名如何利用生物经济为中国乡村振兴战略提供"未名方案"。

节选一：通道将成为北大未名生物经济示范区建设的全国样板

说起这次合作的深意，北大未名董事长潘爱华博士目光如炬、侃侃而谈，将北大未名致力于中国乡村振兴的战略构想与家国情怀详细道出。

"北大未名将目光投向山区，不是随意而为，而是深刻学习贯彻习近平新时代中国特色社会主义思想、践行习近平总书记'两山论'的重大战略举措，"潘爱华博士说，北大未名对山区的青睐有加，全都是基于对中国发展的思考与判断，现在正在做一项功在当代、利在千秋的伟大事业，那就是用生物经济为中国的乡村振兴提供"未名方案"。

近年来，北大未名发挥生物经济旗舰优势，在山区推动建设生物经济示范区，并致力于让它们在全国"遍地开花"。潘爱华博士指出，通道将成为北大未名生物经济示范区建设的全国样板，同时也将是中国乡村振兴的"未名样板"。

节选二：通道绿水青山引得北大未名凤凰来

鸟择良木而栖，湖南省通道侗族自治县何以引得北大未名这只凤凰来？对于这个问题，潘爱华博士说，通道民风淳朴，到处都是绿水青山，但山区又是最弱势的，它还是国家贫困县，亟待解决脱贫攻坚、乡村振兴等一系列难题。

通道县位于湖南省西南边陲、怀化市最南端，湘、桂、黔三省(区)交界处，素有"南楚极地、北越襟喉"之称，是湖南省成立最早的少数民族自治县，也是革命老区县、国家扶贫开发工程重点县、国家武陵山片区区域发展与扶贫攻坚试点县。1934年12月12日发生的通道转兵，对于中央红军和中国革命的命运都是一次至关重要的转折，挽救了红军、挽救了革命。

"未来通道将成为大家都想去的旅游理想地，古朴依旧但却充满现代工作生活的品质感，老百姓很幸福，每天载歌载舞，不愁吃不愁穿，生病了有地方看……"潘爱华博士强调，这些神奇变化都将成为北大未名在通道建设的"生物经济示范区"中的日常场景与状态。

湖南省怀化市通道县将生态旅游、文化旅游和健康旅游融合发展。湖南省怀化市委常委、通道县委书记印宇鹰指出，北大未名立足通道生物资源及生态康养优势，着眼引领生物科技与经济潮流，在通道打造生物经济新模式和乡村振兴新样板。通道县委县政府将全力以赴携手北大未名，以全新的理念、全新的设计、全新的模式，续写通道神奇的新篇章。

潘爱华博士说，在通道素有"九山半水半分田"的说法，意思是只有半分田值钱，95%的山水都不值钱。拥有良好的生态优势的同时却美了生态、饿了肚子。现在反过来，按照习近平总书记的"绿水青山就是金山银山"的"两山论"思想，通道95%的青山绿水全是财富。

北大未名牵手通道合力建设"生物经济示范区"，正是践行习近平总书记"两山论"的生动写照。

第三节　生物经济是解决三农问题的根本出路

发展生物产业能够使产品的价值最大化，发展生物经济产业是解决三农问题的核心。在2015年12月5日《中国经济报告》的采访中，作者对利用生物经济解决三农问题进行了详细解读。以下是部分采访摘要。

中国经济报告：如何解决中国的三农问题？

潘爱华：解决不了三农问题，就实现不了中国梦。中国要强，农业必须强；中国要富，农民必须富；中国要美，农村必须美。要解决这个问题，我们就要转变观念。农业不只是粮食，不能把城和乡完全割裂开来。发展三农的第一个步骤是农业工业化、农村城镇化、农民工人化；我提出的"逆三化"是第二步，就是工业农业化、城镇农村化、工人农民化；最终就是一体化，实现农业工业一体化、农村城镇一体化、农民工人一体化。同时，生物经济将为中国乃至全人类所面临的六大问题(人口问题、健康问题、粮食安全问题、能源问题、环境问题和海洋问题)，以及生物安全等问题提供解决方案。

生物经济产业也是解决三农问题的新出路，也许将是解决中国农业问题的新选择。未名集团通过实施"百千万亿工程"，大力发展生物经济产业，打造世界最大的农业集团。通过发展育种新技术解决粮食安全问题，通过发展生物经济产业解决农业问题，通过建立生物经济社区解决农民和农村问题。

其一，通过发展育种新技术解决粮食安全问题。我们必须将技术掌握在自己手中。举个例子，未名集团培育的利民 33 号玉米品种由农业部组织的专家测产组进行实地测产，亩产超过 1 吨。这就意味着如果在全国 20%的玉米耕地上种植利民 33 号品种，可实现年增产 1000 亿斤粮食的国家粮食安全计划。我们还成功研发了新一代杂交育种体系。该体系充分利用了以作物不育基因进行杂交种植的新技术，是杂交水稻三系及两系育种后的又一次飞跃，将实现中国作物育种的第三次绿色革命。

其二，通过发展生物经济产业解决农业问题。这也是目前解决农业问题的最有效途径。我们的经营计划分三步走：第一步，通过发展大种业，每亩赚 30 元；第二步，通过发展大农业，每亩赚 300 元；第三步，发展大产业，每亩赚 3000 元。基本上五年一个周期，但之间的界限不会太过明显，在 2030 年前达成大产业的目标。将现代科学技术应用于生物产业，将第一、二、三产业一体化发展，从而形成新产业。

中国经济报告：前面谈到的三步走，感觉有些重复，为什么不能一步到位呢？

潘爱华：只有按照这三步走，"逆三化"以后才能更好地实现一体化，直接一步走到一体化，是很难的。让城市人都到农村去一体化，这显然是不现实的。但是当做到"逆三化"之后，一体化就是可能的，也是顺理成章的。

中国经济报告：聚焦到粮食安全上，你认为应该如何做才能在让百姓吃得放心的同时，又让农民实现利益最大化？

潘爱华：第一，我们要高举粮食安全的旗帜，但心里要有数，并不像"狼来了"的故事所讲的，我们一直说狼来了，狼就真的会出现。现在并没有狼，短期内也不会有狼。不能被这种东西扰乱了我们的思维。

第二，建议成立粮食部。专门成立一个部门来负责粮食安全，而不是分摊在各个部门实行碎片化管理。这样一是高效，二是可以把很多资源配置在产业上发展经济。与人相关的事务可统一由类似国家卫生和计划生育委员会这样的机构来管理；人之外的生物，像农林牧副渔等，建议成立一个部，比如"大农业部"或"生物产业部"，统一部署、统一管理，避免交叉管理。

第三，发展颠覆式农业。传统的农业，以保障粮食供应为主，是不可能赚钱的，附加值也低。但是我们确确实实是有办法在农业上赚钱的。比如我们现在发展生物经济产业解决农业问题，就是因为它能赚钱。举例来说，一颗玉米，种下去以后，每一个成分都可以变成产品和商品。这里面可以分三个层次，这个玉米可以变成 10 到 20 种产品，如淀粉、氨基酸、乙醇等。以前我们只讲上述这些，但是现在多了秸秆。用我们现在最先进的技术去做，1 吨秸秆可以纯盈利 3000 元，1 亩地大概可产出 1 吨玉米和 0.67 吨秸秆。所以我们经常开玩笑说我们不是种玉米，而是种秸秆。

中国经济报告：秸秆可以干什么呢？每年都有很多秸秆在地里被烧掉了，很难想象秸秆会和玉米有一样的价值。

潘爱华：不是一样，而是超过玉米三倍的价值。秸秆里面主要有三种成分：纤维素、半纤维素和木质素。现在的加工都比较低效，所以成本很高。像木质素存在技术壁垒，很难提取；而依靠科技革命，这些都可以加工提取。

此外，秸秆里面的液体部分，也可以利用。以利民 33 号玉米为例，它的液体含糖量大概是 10%，将这 10%变成糖就是价值。有的地方还因为焚烧秸秆会破坏环境要被罚款，这是很不划算的。所以，发展生物产业能够使产品的价值最大化。

以生物量最大的黑龙江省为例，仅该省就有 1 亿 1000 万亩玉米。照此计算，它一年大概有 5000 万吨的秸秆，可以生产 2000 万吨的琥珀酸。而目前 1 吨琥珀酸大约 16 000 元，仅这一项就可以让黑龙江增长多少 GDP？不只是秸秆，还有水稻、小麦、很多枯枝烂叶等。剩下的问题就是市场能不能消化？完全没问题！因为纤维素乙醇是有多少都能消化得了的。但是如果只是运用现有生产纤维素乙醇的技术水平，只要油价跌到 80 美元以下，就不能赚钱，必须停产；而采取我们的技术，只要油价不低于 30 美元，就不用停产，所以必须要依靠技术革命。

中国经济报告："农业高速公路"是一个什么样的概念？

潘爱华：我刚才讲了未名集团企业规划是"一步两个脚印，实现三大梦想"：一步就是生物经济理论基础；两个脚印就是在生物经济理论指导下，创立生物经济模式，进而运用这些模式发展生物经济产业。要实现这三大梦想，就必须创新，不走寻常路。因此，我们提出，要建设三条"高速公路"，建设"新药高速公路"（新药高效研发体系），为独立自主解决中国人吃药问题贡献力量；建设"健康高速公路"（健康物联网），为人们提供线上健康管理和线下健康服务；为了独立自主解决中国人吃饭问题，就需要建设"农业高速公路"。"农业高速公路"，简单来说，就是将生物经济产业体系应用在农业中。建设"农业高速公路"，需要将与农业相关的生产资料、技术及资金、资源等要素高效配置到农业中来。

中国经济报告：怎么去打造"农业高速公路"？

潘爱华：打造"农业高速公路"，必须分三步走。第一步，需要顶层设计，从观念、体制和技术创新上进行总体规划；第二步，建立"农业高速公路"运转平台——未名生物农业集团公司；第三步，实际运转。这一步骤可以分为三个"五年规划"。具体以种植利民 33 号玉米良种来说，2015～2020 年，种植 1000 万亩，达到年收入 100 亿元，利润 15 亿元以上；2020～2025 年，种植 3000 万亩，达到年收入 300 亿元，利润 45 亿元以上；2025～2030 年，种植 5000 万亩，达到年收入 1000 亿元，利润 300 亿元以上（中国经济报告 2015 年 11 月刊，记者王艺璇）。

第七章 国家实践：生物经济为中国经济奇迹找到真正答案

第一节 中国创造了世界经济史的奇迹

历史显示，中国经济在 1800 多年里保持世界第一[223]，文景之治、贞观之治、开元盛世、康乾盛世，文明辉煌，光照世界。根据世界著名经济学家 Angus Maddison[224](1926—2010)的数据，中国经济公元 0～1889 年一直居世界第一位，并在 1820 年达到最高值，占世界经济总量的 32.9%；只是在 1890 年，美国以国内生产总值 2147.14 亿国际元，超过中国的 2053.79 亿国际元，中国才开始位居世界第二。

旧中国因封建统治者因循守旧、故步自封，盛极而衰，以孙中山先生、毛泽东同志为代表的中华英雄儿女，经历不懈奋斗，又将中国拉回正常轨道。

以 1949 年新中国成立为起点，中国在历经探索、波折和动荡之后，又重新开始走向辉煌，2010 年，中国国内生产总值超过日本，重新登上了排名第二的位置。以此为起点，中国经济进入了腾飞的阶段，2017 年中国国内生产总值就超过日本 1.5 倍，牢牢占据了世界第二的位置，大约是美国的 62.3%，2018 年中国国内生产总值达到了 90 万亿，中国的复兴已经势不可挡。

另外，从经济史上来看，中国已创造了世界奇迹：迄今为止没有任何一个国家像中国这样保持了如此长时间的高速增长。1978～2017 年，中国经济的年均增长速度达到 9.5%，这样一个增长速度，在人类经济发展史上罕见，而且几乎超出所有人的预期[225]。从人均收入来看，1960 年中国人均收入仅为 89.5 美元，2017 年增长到 8827 美元，年均增速为 10.9%，排名世界第一。中国占世界 GDP 的比重也已由 1978 年的 1.7%上升到 2017 年的 15.1%(图 7-1)。

---

223 王宏广. 填平第二经济大国陷阱：中美差距及走向. 北京:华夏出版社,2018

224 Angus Maddison. 世界经济千年统计. 伍晓鹰, 等译. 北京: 北京大学出版社,2009

225 林毅夫. 改革开放 40 年中国经济增长创造世界奇迹. 智慧中国,2018, (10)

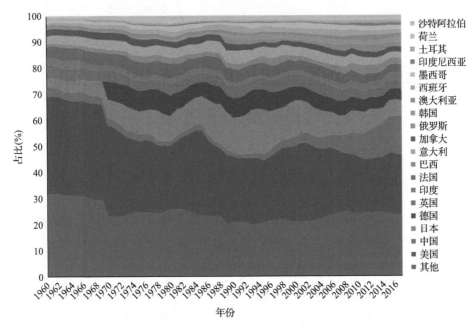

图 7-1　1960～2016 年以来世界主要国家 GDP 占世界 GDP 比重（世界银行）

第二节　中国成为世界第一经济体是历史必然

一是从经济发展来看，按照目前的发展态势，中国国内生产总值超过美国是必然的事情，所不确定的是时间究竟是哪一年。恒大研究院的任泽平等经过测算，认为中国将在 2027 年超过美国；清华大学国情研究院院长胡鞍钢在中信大讲堂·中国道路系列讲座第 24 期发表的题为《习近平治国理政思想与中国之路》的演讲上提出：中国在经济实力（2013 年）、科技实力（2015 年）、综合国力（2012 年）上已经完成对美国的超越；2016 年经济实力、科技实力、综合国力分别相当于美国的 1.15 倍、1.31 倍和 1.36 倍，居世界第一。中国科学技术发展战略研究院王宏广教授带领的团队，按照高中低三个数据，经过测算后认为，中国 GDP 有望在 2030 年前后超过美国，成为世界第一大经济体[226]，但选择需要有几个条件：一是美国不独享新科技革命、产业革命的巨额经济效益，二是中国经济发展不出现颠覆性的失误；三是中国必须挖掘第三产业的增长潜力。

---

226 王宏广. 填平第二经济大国陷阱：中美差距及走向. 北京: 华夏出版社, 2018: 438

当然，以上是按照现价美元进行的计算。若按照国际货币基金组织（IMF）的世界各国购买力平价（PPP）排名，中国在 2014 年超过美国，占全球总量的 16.5%，比美国多了 0.2 个百分点，首次超越美国名列全球第一。

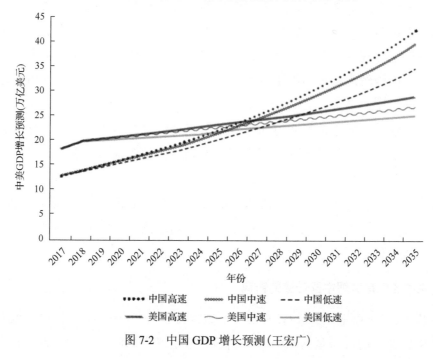

图 7-2　中国 GDP 增长预测（王宏广）

二是中国有世界最强大的制造业体系。中国用了 70 年的时间，建立了世界门类最全、制造能力最强大的制造业体系，制造业覆盖了国际标准行业中制造业大类所涉及的 24 个行业组、71 个行业和 137 个子行业，成为全球制造业体系最为完整的国家之一[227]。另外，我国已成为世界最大的制成品出口国，特别是最大的高技术产品出口国。这是中国未来崛起的最大保证。

三是从科技发展水平来看，在我国广大科学家的艰苦奋斗下，我国科技也迈入了新的阶段。国家技术预测工作总体研究组经过调查研究，认为我国技术水平总体与国际领先水平的差距为 9.4 年，已经进入了跟跑、并跑、领跑"三跑并存"的局面[228]。科技的发展为培育新动能奠定了基础，为经济发展和民生改善提供了强有力的支撑。

---

227 中国成为全球制造业体系最为完整的国家之. 新华社, 2018-7-24
228 袁立科, 王革, 谢飞, 等. 我国技术总体处于怎样的水平. 经济日报, 2015-5-8

第三节　生物经济揭示了中国经济奇迹的根源

对中国经济发展的奇迹，很多学者都进行了研究，也提出了很多观点。一部分人认为中国经济的发展得益于中国的人口规模；一部分人认为中国经济的发展来自改革红利，也有人认为中国的奇迹依靠的是国家资本主义；也有人认为中国经济奇迹归因于庞大人口、生产效率、密集资本、模仿先进国家四大因素[229]。

这些争论，无论从哪些方面来看都是强调中国的独特性。独特性就意味着科学性不强、没有规律性，可推广性不强。但作者认为，中国经济能有这么长期的高速发展，应该有深厚的理论依据，背后一定有必然的规律。寻找背后的规律一直是作者长期以来思考的方向。经过多年总结，作者终于发现：中国奇迹的背后蕴含着生物经济；了解了生物经济，就能从另外视角探索中国复兴的奥秘。

一、生物经济是破解中国奇迹的密码

从1978年以来，中国GDP增速一直保持了高位(图7-3)，创造了世界奇迹。中国奇迹的背后是具有中国特色的社会主义市场经济。但何为具有中国特色的社会主义市场经济？中国特色的社会主义市场经济是市场经济还是计划经济？

按照作者的理解，中国特色的社会主义市场经济体制和世界现存的两种体制显著不同。

首先，中国特色的社会主义市场经济体制不是目前西方学者所强调的典型的资本主义经济体制。资本主义经济体制强调自由经济，强调市场调节，要借助市场自身的力量进行自我纠正纠偏，排斥政府干预。但事实上，借助市场力量进行调节存在极大的浪费。这种制度主要存在于欧美、日本、韩国等发达资本主义国家。

---

229 美媒：中国经济奇迹归因于4大因素. 中国日报网, 2018-3-31

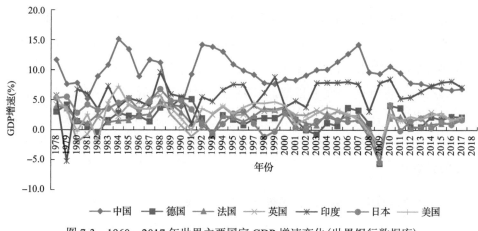

图 7-3　1960～2017 年世界主要国家 GDP 增速变化(世界银行数据库)

其次，中国特色的社会主义市场经济体制不是传统的社会主义经济体制即计划经济体制。计划经济体制兴起于苏联，中国在新中国成立后的很长一段时间也是采用这种制度，但目前仅存在于古巴、朝鲜，这种体制的核心是集权，只有在集权之上才能有充分的资源调动权和使用权，但这种体制过于僵化，因此导致失败。苏联的解体就是历史的见证。

中国特色的社会主义市场经济体制是中国在长期发展过程中，在中国共产党的领导下，经过长期曲折探索所形成的适合中国经济社会发展的体制，是第三种经济社会体制，也是最符合科学发展的体制。

这种体制的基础是市场经济体制，但又强调必要时的政府干预。这是中国共产党在长期研究世界经济发展的基础上，总结世界经济发展规律所提出的制度。

这主要是由于中国实行的体制完全契合了科学发展的最新成果——生命科学和医学，是典型的生物经济体制。因为根据作者的理论，生物经济的基础是生命科学和医学。我们知道，生命科学的目的是从各个方面研究生命存在的各种要素，讲究的是自由探索，从各个方面储备知识来了解生命存在的奥秘。在这个阶段，若限定了自由探索，设定研究的区域和步骤(即研究的计划)则会导致研究的局限，最终也会导致无法打开局面。而医学，讲究的是干预，是建立在对生命科学深刻理解、对生命规律熟练把握基础之上的干预，是针对"病灶"实施的干预，目的是借助外力使其恢复到健康的轨道。

目前来看，中国经济体制是最适合中国发展的体制，它既强调了自由探索：发挥市场的调节作用，这也就是西方经济学所讲的"市场无形之手"；又强调了必要时的干预：必要时的政府干预，这既是我们常说的"政府有形之手"，中国经济才创造了世界奇迹。

当然，我也有充分理由相信，只要充分理解生物经济的理念，在以后的发展中，强调"有形之手"加"无形之手"，既强调市场在资源配置中的关键作用，又必须在市场"有病"时及时给予治疗，即政府干预，中国发展的奇迹还将会延续。

二、生物经济模式为中国经济发展模式提供新样板

生物经济模式指的是在生物经济理论指导下所创造的系列新经济模式。北大未名创造并实践的模式有 10 个，分别是：生物经济实验区、生物经济社区、大产业、超级良好农业管理规范、良好健康管理规范、森林康养、生物经济孵化器、幸福养老社区、生物金融超市、生物实验超市。

理论篇和实践篇已充分论述了这 10 种模式的内涵、外延，以及北大未名在发展产业中的实践，这些实践，充分显示了生物经济模式的优越性，也显示了这 10 种生物经济模式的魅力：有实力创造出一个和谐的社会。因为在这 10 种模式指导下，在一定程度上可以实现生产力的高度发展、物质的高度丰富、社会的高度文明。当然，从更广意义上讲，充分发挥出生物经济模式的优势，将会为解决中国健康问题、解决中国三农问题寻找到"未名方案"。

生物经济指导下所创造的社会形态，就是中国千百年来所追求的和谐社会状态。合肥半汤生物经济实验区、通道未名公社就是未来社会的样板。在一篇采访中，作者指出：太阳是地球生命及人类活动能源的唯一来源，生物经济是实现太阳能源转换的最佳途径之一，生物经济不仅为"两山论"提供理论依据，还为实现"两山论"提供方案。

当前，中国特色社会主义进入新时代，为探索全面建设社会主义现代化强国新路径，2019 年 8 月 9 日，中共中央、国务院联合发布了《关于支持深圳建设中国特色社会主义先行示范区的意见》，提出"五个率先"：率先建设体现高质量发展要求的现代化经济体系、率先营造彰显公平正义的民主法治环境、率先塑造展现社会主义文化繁荣兴盛的现代城市文明、率先形成共建共治共享共同富裕的民生发展格局、率先打造人与自然和谐共生的美丽中国

典范。这正是作者倡导的生物经济理论的实践和示范。

三、生物经济理论为中国的伟大复兴提供科学基础

潘氏生物经济理论是全新的经济理论，主要体现了三个新：一是全新观点和方法，潘氏生物经济理论是在生命科学和医学理论指导下创立的全新经济理论，这与传统经济理论、其他生物经济理论完全不同；二是全新经济模式，生物经济模式是在潘氏生物经济理论指导下的全新经济模式；三是全新经济产业，生物经济产业在潘氏生物经济理论指导下，利用生物经济模式，将大产业、大金融、大市场一体化、协同发展形成的全新经济产业。生物经济具备三大特征：不损他人实现利己，依靠生态发展经济，工作过程享受生活。这与习近平总书记提出的"绿水青山就是金山银山"完全符合，体现的是生态优先、绿色发展的理念，表现出来的是人与自然的高度和谐。

当然，由于生物经济是依靠生态发展经济，是依靠太阳能而不是依靠掠夺资源，这为构建人类命运共同体提供了坚实的科学支撑，也为中国走出去，为中国"一带一路"倡议，以及和平崛起提供了理论依据。

总　结　篇

第八章　生物经济是人类发展的必由之路

目前的世界流行着这么一句话：当今时代是最好的时代，也是最坏的时代。所谓最好的时代，我的理解是：当代的人享受到历史上从未有过的物资的丰富：科技革命带来了种类繁多的产品，基本达到了"乱花渐欲迷人眼"的状态；高技术的发展使得各类资源的潜力得到极大挖掘，基本消除了饥饿、夭折等严重危及生命的最大威胁。世界银行数据显示，世界总体人均期望寿命已达到了历史的最高值（72 岁），新生儿死亡率为历史最低值（18.6/每千例活产儿），孕产妇死亡率降到了 216/每 10 万例活产儿。

然而，当今时代面临系列严重威胁人民健康和经济社会发展的问题。例如，在健康方面，面临重大及新发传染病防控形势严峻、慢病已成为经济社会重大负担、医疗资源不能满足需求、健康管理模式落后等重大问题；人口数量问题、人口素质问题、人口结构问题等已经成为困扰世界发展的核心问题；环境污染、生态破坏问题已经成为社会的公害；能源安全、能源结构存在严重突出问题，节能减排压力巨大；物种多样性的减少、外来物种的入侵、重大生物安全事故等不断出现；粮食问题、食品安全等问题已经刻不容缓。

但更为严重的问题还并不是这些，最为可怕的是人类至今还没有认识到整个经济社会乃至科技追求的方向与人们追求健康、长寿、幸福的根本目的并不完全一致：经济发展还是人类健康哪个更为重要？经济利润最大化还是人类健康长寿幸福哪个才是追求的方向？

另外，从全球的经济发展来看，目前整个世界的经济面临逐步走低的趋势，短期内依然没有看到明显的转折，世界都在寻找信息经济之后的新的增长点，第四次工业革命的提法也甚嚣尘上。但新的增长点到底在哪里？这是世界都在关注和寻找的热点。

作者基于自己独特的知识背景、独特的生活经历，以及独特的科学思考，认为生物经济的发展方式将为中国、世界乃至整个人类社会发展提供新的选择。

第一节　生物经济为社会主义市场经济提供科学基础

中国经济的发展是世界经济发展史上的奇迹。在世界经济发展历史上，没有任何一个国家能保持这么长时间的高速发展，也没有任何一个国家能为这么多人口提供如此好的保障。2020 年全面建成小康社会是党和国家对人民的承诺，也是世界公认的历史奇迹。

虽然在中国共产党带领下中国经济取得了大发展，但中国经济发展模式依然没有得到国际其他国家和学术界的认可，他们对中国经济的发展依然保持怀疑态度。例如，目前，承认中国市场经济地位的西方经济强国只有新西兰等少数国家。在一次欧洲议会全体会议通过一项非立法性决议中，欧洲议会超七成议员反对承认中国的市场经济地位：751 名议员中共有 546 名反对中国自动获得世界贸易组织（WTO）下的市场经济地位。2017 年 11 月，美国向世界贸易组织提交了拒绝中国根据《中国加入世界贸易组织议定书》第 15 条获得市场经济地位的要求，并在 11 月 30 日正式公布了这一消息。

虽然很多人对此有过分析，但作者认为，这些分析主要是没有找到解决问题的根源，那就是没有为中国的社会主义市场经济找到扎实的科学依据。西方经济学界和西方政府是以市场经济为导向的，不认可政府的干预，在对中国经济发展模式不了解的情况下，否定中国市场经济国家的地位也是自然。

中国经济发展是世界奇迹，但对于中国经济如何发展到现在，不仅是世界对中国认识不清楚，就是中国的经济学界对中国经济的发展指导理论也存在分歧，对中国经济发展模式的解释也苍白无力。其主要原因是他们没有为中国经济发展找到科学依据。

传统经济学理论，包括西方经济学理论和马克思经济学理论，都不认为社会主义能搞市场经济。我国提出了社会主义市场经济，这是一种史无前例的经济体制，这与传统经济学理论的观点完全不一致，也是中外经济学中从来没有的一个概念，当然不会得到他们的认同。

但西方讲究的是科学。若我们能从科学的角度，为社会主义市场经济找到科学的理论根据，将会有助于西方对我国社会主义市场经济的了解和理解。在作者看来，这个问题已经得到了解决。

社会主义市场经济的实质是市场经济+计划经济，按照潘氏生物经济理论，市场经济是自由经济，讲究的是通过市场的力量，依靠市场的调节，这与生命科学极其类似。例如，对经济危机的处理，西方的主导思路就是要靠市场进行调节使其恢复，这与人依靠人体自身的康复能力进行康复治疗极其类似。另外，计划经济讲究的是依靠政府的力量，依靠有形之手进行调节，这完全类似于依靠医学的手段恢复健康。因此，生命科学（"无形之手"）和医学（"有形之手"）为社会主义市场经济提供了科学的理论解释（图8-1）。这在市场经济和计划经济简史的有关章节中也已经进行了诠释。

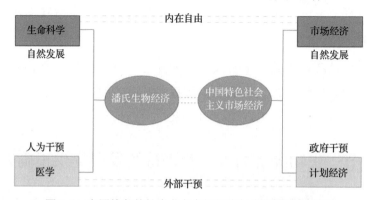

图 8-1 中国特色的社会主义市场经济与生物经济的关系

第二节 生物经济为人类真正认识世界提供独特视野

认识世界、了解世界，认识自身、了解自身是人类的不懈追求。目前，人类从各个角度，提供了对世界和自身认识的科学解释。例如，人类对世界的认识经历了从微观到宏观再到微观，经历了牛顿宇宙模型、狭义相对论、广义相对论的三阶段转化，经历了引力场方程的建立、静态宇宙模型的提出、宇宙膨胀、大爆炸宇宙论等不同认识模型。但事实上，每一种模型都面临很大问题。以狭义相对论和广义相对论为例，狭义相对论克服了牛顿宇宙模型的缺陷，但随即发现狭义相对论也需要进一步拓展，于是，爱因斯坦把狭义相对性原理做进一步推广，提出广义相对性原理，并提出了引力场方程，进而推出了解释宇宙的宇宙模型。但此模型是静态模型，随着人类对谱线红移现象的研究，此静态模型面临解释不了的困境，宇宙膨胀的动态模型才开始出现，宇宙大爆炸开始出现，但事实上，宇宙大爆炸也面临诸多疑点[230]，如星系晕尖点问题、冷暗物质的矮星系问题、视野问题、均匀度问题、磁单极问题等，都还需要进一步解释。

但从目前来看，虽然世界已从物理学、生物学等领域和角度对世界进行了解释与阐述，试图从根本上认识世界，但没有一个得到世界科学界的公认。这也符合作者的判断，按照作者的理解，至今人类对世界的认知和解释犹如"盲人摸象"，每个学科、学者都从各自的角度来观察和解释世界，但都不全面。潘氏生物经济的出现，将会给人类带来全新的视角和认识。因为潘氏生物经济是立足于世界的本源，从根本上揭示了世界是智者设计的信息载体这一理论依据。

潘氏生物经济理论融合了自然科学和社会科学，打破了唯物主义和唯心主义两者间的分界线，为人类认识世界提供独特视野。利用它，人类从另外视角了解和阐述世界的过去、现在和未来。

第三节　生物经济为人类和平持续发展提供正确方向

熟悉历史的人都认可这么一句话：一部世界历史就是一部战争史。

但为何在世界历史上战争如此之多、如此频发？不同的学者提出了不同的解释，人口论者认为战争的根源在于人口的增殖；社会进化论者认为物竞天择是战争的园区；人性论者认为战争的根源在于人性的贪婪和欲望；也有学者认为[231]，国家制度的不健全、世界无政府状态的存在和人的本性与行为是战争缘起的三大根源。

但在作者看来，无论哪种解释，都无法从根本上彻底讲清楚战争的缘起，因为它们仅仅抓住了一个或几个方面，而没有从人性——欲望和贪婪的角度对战争进行阐述。

管理信息不对称理论告诉我们，人类的追求存在三个层次：动物需求、理性需求和灵性需求。若从这个角度出发来解释和阐述战争的根源，必然会

---

230 钱时惕. 突破绝对时空观人类认识深入到高速与宇观世界. 物理通报, 2012, (3): 108-111

231 沈长剑. 国家间战争根源分析——解读《人、国家与战争：一种理论分析》. 苏州教育学院学报, 2010, (2): 91-94

给我们带来巨大启发。事实上，作者认为，世界存在战争的根源在于三种需求的不满足和追求。生物经济的提出，为破解这三个需求提供了扎实的条件。例如，对资源的掠夺往往是战争的核心，这主要是动物需求的驱动，但依靠生物经济依靠的是取之不尽用之不竭的太阳能，若能充分发挥出生物经济的效能，就基本满足人类吃穿住行的需要，通过战争掠夺他国的资源是可以被避免的。

当然，按照生物经济的预测，以太阳能为基础的生物经济社会，应该是"科技高度发达、物质高度丰富、社会高度文明"的社会；建立在三个"高度"基础上的世界，可以实现不损他人实现利己、依靠生态发展经济、工作过程享受生活。

这种生活状态就是完美的生活状态，也就是人类和平持续发展的状态。

第九章 结 束 语

在长期的观察、研究和思考中，作者逐步认识到：生物经济是人类发展的必由之路。2017年习近平总书记在中央经济工作会议讲话中明确提出中国要培育共享经济、数字经济、生物经济、现代供应链等新业态新模式[232]。

作者之所以能有这些认识，源于作者长期以来对世界经济发展创新之路、中华民族伟大复兴之路、人类和平持续发展之路的长期探寻（简称"三个探寻"），得益于作者对经济学的独特认知，得益于作者对科技发展未来的判断，更得益于作者的长期工作实践。

首先，生物经济理论革新了传统经济学，为三个探寻奠定了理论基础。经济学研究的是一个社会如何利用稀缺的资源生产有价值的商品，并将它们在不同的个体之间进行分配[233]。《经济思想史》[234]告诉我们：经济学经历了以希腊色诺芬、亚里士多德为代表的早期经济学，以及亚当·斯密、马克思、马歇尔、凯恩斯等经济学家的发展，衍生出多种理论学派，如重商主义学派、重农主义学派、古典经济学派、新古典经济学派，以及现代经济学派等不同派别。但这些经济学派，应用的基本模式都是归纳和演绎，常用的是物理学和数学等研究手段，研究模式和研究手段等局限导致了经济学的困境：只能用来总结过去，不能用来推导未来。这甚至导致有人认为经济学不是科学[235]。经济学出现这种困境的原因在于经济学研究的基础出现了问题，因为传统经济学研究的是理性经济人。但现实的状态下，人是理性与非理性的集合体：现实中不存在纯粹的理性人，纯粹的非理性人也很少。那么，在这种状态下如何研究经济？作者认为，目前传统经济学已无法取得突破，要突破必须借助于生命科学和医学，基于生命科学和医学的角度对人及其行为进行分析，并将其应用到经济学领域，才能真正解决经济学中的理性人和非理性人的问

232 习近平. 在2017年中央经济工作会议上的讲话. 2017
233 Paul A Samuelson, William D Nordhaus. 经济学. 19版. 萧琛译. 北京: 商务印书馆, 2012
234 Blue S L, Grant R R. 经济思想史. 8版. 邸晓燕, 等译. 北京: 北京大学出版社, 2014
235 Eichner A S. 经济学为什么不是一门科学? 苏通译. 北京: 北京大学出版社, 1990

题，才能使经济学对现实经济规律的研究真正落到实处，也就是使经济学真正"有用"。已有经济学家开始运用生命科学相关理念推动经济学研究。例如，目前已经出现了经济生物学、股市心理学、神经元经济学等研究，但这些研究由于缺乏系统、科学和深厚的生命科学、医学和经济学功底，并没有构建出新的经济理论大厦。基于生命科学和医学的潘氏生物经济理论将给经济学研究带来前所未有的革命性突破[236]。

其次，生物经济理论为中国伟大复兴提供了理论支撑。作者认为紧抓生物经济推动中国复兴刻不容缓。任何一个国家，只要率先抓住科技变革的机遇，抓住潜在的主导产业，就有可能带领国家进入领先行列。农业经济时代，中国率先抓住了由刀耕火种到精耕细作的变革，使中国引领了世界 1800 年；工业经济时代，英国抓住了由人力到机械动力的变革，抓住了时代领先的主导产业——制造业，使英国领先世界 200 年；信息经济时代，美国抓住了从模拟到数字的变革，其主导的数字化产业带领全球进入了全球信息化时代。目前，中国的伟大复兴，必须要紧紧抓住这个新的经济时代——生物经济时代。

最后，作者认为生物经济理论将把世界带入新的发展阶段，也就是以生物经济为主导的新阶段。人类经济史上从来没有过一直长盛不衰的主导产业。主导产业引领经济社会大发展是经济发展的历史规律。每个时代有每个时代的主导产业，每个时代的主导产业引领了所在经济时代的大发展。主导产业来源于社会的需求，产生于科技的突破，适应于人类的发展。时代不同，科技突破不同，社会需求不同，适应人类发展的主导产业也会不同。农业经济时代的主导产业是种植业，种植业的大发展带来了农业社会的繁荣昌盛；工业经济时代的主导产业是制造业，制造业的大发展推动全球进入工业化社会；信息经济时代的主导产业是数字化产业，数字化产业大发展引领了全球信息化和数字化；即将到来的生物经济时代的主导产业是生物经济产业，生物经济产业的大发展将推动世界可持续发展。

1998 年，作者提出了三大预言：①如果 2008 年奥运会在中国举行，中国金牌总数将超过美国，跃居第一；②2020 年中国 GDP 将超过美国，成为第一经济强国；③2020 年人类将进入生物经济时代。其中第一大预言已实现；

236 潘爱华. DNA 双螺旋将把人类带入生物学世纪. 北京大学学报(自然科学版), 2003, 39(6)

第二大预言也已经实现，这是因为虽然据 IMF 统计，2018 年中国的 GDP 总量为 13.6 万亿美元，美国 GDP 为 20.5 亿美元，按照目前经济发展态势，中国需要到 2030 年之前才能超越美国，这是按照平均汇率计算的结果，但如果按照购买力平价计算，中国的 GDP 已经在 2014 年超越美国。俄罗斯总统普京于 2019 年 12 月 20 日召开俄罗斯总统年度大型记者会上指出，根据购买力平价计算的经济规模总量，中国已经超越美国排名世界第一；作者认为第三大预言即将实现：人类将在 2020 年进入生物经济时代。根据生物经济的三大内涵之一：建立在用生命科学和医学方法所建立的经济理论、经济模式基础上的经济，中国特色社会主义市场经济在经济形态上体现为生物经济，中国特色的社会主义市场经济的发展模式即为生物经济。在中国特色的社会主义市场经济的指引下，中国 40 年的发展创造了世界经济的奇迹。我们有充分的理由相信：世界将在 2020 年进入中国时代，中国将引领世界经济发展，也正式宣告人类将进入生物经济时代(图 9-1)。

图 9-1　2020 年人类进入生物经济时代

愿潘氏生物经济能给人类一双眼睛，让人类看到光明！

后　记

　　生物经济理论、生物经济模式、生物经济产业构成的生物经济体系，无论在国内还是在国际上，都是全新理论、全新模式、全新产业和全新体系。为了能让更多的人了解潘氏生物经济，探寻中华民族伟大复兴之路、探寻世界经济创新之路、探寻人类和平持续发展之路，《生物经济理论与实践》经过多次讨论、修改得以顺利完成。这是第一版，以后随着更多人、更多企业的参与，我相信会出更多的版本，或者更多的生物经济模式，《生物经济理论与实践》也会迎来更多的修改和修订的版本。

　　本书的出版，感慨良多，但我想说的更多的是感谢，是知恩、感恩、报恩，这不仅是做人的根本，还是我们必须要时刻坚持的方向。

　　感谢我的父母，是他们给我了三个"基因"：一是"湖南人基因"，吃得了苦，耐得了烦、霸得了蛮。二是"土匪基因"，因为我出生在怀化市通道县，那里是"常有土匪出没的地方"，这也孕育了我"土匪基因"：不怕死，不信邪，敢作敢为，永不言败。三是少数民族基因(我父亲是苗族，我母亲是汉族，我外婆是侗族)，少数民族的热情、好客、朴实、善良等基因也传给了我。也正是因为这三个"基因"，我才能创立潘氏生物经济，并写下这本书。

　　感谢我的亲朋、恩师、各界人士，没有他们的关怀、教育、指导、帮助，就不可能有我今天的成功，也不可能有生物经济的实践、应用和推广。目前，生物经济理论体系已经得到了初步验证，在欧盟得到了认可，走出了国门，其中很大部分的功劳归于他们。

　　感谢我的母校中南大学湘雅医学院，在这里我求真求确，系统地接受了临床医学的学习和训练，获得临床医学学位。感谢我硕士学习阶段的单位中国航天医学工程研究所，在这里我系统地学习和研究了航天医学、人体潜能与宇宙生命，极大地拓展了我的视野，即能从宇宙看地球。感谢我的母校北京大学，生物经济理论的创立离不开北京大学这片沃土，如果这本书能够给世人带来一些启示和价值，那也是北京大学优良传统的延续。

感谢任彦申书记和陈章良教授，我们一起在北京大学未名湖畔创立了北大未名；感谢以杨晓敏总裁为首的北大未名管理团队和全体员工，正是他们与我一道坚定信念、克服常人难以想象的困难，使得北大未名在近30年不断发展，并为生物经济提供了一个实践平台。北大未名作为生物经济的策源地，将引领世界进入生物经济时代。

本书的出版，还要感谢张俊祥博士、刘中华博士，以及北大未名战略发展部，在本书的研究、撰写、文字整理等过程中，他们做出了重要贡献。

本书的出版，标志着潘氏生物经济体系理论框架基本完成。人类将在2020年进入生物经济时代，我也将这本书作为一个献礼，献给即将到来的生物经济时代。

生物经济是全新的经济，我也希望有更多的专家、学者、企业等参与讨论，参与研究，参与实践。

在2018年的生日晚宴上，面对多年一起奋斗的亲朋好友和同仁，我发表了生日感言：我将无我，不负使命。我坚信，生物经济将为社会主义市场经济提供科学基础，为人类真正认识世界提供独特视野，为人类和平持续发展提供新的方向。

借由本书的出版，让我们共同迎接生物经济的到来，为世界命运共同体的构建贡献一点微薄之力。

潘爱华

2019年12月于北大生物城